ANJA FIEDLER

Jagdverhalten

verstehen, kontrollieren, ausgleichen

MIT KOSMOS MEHR ENTDECKEN
WEGE IN DEN FREILAUF
SEIT 1822

KOSMOS

Für
Ally, Frieda
und Wolke

☞ *Inhalt*

AUFBRUCH ZUR WISSENSJAGD …

DAS BUCH, DIE (JAGD-) HUNDE UND ICH

Jagdverhalten begleitet mich, seit ich Hunde habe, und blicke ich nun auf die letzten gut fünfzehn Jahre zurück, ist es wohl jenes Verhalten, woran ich am liebsten arbeite – Jagdfieber fühlt sich gut an, Angst und Aggression hingegen sind emotional belastend für den Hund. Natürlich rauft man sich als Mensch anfangs die Haare, wenn man feststellt, der hündische Begleiter jagt, aber umso stolzer ist man am Ende, als Team aus dem gemeinsamen Training hervorzugehen, das statt einer Fernbeziehung nun eine Beziehung eingegangen ist. Unsere Ally, ihres Zeichens Dalmatiner, kam mitten in der Jugendentwicklung an ein Jungkaninchen, und alles, was bis dahin an Rückruf und Co. trainiert war, wurde durch dieses euphorisierende Ereignis gänzlich auf den Kopf gestellt. Alles neu, alles von vorn war damals mein Motto, und auch wenn ich zu Beginn meines Lebens mit Hunden mit dem Wissen über sie noch ganz am Anfang stand, konnte ich bald reife Trainingsfrüchte ernten. Bei unseren beiden Ungarinnen war ich auf Jagdverhalten vorbereitet, dachte ich. Auf Jagdverhalten ja, nicht aber auf gänzlich unterschiedliche Bedürfnisse zweier Individuen, und so nahm mein Wissen rund um (Jagd)Hunde seinen Lauf. Und mit meinem Jagdschein kam die jagdliche Arbeit hinzu – freundlich sollte nicht nur das Alltagstraining sein, freundlich funktioniert auch im Jagdgebrauch. Was ich mit „dogable – was (Jagd)Hunde wollen" seit Jahren an interessierte und motivierte Menschen mit ihren (Jagd)Hunden im Training und auf Seminaren weitergebe, um gemeinsame Streifzüge durch Feld, Wald und Flur wieder teamfähig zu machen, verlangte einfach danach, niedergeschrieben zu werden. Kurz bevor der Verlag auf mich zukam, sprach ich mit Dr. Ute Blaschke-Berthold darüber, ob es nicht schön wäre, ein kleines Nachschlagewerk für Menschen mit jagdlich motivierten Hunden zu schaffen und damit das Wissen aus all den Jahren zu Papier zu bringen. Ich dank dir, Ute, für dein unerschöpfliches Wissen, das mein Leben und Arbeiten mit (Jagd)Hunden vollkommen gemacht hat, und es hört nicht auf. Schicksal war es und kein Zufall, als sich unsere Wege vor zehn Jahren kreuzten. Es ist irgendwie unser Buch, und ich wünsch dir viel Spaß beim Stöbern! Viel Spaß beim Stöbern und in erster Linie beim Training wünsche ich den Lesern meines Buches – Menschen mit Hunden, Jagdhunden und Jagdgebrauchshunden.
Für Letztere, die „grünen Abiturienten" und ihre Jagdhelfer, gibt es in den praktischen Kapiteln den „Grünen Wink" für das Übertragen der Trainingswerkzeuge in den jagdlichen Alltag.

Ihre Anja Fiedler

VORWORT VON DR. UTE BLASCHKE-BERTHOLD

Mit dem vorliegenden Buch halten Sie eine Essenz in den Händen. In dieser Essenz konzentrieren sich Erfahrungen und Reflexionen aus langjähriger Arbeit mit vielen verschiedenen Hunden, Menschen und nicht zuletzt aus kollegialer Zusammenarbeit. Es braucht Zeit, um aus Erfahrungen das Wesentliche herauszuziehen. Es braucht die Fähigkeit zur Eigenreflexion, um Fehlschläge nutzbringend auswerten zu können.
Im Kern handelt dieses Buch von der Form der verschiedenen Hundetypen, der Funktion ihres Verhaltens, den Ansprüchen des Menschen und den vielen Möglichkeiten, mit der Veranlagung eines Hundes zu arbeiten. Viele jagende Hunde sind angenehme Hausgenossen und Begleiter, wenn da draußen nicht das Wild wäre. Die wichtigste Lektion für den Liebhaber bestimmter Hundetypen ist: Hunde sind keine Tonklumpen, die nach Belieben geformt werden können.
Mit einem bestimmten Körperbau kommt dazu passendes Verhalten. Versuche, gegen diesen Zusammenhang zu arbeiten, verformen und deformieren das Verhalten des Hundes, außerdem öffnen sie weiteren Verhaltensproblemen Tür und Tor. Leider ist im Umgang mit jagenden Hunden Verhaltensdeprivation weit verbreitet. Hunde dürfen nicht mehr das tun, wozu sie über viele Generationen gezüchtet wurden. Aber sie werden im Alltag regelmäßig mit Auslösern dieser Verhaltensweisen konfrontiert – ohne befriedigende Alternativen – und das Jagdverhalten mehr oder weniger erfolgreich unterdrückt.
In diesem Buch erfährt der Leser, wie er seinen Hund und vor allem seine Bedürfnisse akzeptieren und dennoch sein Verhalten anpassen kann. Mit den Bedürfnissen des Hundes zu arbeiten, bringt für den Menschen neben dem Erfolg und viel Freude auch noch einen zufriedenen Hund. Bedürfnisbefriedigung, Erziehung und Spaß am Hund funktionieren gemeinsam, schweißen Mensch und Hund zusammen und formen ein echtes Team.

Das selektierte Vorstehen wird früh gefördert.

Der Labrador Retriever in seinem Element.

Die glatthaarige Version des Fox Terriers ist als vielseitiger Jagdhelfer z. B. auf Bewegungsjagden gern gesehen.

LERNEN IST NICHT ALLES

Es reicht nicht aus, etwas zu lernen. Entscheidend ist die Motivation, das Gelernte auch umzusetzen. Dies gilt sowohl für den Hund als auch für den Menschen. Verschiedene Übungen zur Verhaltenskontrolle sind schnell aufgebaut, denn gutes Training wirkt schnell. Aber in alltäglichen Situationen scheitert der Hund an seiner Motivation, das Gelernte auch zu zeigen. Hunde sollen in Anwesenheit von Auslösern Verhalten zeigen, das sie freiwillig erst einmal nicht zeigen würden: Stehenbleiben an Wild, Anhalten während des Stöberns, aus der Hetze abdrehen und zum Menschen zurückkommen. Dies sind wesentliche Verhaltensreaktionen, mit deren Hilfe die Jagdpassion eines Hundes reguliert werden kann. Dafür aber muss der Hund hoch motiviert sein! In diesem Buch geht es hauptsächlich darum, wie durch die Befriedigung der Bedürfnisse des Hundes die höchstmögliche Motivation erzeugt wird, mit der Bezugsperson zusammenzuarbeiten. Es sind die Belohnungen, die Verhalten verstärken, wenn sie aktuelle Bedürfnisse des Hundes befriedigen. Die Summe der bereits erlebten Belohnungen in einer Situation, in Verbindung mit Verhalten, beeinflusst die Motivation gravierend. Es ist nicht egal, wie ein Hund belohnt wird. Die Wertigkeit von Belohnungen hängt von der Verfassung des Hundes und von der Situation ab, in der er sich befindet. Damit wird der Einsatz positiver Verstärkung nicht gerade einfach. Ganz im Gegenteil, der Hundehalter muss sein Tier genau kennen und täglich neu einschätzen.

UND WO BLEIBEN BEZIEHUNG UND BINDUNG?

Beziehungen entstehen durch den Austausch von Verhalten. In einer guten Beziehung werden möglichst oft sozial positive Verhalten ausgetauscht. Der Hund zeigt ein für uns akzeptables Verhalten, der Mensch freut sich und zeigt im Gegenzug für den Hund positives Verhalten. Gute Verhaltensweisen machen keinen Ärger, erfreuen uns und verhindern Problemverhalten. Eigentlich ist das ganz einfach!

Ich wünsche meiner langjährigen Kollegin und Freundin, Anja Fiedler, diesem Buch und besonders allen Hunden mit Jagdpassion eine große, interessierte und vor allem motivierte Leserschaft.

Ihre Ute Blaschke-Berthold

JAGDVERHALTEN VERSTEHEN UND VERÄNDERN

— (Jagd)Hund, wer bist du?

DEN BEDÜRFNISSEN AUF DER SPUR

(NEURO)BIOLOGIE DES JAGDVERHALTENS

Jagdverhalten ..., was aus biologischer Sicht normales Hundeverhalten ist, treibt uns Menschen oftmals Sorgenfalten auf die Stirn. Aus normal wird aufgrund der Aktivität unserer Vierbeiner schnell unnormal. Uns fehlt es an Verständnis für hündische Hobbys, da unsere Zeiten des Jagens und Sammelns doch schon sehr weit zurückliegen. Hierzu kommt mir eine interessante Parallele aus der Menschenwelt in den Sinn, es geht um überaktive (Menschen)Kinder, Hyperaktivität wird ihnen als krankhaft übergestülpt. Thom Hartmann führt 1995 Überaktivität auf die genetische Variabilität und das eben nicht mehr Jagen und Sammeln als biologisches Erbe zurück. Dieses Nicht-mehr-aktiv-Sein, das biologische Zeitbudget für Ressourcensicherung nicht mehr auszufüllen, führt in seinen Augen zu übermäßiger Aktivität an anderer, unpassender Stelle. Erkennen Sie die Querverbindung zu unseren Hunden? Einschränkung, z. B. von Umwelterkundung, lässt sie wuseliger und aktiver werden, von ihrem Zeitbudget ist noch jede Menge übrig, Frustration macht aktiv. Beleuchten wir also das Jagen und Sammeln als hündisches Hobby unter dem Licht der (Neuro)Biologie.

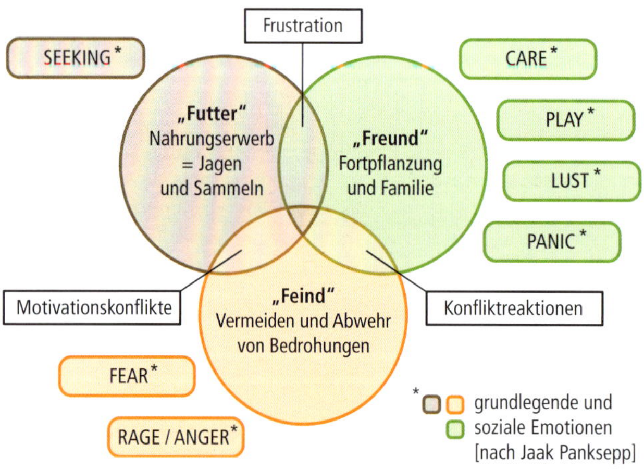

Funktionen und Emotionen hündischen Verhaltens

BEUTEGREIFER UND ABSTAUBER

Zum Zweck des Nahrungserwerbs wären unsere Hunde unter natürlichen Bedingungen nicht nur Beutegreifer, sie wären auch Abstauber. Kleinere Beutetiere würden gejagt und vertilgt, alles andere wäre wenig erfolgversprechend, und der Hundemagen bliebe leer. Aas und dergleichen würden gesammelt und vertilgt. Hunde, die z. B. im Süden auf der Straße leben, verdingen sich in puncto Nahrungserwerb bevorzugt im Sammeln. Sie schwärmen aus und grasen nahrungsträchtige Stellen ab, um danach satt zurück nach Hause zu gehen. Jagen ist hingehen nicht unbedingt von Erfolg gekrönt, der Jäger strengt sich an und geht hin und wieder hungrig nach Hause.

FUNKTIONSKREISE HÜNDISCHEN VERHALTENS

„Futter“, „Freund“ und „Feind“ sind die drei Hauptfunktionskreise hündischen Verhaltens, vielleicht mögen Sie den Wust an Verhalten Ihres Vierbeiners einmal einsortieren? Die Krux für unsere Hunde ist, dass diese drei Funktionskreise nicht fröhlich nebeneinanderher wabern, nein, sie überschneiden sich, weil in der Hundewelt über die Sinnesorgane immer und immer wieder neue Reize ins Hundegehirn dringen. Neue Reize erfordern neue Entscheidungen, und aus der Menschenwelt addieren sich zusätzliche Reize hinzu. Nicht immer fallen Entscheidungen leicht, Motivationskonflikte entstehen. Und nicht immer führen

Galgos wie Oona werden in Spanien als Hetzjäger selektiert, auf der Straße verdingen sie sich als Sammler.

Entscheidungen ans Ziel, vielleicht schränkt der Mensch sie durch die Leine ein, Frustration kommt auf. Erleichtern Sie Ihrem vierbeinigen Begleiter seine Entscheidungen, indem Sie die Funktionen unterbrochenen Verhaltens in den Belohnungen aufgreifen (Stichwort: funktionale Verstärker), und lassen Sie Bestrafung im Training außen vor.

Funktionskreis „Futter"

Schauen wir uns den Funktionskreis „Futter" bzw. das Jagen und Sammeln genauer an. Zum Zweck des Nahrungserwerbs auszuschwärmen, wirft Fragen auf: Was ist ess- und jagdbar? Wo und wie sind Ess- und Jagdbares zu suchen und zu finden? Wie findet der Jäger und Sammler zurück? Genießbares und Ungenießbares, diese zwei groben Kategorien sind angeboren, was genau Hund so alles essen kann, dafür beginnt das Lernen tatsächlich bereits im Mutterleib. Körperumrisse, Bewegungs- und geruchliche Muster potenzieller Beute sind teils ebenso angeboren und werden durch Lernen verfeinert und ergänzt. Am Lernen sind anfangs die Mutterhündin und später die Gruppenmitglieder oder andere Artgenossen beteiligt. So kann aus einem Sichtjäger schnell ein Nasenjäger werden, wenn der Hundefreund ihn entsprechend anleitet. Such- und Erkundungsverhalten führen den Hund in seine Sammel- und Jagdgründe. Es gilt, Suchengebiete zu finden, die Ess- oder Jagdbares beherbergen, und diese möglichst flächendeckend abzusuchen, um fündig zu werden. **Such-, Erkundungs- und Neugierverhalten werden von einem emotionalen System gesteuert, das Jaak Panksepp das SEEKING-System nennt.** Suchen müssen unsere Jäger und Sammler nicht lernen, wir müssen innerhalb von Sucharbeit ihre Motivation für Suchobjekte/-gerüche nur bilden und erhalten.

Suchen mit Suchenglück

Ein flächendeckendes Suchmuster führt den Jäger und Sammler zu mehr Jagdbarem und Essbarem, verschiedene Individuen und Hundetypen unterscheiden sich deutlich in ihrer Art, eine Fläche abzusuchen. Diffus, von außen nach innen, in kleinen, engen oder großen, weiten Querschlägen, vieles ist praktikabel und erfolgversprechend. Suchfelder, in denen der Jäger und Sammler erfolgreich war, legt das Hundegehirn im Hippocampus ab, in dem das Ortsgedächtnis verankert ist. Hunde sind wahre Meister darin, sich an ergiebige Örtlichkeiten zu erinnern, genauer gesagt erinnern sich ihre „Platzzellen", die an diesen Stellen anspringen und den Hund motivieren, hier genauer nachzusehen. Die „Platzzellen" werden uns auch später im Buch immer mal wieder begegnen. Im Erkundungsmodus zwischen den Suchfeldern merkt sich das Ortsgedächtnis Landmarken in der Hundewelt, und Urinmarken sorgen zudem für einen Wiedererkennungswert. Unwegsame Hindernisse im Gelände werden umlaufen und der ursprüngliche Weg fortgesetzt, die Ausweichbewegung wird durch eine entsprechende Gegenbewegung ausgeglichen. Mit einer Brise Suchenglück wird etwaige Beute lokalisiert, und damit beginnt das große Rechnen. Die Sinneseindrücke über Ohren, Augen und Nase werden beidseitig trianguliert, über kleine Bewegungen des Kopfes werden die Reizintensitäten ab- und ausgeglichen, bis sich der Beutegreifer in direkter Verlängerung seiner Beute befindet. Schaut man Vorstehhunden bei der Arbeit zu, wird schnell klar, wie genau Beute geortet werden kann. Schauen Sie sich die Anordnung ihrer Augen an, die Sichtfelder überlappen sich – ein anschauliches Beispiel für „form follows function". Geortet! Die Kopfbewegungen stoppen, und was nun folgt, ist der Beutesprung. Nach dem Beutezug geht es zurück nach Hause. Während der Bewegung bildet sich das Ortsgedächtnis, der Hippocampus merkt sich den Startpunkt, die zurückgelegte Entfernung wird abgelegt, und aus all diesen Informationen wird der kürzeste, sparsamste Heimweg ermittelt. Gestresst kann der Jäger und Sammler auf dieses innere GPS nicht zurückgreifen, ihm bleibt der energieaufwendigere Weg auf seiner Eigenspur. Verschwindet Ihr hündischer Begleiter einmal in den ewigen Sammel- oder Jagdgründen, warten Sie dort auf ihn, wo er Ihnen abhandengekommen ist. Jagen und Sammeln sind ein biologisches Erbe, das unsere Hunde in ihrem Verhaltensrepertoire nicht leugnen können.

Orientierungsreflex: Die Aufmerksamkeit des Dingos ist gebündelt.

DIE JAGDSEQUENZ UND WAS SIE ANTREIBT

Als fester Bestandteil des Nahrungserwerbs ist das Jagdverhalten unseren Hunden angeboren, und ihre Sinnesorgane reagieren auf die passenden Auslösereize: So werden über die Augen optische Signalbilder wahrgenommen, Bewegung, Beuteschemata ..., über die Nase olfaktorische, Witterung, Fährten, Spuren, Geläufe ..., und über die Ohren akustische. Schmecken und Fühlen gesellen sich zu den hündischen Sinnen hinzu. Es braucht eine Beutefangsequenz, die angepasst an die jeweilige Beute, die angeborenen Verhaltenspuzzleteile in die richtige Reihenfolge bringt:

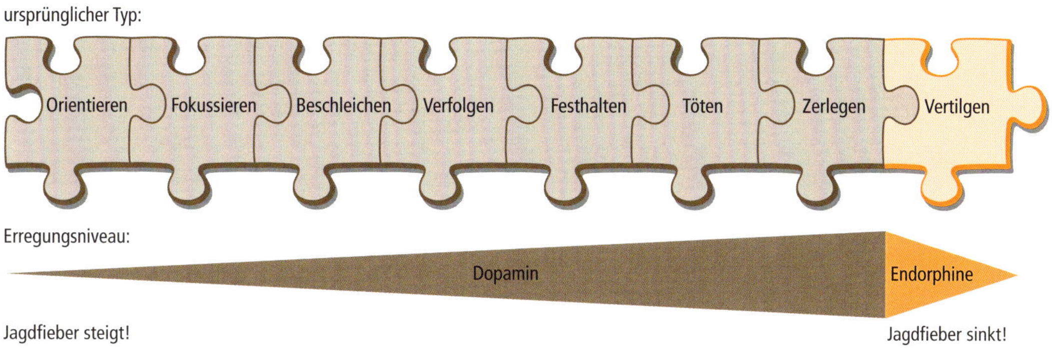

Die Beutefangsequenz eines Dingos

Orientieren, Fokussieren, Beschleichen, Verfolgen, Festhalten, Töten, Zerlegen und Vertilgen. Kaninchen und Hasen als Beute zu erkennen, ist angeboren, dass man die Puzzleteile seiner Beutefangsequenz an beide anpassen muss, ist eine Frage des Lernens. Die angepassten Jagdstrategien werden abgespeichert, hervorgekramt und fortlaufend verfeinert.

Wildhunde, wie der Australische Dingo, zeigen alle Puzzleteile in einer völlig ausgewogenen Ausprägung. Alle Puzzleteile sind gleich groß, eine Selektion hat nicht stattgefunden. Seine Beutefangsequenz ist zielführend, denn so macht er Beute. Werfen wir später einen Blick auf die Selektionsgeschichte der Jagd- und Hütehelfer, gilt der Begriff „zielführend" in erster Linie für den Menschen, denn viele der vergrößerten Puzzleteile machen, biologisch betrachtet, überhaupt keinen Sinn. So käme der Beutegreifer nicht an seine Beute – bis zum Sankt-Nimmerleins-Tag vorstehen oder mit heiterem Geläut Fährten und Spuren verfolgen, würde unter natürlichen Bedingungen jeden Jagderfolg vereiteln. Ursprüngliches Jagdverhalten ohne Selektionshintergrund ist aus biologischer Sicht ganz normales Verhalten. Im Verlauf der Beutefangsequenz liefert das jeweils vorhergehende Puzzleteil die nötige Erregung für das nachfolgende Puzzleteil, bis für das Festhalten und Töten ein ausreichendes Erregungsniveau erreicht ist. Das Vertilgen würde bei einem Dingo die Beutefangsequenz zum Abschluss bringen und das Erregungsniveau gleichermaßen senken. Begleitet der Botenstoff Dopamin die Beutefangsequenz vom Orientieren bis zum Zerlegen, bringen die Endorphine beim Vertilgen die Zufriedenheit.

Das SEEKING und sein Botenstoff

Vertilgen und Zufriedenheit sind genau das, was den Spezialisten am Ende ihrer Jagd- oder Hütesequenz fehlt, ohne Ermüdung läuft sie in einer Dauerschleife ab. Zur Beutefangsequenz eines Dingos gehört es, dass er seine Signalbilder in geringer Intensität erkennt und blitzschnell reagiert, extra schnelle Reizleitungen seines Nervensystems und ein entsprechender Körperbau helfen ihm dabei. Schauen wir uns das Dopamin als Botenstoff des Nervensystems genauer an. Es ist der Botenstoff des emotionalen Systems SEEKING, das Panksepp als eine der grundlegenden Emotionen der Säugetiere beschreibt. Distanzverringerung an potenziellen Ressourcen ist die Funktion des SEEKINGs, sein hohes Erregungsniveau und seine euphorisierende Komponente machen es recht robust gegen Störungen, und das genau ist es, was es uns Menschen so schwer macht, den Hund in seiner Hundewelt zu stören. Das SEEKING motiviert Neugier- und Erkundungsverhalten, Kontaktaufnahme mit Artgenossen, die Suche nach Ressourcen, angeborenen Auslösern und Bedürfnisbefriedigung, es motiviert die Puzzleteile der Beutefangsequenz, und was motiviert wird, setzt das Dopamin in Bewegung um. Motivation und das Aktivieren von Bewegung sind die Grundlage des Lernens, und beides holen wir uns ins Trainingsboot, das SEEKING und seinen Treibstoff, das Dopamin. Unsere Eintrittskarten in die Hundewelt sind unsere Marker-, Ankündigungs- und Verhaltenssignale, die wie ihre „wilde" Signalverwandtschaft SEEKING und Dopamin verheißen. Vorfreude ist das, was das SEEKING schürt, und Vorfreude ist ja bekanntlich die schönste Freude. Darin sind wir Säugetiere uns alle gleich.

Als Allrounder geht dem Vizsla seine Quersuche auch im Wald leicht von der Pfote, dort wird dann buschiert.

SELEKTION DER (JAGD-) HUNDETYPEN

Aus einer biologisch sinnbringenden Beutefangsequenz hat der Mensch für die Arbeit spezialisierte Helfer selektiert – Helfer für die Jagd und Helfer für die Hütearbeit. So addiert sich zum biologischen Erbe unserer jagdlich motivierten Vierbeiner ihre Selektionsgeschichte hinzu – beides unglaublich alt und genetisch fest verankert. In Populationen gibt es immer eine Normalverteilung: die goldene Mitte und die Schnarchnasen und ICEs nach unten und oben. Um für die Arbeit gezielt die spezifischen Puzzleteile der Beutefangsequenz zu vergrößern, nahm und nimmt man jene Individuen, die das Verhaltenselement am deutlichsten zeigen und auf die spezifischen Auslöser am stärksten und impulsivsten reagieren. Form und Funktion gehen bei der Selektion auf Arbeit Hand in Hand. So wird mit dem spezifischen Verhalten auf ein spezifisches Ex- und Interieur selektiert: eine/n passende/n Körperbau und Haartextur, sensible Sinnesorgane, ein impulsives Nervensystem mit noch schnelleren Reizleitungen, einen impulsiven Sympathikus, der blitzschnell Beute (und auch Gefahren) ortet. Adrenalin und Noradrenalin gibt es für das genetische Paket obendrauf, damit die Verhaltensreaktionen außen ebenso impulsiv sind wie das Innere. Jagd- und Hütehelfer werden auf das SEEKING und seinen Botenstoff, das Dopamin, selektiert, denn sowohl die Jagd- als auch die Hütesequenz sollen frei von Ermüdung ablaufen, ohne dass dabei Hunger eine Rolle spielt. Die spezialisierten Vierbeiner werden in ihr Arbeitsumfeld mit ihren spezifischen Auslösern verbracht, und dort spulen sie ihr Verhaltensprogramm in einer Endlosschleife ab. Für die Arbeit top, für den Alltag ein Flop. Die Selektionsmerkmale können wir daheim nicht ablegen, nur weil wir entspannt durch die Stadt schlendern oder durch Feld, Wald und Flur streifen wollen. Geruchliche, optische und akustische Signalbilder lauern überall, zur Not müssen unpassende Auslöser herhalten, wenn das Gehirn überreizt und gestresst ist. Dann treten die großen Puzzleteile übersteigert zutage und bahnen sich im schlimmsten Fa/ell ihren Weg in zwanghaftes, stereotypes Verhalten. Ein erhöhter Dopaminspiegel ist charakteristisch für die Jagd- und Hütehelfer, SEEKING-Verhalten in der Arbeit muss robust gegen Störungen sein, und nun? Wir wollen und müssen doch ab und zu stören, und das schaffen wir auch, aber wir schaffen es nur mit starkem Training. Nur starkes Verhalten vermag es, sich der SEEKING-Welle entgegenzustellen und den Stirnlappen ansprechbar zu halten. Allzu oft überrollt das SEEKING den Stirnlappen im Überschwang des Jagdfiebers, Entscheidungsfindung und Impulskontrolle sind damit gleichermaßen außer Kraft gesetzt. Mit dem SEEKING re/agiert das Reptiliengehirn (s. Kapitel „Das dreieinige Gehirn nach Paul MacLean“ S. 34 und 152).

Idealbilder stehen in der Selektionsgeschichte zwar im Vordergrund, doch nicht alle Individuen spiegeln das Ideal wider, die genetische Variabilität und die individuellen Umwelten nehmen auf ihre Verhaltensentwicklung Einfluss. Für das Training schauen wir uns beides an: den Hundetyp und das Individuum in seiner individuellen Umwelt. Je größer das Puzzleteil, desto schlechter ist die Unterbrechbarkeit – wollen wir stören, dann lautet die Devise, je früher, desto besser! Auch die engen Verzahnungen sind robust gegen Störungen. Wir stellen uns nicht gegen die großen Puzzleteile, wir holen sie uns ins Trainingsboot – wie, das erfahren Sie beim Lesen des Buches.

DIE PUZZLETEILE DER JAGDHELFER

Jagd ohne Hund ist Schund! So heißt es unter Jägern. Seine/n Jagdhelfer bemüht der Jäger immer dann, wenn er vor oder nach dem Schuss auf dessen Fertigkeiten angewiesen ist, um des Wildes – gesund, krank oder tot – habhaft zu werden. Mit den jagdlichen Fertigkeiten wird selektiert auf ein passendes Äußeres, so braucht es in puncto Geschwindigkeit, Ausdauer und Kraft die passenden Gebäudestrukturen und Bewegungsabläufe: den Galopp-, Trab- oder Krafttyp und ihre Übergangsformen. Windhunde als Galopptyp haben ein quadratisches Gebäude für kurze Sprints mit weniger Ausdauer. Vorstehhunde rangieren je nach

Ob nun buschierend oder stöbernd, geschwind und geschickt geht es dort über Stock und über Stein.

Spezialisierung zwischen Trab- und Galopptyp (Rechteck und Quadrat), ausdauernd und mit hoher Nase soll ihre Suche sein, aber auch flott und weit. Der Labrador unter den Retrievern z. B. verkörpert fürs Schwimmen und Apportieren die rechteckige Übergangsform vom Trab- zum Krafttyp. Im Inneren helfen z. B. ein entsprechendes WAS-, WO- und WIE-VIEL-System des Geruchssinnes beim Suchen und Verfolgen „wilder" Gerüche und Kreaturen (s. S. 106). Ein ausgeprägtes WO-System des Sehsinnes wird bei den Retrievern und ihrer Merkfähigkeit von Fallstellen mehr als deutlich. Kooperationsbereitschaft und Selbständigkeit sind sowohl für den Jäger als auch für den Nichtjäger interessante Selektionsmerkmale. Die nachfolgend abgebildeten Idealtypen entspringen einer Selektion auf Spezialisten. Mehr und mehr geht die Tendenz heute hingegen zum Allrounder, einem Hund, der für die Jagd, vielfältige Reviere und ein vielseitiges Aufgabenpotpourri viele Talente mitbringt. Viele Talente verwaschen die großen Puzzleteile, das ist aber nichts, was man nicht durch gutes Training wieder auffangen könnte.

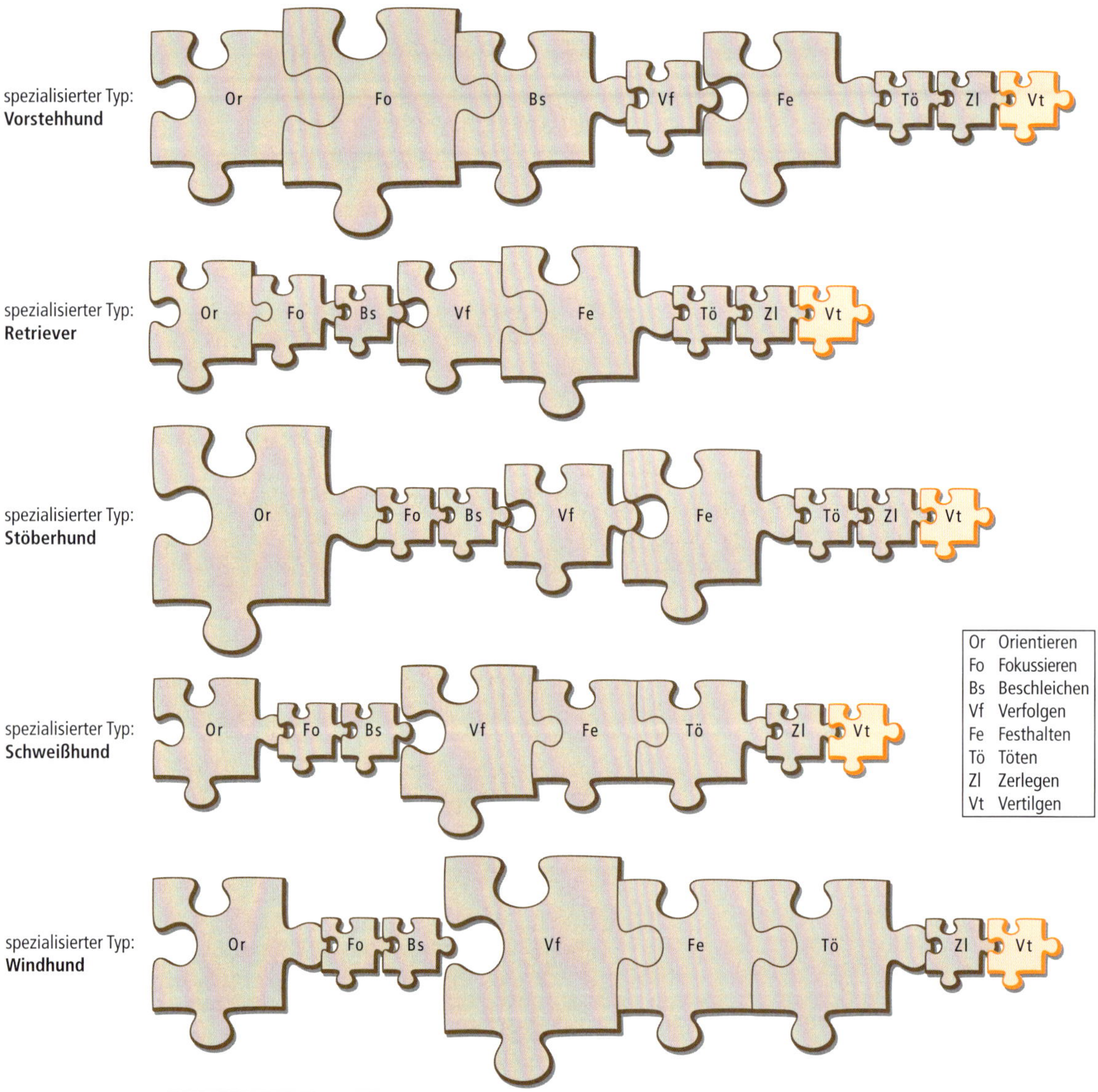

Die Jagdsequenzen der Jagdhelfer

Kooperative Jagdhelfer

Beginnen wir mit den lenkbaren, kooperativen Jagdhelfern, die in ihren Arbeitsaufträgen vor und nach dem Schuss eng/er mit dem Jäger zusammenarbeiten.

Vorstehhunde, allen voran die Pointer und Setter, als Federwildspezialisten selektiert, zeigen im Feld eine raumgreifende, flotte, systematische Quersuche mit hoher Nase und nutzen dabei den Wind. Ist Federwild geortet, zeigen sie aus vollem Galopp festes Vorstehen, ziehen nach, wenn Fasan oder Rebhuhn sich drücken, und stehen durch, wenn diese abstreichen und der Jäger seinen Schuss anträgt: Suche, Vorstehen und Nachziehen sind eng miteinander verzahnt und das Nachprellen (Verfolgen) eher verkümmert. Mit dem Apport endet der Arbeitsauftrag, und die Suche beginnt aufs Neue.

Vorstehhund

Retriever sind jene Spezialisten, deren Stunde nach dem Schuss schlägt. An der Seite seines Jägers wartet der Retriever geduldig und beobachtet das Jagdgeschehen, ob nun am Wasser oder an Land, äußerst penibel, er merkt sich eine oder mehrere Fallstellen von Ente, Fasan und Co. punktgenau, geht raus und landet geländeschonend, um das gefallende Wild zu apportieren – Rausgehen und Picken sind eng miteinander verzahnt. Hat er mal keinerlei Kenntnis etwaiger Fallstellen, kann er seine besondere Lenkbarkeit unter Beweis stellen und wird eingewiesen.

Retriever

Stöberhunde wie die Spaniels buschieren oder stöbern unter der Flinte, auch quer, dabei weniger weit, aber nicht minder flink und in viel engeren Schleifen, sie tragen ihre Nase im Bewuchs. Die akribische Suche des Spaniels hat die Anmutung eines felligen Nähmaschinchens, jeder Halm, jedes Blatt ... wird umgedreht. Wild drücken sie zwar aus dem Bewuchs heraus, verfolgen es dabei aber nur sehr kurz. Trifft der Schütze, kommen auch sie zum Apport.

Stöberhund

Selbstständige Jagdhelfer

Bei Jagdhelfern, die das Gros ihrer Arbeitsaufträge außer Sicht des Jägers erledigen und auf sich gestellt Entscheidungen treffen müssen, macht eine enge Zusammenarbeit wenig Sinn.

Teckel

Terrier

Bracke

Schweißhund

Windhund

Teckel und Terrier müssen unter und über Tage insbesondere an wehrhaftem Wild selbstständige Entscheidungen treffen, haben sie wehrhaftes Wild gefunden, schlägt ihr Beutefangverhalten in defensive Aggression um. Stöbernd machen sie auf der Suche nach Wild ordentlich Strecke, fallen frische Fährten oder Spuren laut und energisch an, um den abgestellten Schützen Anblick zu verschaffen.

Bracken brackieren: Hat die Bracke z. B. einen Hasen aufgemacht, ist es nicht seine Optik, die zum Verfolgen einlädt, es ist seine Spur, welche die Verfolgerin mit heiterem Geläut extrem weit voranbringt, bis das Langohr nach einigen hundert Metern oder gar Kilometern in seinen Einstand zurückkehrt und dort vom Jäger erlegt werden kann. In Ermangelung üppiger Brackier-Reviere sind Bracken gern gesehene Gäste auf Drückjagden, um Schalenwild auf die Läufe zu bringen und den Schützen zuzutreiben.

Schweißhunde sind zwar mit den Bracken verwandt, dennoch werden sie ausschließlich als Spezialisten für die Nachsuche am Riemen geführt: Sie suchen krank geschossenes Schalenwild auf seiner Wundfährte nach, der Jäger begibt sich dabei vertrauensvoll in die Pfoten seines Jagdgefährten und verlässt sich auf seine Expertise. Ganz im Sinne kniffeliger Nachsuchen wird diese herausragende, wichtige Fertigkeit durch nichts verwässert, also kein fröhliches Stöbern oder Verfolgen gesunder Fährten. Auf Lebendfunde wird der Verfolger zur Hatz geschnallt.

Windhunde, so z. B. der Galgo, und Podencos werden zwar oft in einem Atemzug genannt, weisen jedoch Unterschiede in ihren jagdlichen Strategien auf. Windhunde jagen rein auf Sicht, sie haben ein extrem weites Sichtfeld, damit ihnen nichts entgeht. Hat der Galgo einen Hasen erspäht, wird dieser geschwind gehetzt und gefangen. Podencos sind keine reinen Sichtjäger, bei ihnen spielen auch die Nase und die Ohren eine große Rolle, wenn sie Kaninchen suchen, finden, hetzen, fangen und bringen. Angepasst an die Lebensweisen von Hasen und Kaninchen machen diese Differenzen durchaus Sinn.

Beeindruckendes Belauern an einer Schafherde.

Der Australian Cattle Dog packt seine Spielbeute.

DIE PUZZLETEILE DER HÜTEHELFER

Hüteverhalten? Was hat das hier zu suchen, mögen Sie sich fragen. Hüteverhalten ist verändertes Jagdverhalten, statt an Wild arbeiten die Hütehelfer an Nutztieren und üben an ihnen Bewegungskontrolle aus. Bewegung ist das Stichwort, denn Wild bewegt sich auch, und Wildtieren ist es egal, ob sie gehütet oder gejagt werden, stressend ist es allemal. Ausgestattet mit sensiblen Ohren und Augen, um Veränderungen an einer Herde sofort ausmachen zu können, entgeht ihnen auch im Alltag ohne Arbeitshintergrund keine Bewegung, kein Geräusch bleibt lange ungehört. An einer Herde müssen auch kleine Umweltkontraste blitzschnell registriert werden, in einer Großstadt kann ihnen das schnell zum Verhängnis werden, unzählige Reize prasseln in das Gehirn des Hütehundes, kaum etwas wird ausgefiltert, scheint doch alles bedeutsam. Gerade das Dopamin ist es, was die Aufmerksamkeit dieses Hundetyps immer wieder in die Ferne schweifen lässt, nichts bleibt unentdeckt. Blättern Sie kurz zurück, zu den Selektionsmerkmalen der Jagd- und Hütehelfer. Wie so oft kann man das eine nicht ohne das andere haben, so kümmert sich der Sympathikus nicht nur um das Ermitteln von Auslösern für Bewegungskontrolle, er stuft insbesondere Geräusche schneller als bedrohlich ein. Schauen Sie sich um, in unserer Umwelt ist eine Menge los, blitzschnell verknüpfen sich Angst- und Hüteverhalten zu einem brisanten Cocktail, wenn z. B. der Border Collie versucht, motorisierte Fahrzeuge aller Art zu stoppen. Distanz- und Treibhunde sind die Unterkategorien der Hütehunde, sie unterscheiden sich gemäß ihrer spezifischen Arbeit an verschiedenen Nutztieren in der Ausprägung ihrer großen Puzzleteile, Form und Funktion.

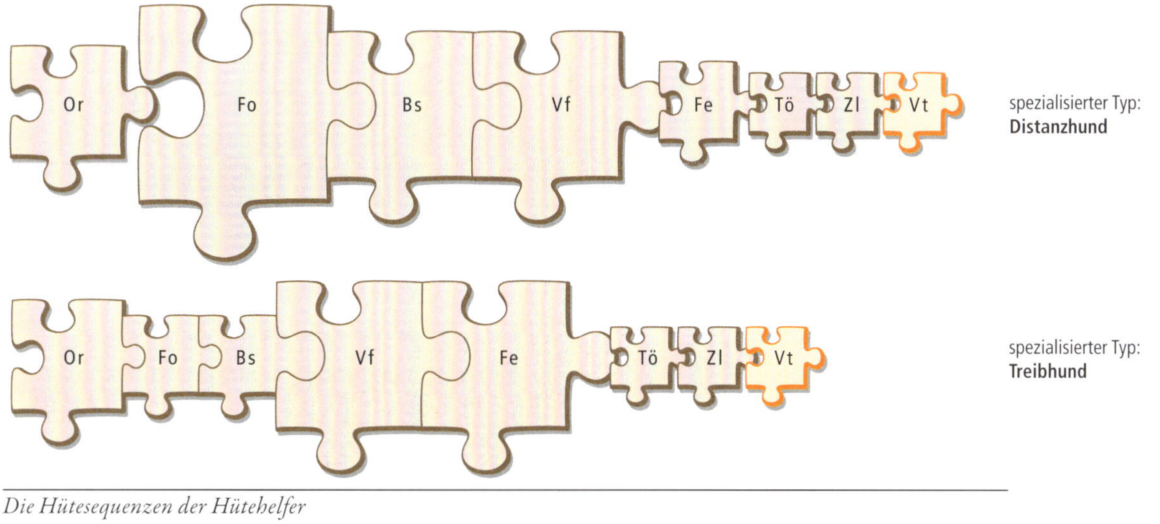

Die Hütesequenzen der Hütehelfer

UNERWÜNSCHTEM HÜTEVERHALTEN BEGEGNEN

— von Petra Elsbeck-Möller

01

01 Der Border Collie hat den Auslöser fokussiert, er belauert.

02 Kurzhaar Collies schätzen das Verfolgen bewegter Objekte.

03 Dem Belauerten bereitet das Belauern nicht wirklich Freude.

04 Frisbee mal anders: Auch als optisches Target macht es Laune.

Um hunderte von Weidetieren zusammenzuhalten, sind wichtige Selektionsmerkmale von Hütehunden sensible Augen, Ohren und eine impulsive Reaktionsfähigkeit. Hüteverhalten geht immer mit einem hohen Erregungsniveau einher, sowohl bei der Hütearbeit als auch bei Verhaltensauffälligkeiten.
Weidetiere werden von einem jungen Hütehund im ersten Kontakt oft beschwichtigt, Hüteverhalten kommt noch unvollendet zum Ausdruck. Die Puzzleteile des Hütens sind zwar genetisch angelegt, aber nicht sofort sinnvoll nutzbar, um z. B. Schafe zu betreuen. Erst durch eine durchdachte Anleitung lernt der Hund, diese kontrolliert und schafschonend einzusetzen.

ERLERNTE BEWEGUNGSKONTROLLE

— Der Mensch spielt mit dem Hund, wird ausgebremst, das Spielzeug daraufhin geworfen. Der hütende Hund versucht, rennende Menschen durch einen Fersengriff (In-die-Hose-Knapsen) festzuhalten, der Mensch hält an.
— Wenn Hunde spielen, kann es hektisch zugehen. Viele Hütehunde überfordert wildes Spiel in einer großen Gruppe, sie fangen an zu hüten: Sie belauern, sie umkreisen, sie knapsen in die Beine ..., die anderen Hunde bleiben stehen, fühlen sich unwohl, das Spiel endet. Das Verhaltensziel wurde erreicht – Hüten hat mit Spielen nichts zu tun, es ist Bewegungskontrolle.

Die so erlernten Techniken werden in stressenden Situationen auf den Stressauslöser übertragen, z. B. Fahrzeuge kontrollieren, die bedrohlich wirken.

02

03

04

BEWEGUNGSKONTROLLE VORBEUGEN

- Objekte werfen, wenn der Hund seitlich oder hinter dem Menschen läuft, Targetarbeit einbinden
- Den Hund nicht mit rennenden Kindern alleine lassen – dabeibleiben, erwünschtes Verhalten trainieren, Entspannung praktizieren
- Einzelspielpartner für sensible Hütehunde suchen – dafür am besten geeignet sind schwerfällige Spielpartner, die wenig zu „Fangspielen“ einladen
- Straßenverkehr frühzeitig trainieren: kurze Stücke erarbeiten, Pausen einbauen, erst einmal in Distanz zur Straße – von verkehrsberuhigten, über 30er -Zonen, bis hin zu befahreneren Straßen

Augenarbeit gehört in die Belohnungskiste!

BEDINGUNGEN, UNTER DENEN (JAGD)VERHALTEN ENTSTEHT

LEBENDIGER JÄGER IN LEBENDIGER UMWELT

Was wir Menschen von unseren vierbeinigen Begleitern in jagdlich reizvollem Umfeld erwarten, ist klar, was wir nicht mehr erwarten, umso klarer. Der Trainingsplan ist geschmiedet, und es geht frisch ans Werk. Doch ganz so einfach ist es nicht, denn weder unerwünschtes Jagdverhalten noch die erwünschten Puzzleteile der Jagdsequenz und alternativen Verhaltensreaktionen entstehen in luftleerem Raum – wir trainieren nicht im Labor, sondern in jagdlich reizvoller Umgebung, und unsere Lehrlinge sind Individuen mit Gehirnen, Emotionen und Bedürfnissen. Die Lerntheorie ist die eine Seite der Trainingsmedaille, die es zu beleuchten gilt, und eine optimale Lerngrundlage die andere. Ungünstige Bedingungen erschweren das Lernen erwünschten Verhaltens und erleichtern das Auftreten unerwünschten Verhaltens – wie wir es auch drehen und wenden, die Bedingungen, unter denen (Um)Lernen stattfinden soll, müssen passen. Erfassen Sie die Bedingungen penibel genau, verändern Sie ungünstige kurz-, mittel- und langfristig und starten Sie unter günstigen Bedingungen in das Projekt: Impulskontrolle in „wilder" Umwelt oder Warten und Unterbrechen dort, wo Fuchs und Hase sich gute Nacht sagen.

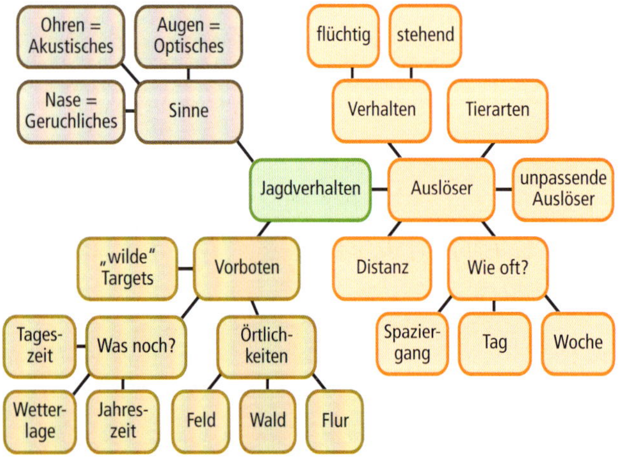

Die Auslöser des Individuums

AUSLÖSER UNERWÜNSCHTEN JAGDVERHALTENS

Nicht alle der Bedingungen bringen wir gleich mit unerwünschtem Jagdverhalten in Verbindung, doch dass es dafür Auslöser gibt, ist ein schlüssiger Zusammenhang. Machen Sie sich ein detailliertes Bild davon, wie es um die individuellen Auslöser Ihres Hundes bestellt ist:

— Was genau sind die Auslöser und deren auslösendes Verhalten? Welche Tierarten – Nutztiere, Wildtiere …? Unpassende Auslöser für Jagd- oder Hüteverhalten, wie Jogger, Fahrradfahrer, Autos und Trecker, andere bewegte Objekte, Schatten, Lichtreflexe …?
— Mit welchen Sinnen nimmt der Hund diese Auslöser bevorzugt wahr: Hört, sieht oder riecht er sie zuerst?
— Gesellen sich noch Vorboten dieser Auslöser hinzu: Bewuchsformen, Örtlichkeiten …?
— Spielen Tages-/Jahreszeiten, Wetterlage, Wind und Co. eine Rolle?
— Wie oft auf dem Spaziergang, am Tag oder in der Woche wird der Hund von seinen Auslösern überrumpelt?
— Wie sieht die individuelle Jagd- oder Hütesequenz des Hundes an seinen verschiedenen Auslösern aus?
— Wie entwickelt sich die Jagd- oder Hütesequenz des Hundes an seinen Auslösern?

Die Auslöser des Individuums

Je umfangreicher das Bild ist, das Sie mit den Auslösern, ihren Vorboten und Sequenzen gezeichnet haben, desto bedachter sollten Sie das Lernumfeld auswählen. Mehr Auslöser und Vorboten machen mehr unerwünschtes Jagd- oder Hüteverhalten und weniger erwünschte/s Puzzleteile oder Alternativverhalten. Es macht einen gewaltigen Trainingsunterschied, ob Ihr Jäger alle paar Wochen mal ein Reh erspäht, das ihn in Wallung versetzt, es bei Ihnen ansonsten kein Schalenwild gibt und er auf kleinere (Wild-) Tiere gar nicht anspringt oder ob Ihr Vierbeiner auf alles reagiert, was sich bewegt: Nutztiere, Wildtiere, Katzen ... und zahlreiche, unpassende Auslöser. Jagd- und Hüteverhalten, das leicht auslösbar ist – die großen Puzzleteile Ihres Individuums geben darüber Auskunft –, tritt nicht nur oft auf, es muss ebenso oft unterbrochen werden, also spielt auch Frustration bei unseren Überlegungen eine Rolle. Frustration wirkt stressend, Stress macht erwünschtes Verhalten unwahrscheinlicher und selbstbelohnendes Verhalten wird bevorzugt.

Überprüfen Sie Ihren gemeinsamen Trainingserfolg: Hat (Um)Lernen stattgefunden? Sehen Sie mehr erwünschtes und weniger unerwünschtes Verhalten? Wie steht es um die individuellen Jagdsequenzen Ihres Gefährten?

Wenn nicht, dann leisten Sie Detektivarbeit und stöbern nach ungünstigen Lernbedingungen.

IMPULSIVITÄT: OHNE RÜCKSICHT AUF VERLUSTE

Impulsives Verhalten? Leidgeprüfte Besitzer jagdlich motivierter Vierbeiner müssen nicht lange überlegen, denn schnell sehen sie vor ihrem geistigen Auge, wie ihr Jäger voller Verzückung jeglichen Bewuchs auf links dreht, im Jagdfieber verheißungsvollen Spuren folgt und in den „wilden" Jagdgründen verschwindet, hopsend und schreiend in der Leine baumelt, weil Nachbars Katze den Weg kreuzt, einen Hasen aufmacht, um diesen gleich darauf mit fröhlichem Jagdgeläut über Stock und Stein zu verfolgen.

Es geht um Bewegung, die rasch startet, sobald jagdliche Auslöser und ihre Vorboten ausgemacht sind. Gerade in jagdlich reizvoller Umwelt sind die hündischen Sinne geschärft, denn „wilde" Reize sind hier höchstwahrscheinlich. Das SEEKING bringt das Jagdfieber und das Dopamin die passenden Bewegungen, impulsive Verhaltensreaktionen sind nicht nur schnell, sie sind auch emotional. Impulsivität beantwortet Reize ohne Umschweife, der erste Impuls, die erste Reaktion, das Verhalten erster Wahl starten sofort.

Und das passt zur leidvollen Ausgangslage, Warten und Unterbrechen sind aus Hundesicht keine Option. Die Emotionen, Auge in Auge mit den „wilden" Bewohnern von Feld, Wald und Flur ist es das SEEKING, schäumen über, und an eine Hemmung von Jagdverhalten, z. B. Stöbern, Verfolgen ..., ist nicht zu denken.

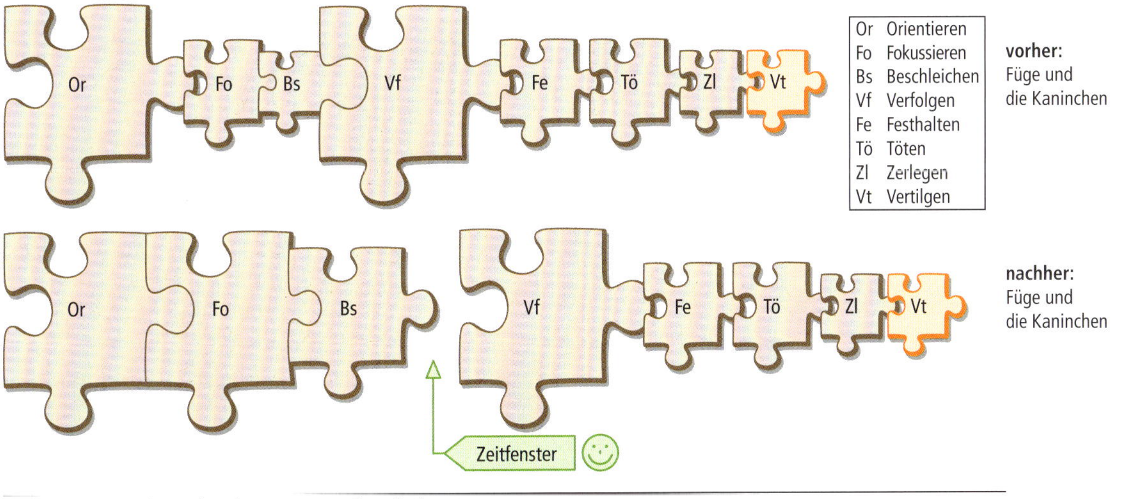

Die Puzzleteile des Individuums vor und nach dem Training

Ob mit oder ohne Hindernis, der Apport des Kaninchens ist für den Kleinen Münsterländer eine leichte Übung.

Selektionsmerkmal Impulsivität

An der Fähigkeit, das Verhalten erster Wahl zu hemmen, damit ein Verhalten zweiter Wahl starten kann, daran gilt es zu arbeiten. Dem ersten Impuls ohne Rückfragen zu folgen, birgt Gefahren, doch Gefahren und Risiken werden gerne in Kauf genommen, kein Weg ist zu weit, keine Brombeerhecke zu dicht, keine Strömung zu stark, kein Schilf zu scharf, kein Wild zu wehrhaft ..., merken Sie etwas? Genau, da holt sie uns wieder ein, die Selektionsgeschichte der Spezialisten. Impulsivität ist ein Selektionsmerkmal unserer Jagd- und Hütehelfer, für die Arbeit werden jene Individuen bevorzugt, die auf ihre spezifischen Auslöser am schnellsten und impulsivsten reagieren.

Robust soll selektiertes Verhalten sein, robust gegen Ablenkung – was für die jagdliche und die Hütearbeit ein unabdingbares Gütesiegel ist, bringt uns im Alltag ein ums andere Mal in die Bredouille, denn die unerwünschten Puzzleteile der Jagd- oder Hütesequenz starten, und unsere Verhaltenssignale prallen an ihnen ab. Und nun? Jagd- und Hüteverhalten zu unterdrücken, hieße, sich gegen die Selektionsgeschichte zu stellen und über Bestrafung die großen Puzzleteile zu schwächen. Was gegen ein Training über Bestrafung spricht, durchleuchten wir im Kapitel rund ums Lernen. Es mag verlockend klingen, sind doch gewisse Hundetypen mit Attributen wie „leichtführig" oder „will to please" etikettiert, und „Gefallenwollen" meint nichts anderes, als Bestrafung gegenüber sensibel zu sein. Doch holen wir uns die Selektionsgeschichte bzw. ihr Ergebnis ins Trainingsboot, arbeiten wir stressfrei, bedürfnisgerecht und nachhaltig. Irgendwie ist es paradox, da wird selektiert auf Robustheit, der Deutsch Drahthaar und der Deutsche Jagdterrier sind dafür ganz sicher herausragende Vertreter der Jagdgebrauchshundezunft, und damit einher geht eine Verschärfung möglicher Strafmaßnahmen, frei nach dem Motto: Harte Hunde brauchen hartes Training! Die „grünen Winke" im Buch geben erste Hinweise auf einen freundlichen Umgang mit Hunden für den Jagdgebrauch.

Doch nun zurück zu impulsivem (Jagd)Verhalten und der Frage, ob uns Impulsivität nicht doch von Fell zu Fell in die Karten spielt. Definitiv, denn auch Impulsivität hat zwei Seiten einer Medaille. So lassen sich die Reaktionen auf unsere Verhaltenssignale so trainieren, dass sie dem Hund impulsiv von der Pfote gehen – schnelles Stoppen, schnelles Herankommen, das gefällt der Bezugsperson. Wie so oft kann man das eine nicht ohne das andere haben, impulsive Reaktionen auf angeborene und erlernte Reize. Schnelle Hunde reagieren schnell. Robustem, angeborenem Verhalten stellen wir erlerntes Verhalten in den Weg, das wir durch eine gehaltvolle Verstärkungs- und Generalisierungsgeschichte immer robuster gegen Ablenkung machen.

Ein Federwildspezialist bei der Arbeit: der Pointer.

Buschieren, des English Springer Spaniels Sparte.

VERSCHIEDENE URSACHEN VON IMPULSIVITÄT

Selektionsmerkmal Die Selektion auf spezifische Auslöser, SEEKING und Dopamin, defensive Aggression ... bringen Impulsivität z. B. im jagdlichen Kontext.

Persönlichkeitsmerkmal Ein sympathisch dominantes Nervensystem sorgt für eine SEEKING- und gefühlsbetonte, stressanfällige Hundepersönlichkeit.

Normalverteilung In einer Population gibt es immer eine Normalverteilung, ob nun züchterische Selektion oder nicht, es gibt die ausgewogenen Modelle in der Mitte, die Schnarchnasen und ICEs als Extreme an den Rändern. Wird nun selektionsbedingt mit den ICEs weitergezüchtet und von jenen Nachkommen gibt es noch impulsivere ICEs, kommen wir zu immer extremeren Reaktionen. Die Leistungslinien verschiedener Hundetypen sind dafür ein gutes Beispiel – für die jagdliche Arbeit fast grenzwertig und für den Alltag kaum kompatibel.

Lerndefizit Nicht impulsiv zu reagieren, hat keine Lern- bzw. Trainingsgeschichte. Leinenführigkeit, alles rund ums Warten und Unterbrechen ... sind dem Hund nicht bekannt.

Operant gelernt Impulsives Verhalten lohnt sich. Jagd- und Hüteverhalten sind selbstbelohnend, und die „wilde" Umwelt sorgt zusätzlich für verstärkende Momente.

Konditionierte Erregung Örtlichkeiten werden rasch zu Vorhersagern jagdlicher Auslöser und Erregung: Orte, an denen der Hund bereits Wild getroffen hat, oder die jagdlich reizvolle Umwelt per se. Auch die jagdlichen Auslöser selbst sagen schnell ausnahmslos Erregung und SEEKING vorher, wenn wir nicht für ein entspannendes Moment sorgen. Rasch wird die Leine zum Vorhersager von Frust und Erregung, zu oft schränkt sie Bewegung und SEEKING ein.

Stress Die Instanz für Impulskontrolle sitzt im Frontallappen, der wiederum sehr stressanfällig ist. Stress begünstigt demnach impulsives Verhalten, ob der Hund nun bereits gut trainiert ist oder nicht. Motivationskonflikte, aufgebrauchte Impulskontrolle, Frustration, Hintergrundstress ... verdienen darum besondere Beachtung.

Trainings- und Lerngeschichte Haftet der Trainingsgeschichte das Lernen über Bestrafung an, begünstigt die stressende Wirkung ängstigender Strafe impulsives Verhalten.

Impulsivität und das Warten auf Belohnungen

Impulsiven Hunden fällt es schwer, auf Belohnungen zu warten, und das Warten schwächt deren Wertigkeit extrem. Könnten Hunde wählen, ob eine minderwertige Belohnung sofort zur Verfügung stehe oder eine hochwertige etwas auf sich warten lasse, würden sie sich für die sofortige, minderwertige Belohnung entscheiden. Kennen Sie das alte Sprichwort: „Der Spatz in der Hand ist besser als die Taube auf dem Dach."? Betrachten wir das Problem von der biologischen Warte aus, dann sichert diese Einstellung das Überleben, denn wer weiß schon, ob die Taube tatsächlich vom Dach gepflückt und im Hundemagen landen kann. Die Suche nach dem goldenen Ei macht nicht satt, unter natürlichen Bedingungen machen solche Motivationskonflikte keinen Sinn. Nun beobachten wir keine Dingos in freier Wildbahn, sondern wir wollen unsere hündischen Gefährten in „wilder" Umwelt zur Kooperation bewegen. Alles, was die „wilde" Umwelt ihnen anbietet, verspricht prompte Bedürfnisbefriedigung, alles, was vom Menschen kommt, lässt auf sich warten. Stoppen und warten, bis die Bezugsperson den Hund abholt, auf das Rückrufsignal reagieren und den langen Weg zum Menschen zurücklegen ..., Wartezeiten werten die tollsten Superbelohnungen ab. Können wir gegen die Halbwertszeit von Belohnungen etwas tun? Ja! Warmsignale und insbesondere das Ankersignal des doppelten Rückrufs überbrücken Wartezeiten, sie erinnern nicht nur an den hündischen Auftrag und geben Hilfestellung, sie erinnern ebenfalls an die herannahende Belohnung. Drehen wir den Spieß um, dann erreichen wir mit verlängertem Stehen und Gucken an Wild eine reduzierte Attraktivität. Hilfreich dabei ist natürlich, dass es beim Ausfindigmachen von Wild zu einer euphorisierenden Dopaminausschüttung kommt, beim längeren Betrachten hingegen bleibt der Spiegel gleich. Eng verzahnt mit der Wertminderung von Belohnungen ist eine geringe Frustrationstoleranz: In puncto Aufmerksamkeit hat der Vierbeiner wenig Ausdauer, diese auf die Menschenwelt zu fokussieren, und er lässt sich durch seine Hundewelt leicht ablenken. Viele der Belohnungsmöglichkeiten im gleichnamigen Kapitel trainieren eine bessere Frustrationstoleranz und das Warten

Auch Bracken-Mixe können das Belauern lernen.

Belauern, verfolgen, schnappen und vertilgen, ...

... ein Gros der Beutefangsequenz in einem Rutsch.

auf Belohnungen gleich mit, zum Laben an der Belohnung gehört ein Belohnungsverhalten: Belauern, bevor die abspringende Spielbeute geschnappt werden darf, Verfolgen der Rückspur, bevor am Ende die begehrte Spielbeute wartet, Suchen, bevor der Futterbeutel gefunden wird ..., viele kleine Dinge, die dem Hund dabei helfen, dranzubleiben. Kleinschrittigkeit führt uns auch bei den Belohnungsvarianten ans Ziel, und sind diese dann verstanden und wichtig, nutzen wir sie als hochwertige Verstärker erwünschten Verhaltens rund ums Warten und Unterbrechen. Impulskontrolle in „wilder“ Umwelt muss sich lohnen! Im Trainingsendeffekt sorgen der Aus- und Aufbau von Frustrationstoleranz und Impulskontrolle für einen Abbau von Impulsivität.

SEEKING UND FRUSTRATION: EIN PREKÄRES DUO

Frustration kommt immer dann auf, wenn eine erwartete Belohnung ausbleibt oder ein Verhaltensziel nicht erreicht wird. Um frustriert zu sein, muss die Belohnung nicht unbedingt ganz ausfallen, auch wenn sie kleiner ist oder seltener kommt als erwartet, kann Frust entstehen. Des Weiteren kann eine geringere Wertigkeit der Belohnung eher ein Ärgernis als eine Freude sein. Werfen wir einen Blick auf unsere hoch motivierten Begleiter in „wilder“ Umwelt, anfangs managen wir die unerwünschten Puzzleteile über eine lange Leine, später regulieren wir sie über unsere Verhaltenssignale rund ums Warten und Unterbrechen. Das klingt doch eigentlich ganz gut. Eigentlich? Was für die Bezugsperson höchsterfreulich ist, kann für den Hund höchstfrustrierend sein. In jagdlich reizvoller Umwelt wird hoch motiviertes Verhalten ein ums andere Mal angestoßen, kann aber nicht vollendet werden, und Bedürfnisbefriedigung bleibt aus. SEEKING-Verhalten wird vielleicht nur aktiviert, dann aber durch eine recht kurze Leine oder einen nahezu winzigen „Freilauf“radius vereitelt. Aufmerksamkeitsteilung, die überhandnimmt, stört SEEKING-Verhalten häufig und lange, kurze Aufmerksamkeitswechsel stören hingegen nur kurz. Dann und wann werden sie eingestreut, und es gibt als Ausgleich Pausen von Aufmerksamkeit, die in die Menschenwelt gerichtet werden soll. Pause in der Hundewelt ist angesagt und wird auch nicht gestört. SEEKING-Verhalten muss von Fell zu Fell auch mal komplett beendet werden, Verfolgen von Wild auf Sicht, geruchliches Verfolgen „wilder“ Fährten und Spuren, raumgreifendes Stöbern – all das können wir weder laufen lassen, noch können wir den Hund nach dem Stoppen oder Abrufen erneut in das „wilde“ Getümmel entlassen. Fürs Stoppen und Herankommen belohnen wir den Verfolger oder Stöberer großzügig und lassen das SEEKING ausklingen, das SEEKING-Verhalten, das wir unterbrochen haben, und jenes mit der Belohnung. Anregungen zum Ausklingenlassen von SEEKING-Verhalten finden Sie im Buch rund um die Belohnungen und die Entspannung. Frust hat demzufolge auch etwas damit zu tun, dass (SEEKING)Verhalten von außen gehemmt wird, durch die lange Leine oder unsere Verhaltenssignale. Entbehrungen auszugleichen, ist der Dreh- und Angelpunkt in unserem Training – Hobbys, mit denen wir den hündischen Alltag bereichern, Belohnungen, die aktuelle Bedürfnisse aufgreifen, und Jobs, die dem Training an unerwünschtem Jagdverhalten zuträglich sind, bilden den nachhaltigen Ausgleich zu empfundener Frustration und geleisteter Impulskontrolle. Geben Sie insbesondere in puncto Beschäftigungsideen als Jobs darauf acht, dass aus gut gemacht nicht gut gemeint wird: Klopfen Sie Jobs im Sinne des Hundes ab (s. S. 106).

DIE FRUSTRATIONSSCHRAUBE ÜBERPRÜFEN UND LOCKERN

Überprüfen

- Welches Verhalten wird beim Hund aktiviert?
- Wie oft wird das Verhaltensziel nicht erreicht?
- Wie oft gelangt der Hund zur Bedürfnisbefriedigung?

Lockern

- Top 20 der hündischen Bedürfnisse
- Belohnungen, die Bedürfnisse befriedigen: Aktives, Selbstbelohnendes und Essbares
- Beschäftigung als Hobbys, die Bedürfnisse aufgreifen und Defizite ausgleichen
- Beschäftigung als Jobs, die zum Individuum und Hundetyp passen und arm an Frustration und Impulskontrolle sind
- Hobbys gehen vor Jobs
- Verzicht in „wilder“ Umwelt (Stichwort: Impulskontrolle) kleinschrittig trainieren und bedürfnisgerecht belohnen

Für Husky Juna möge das Mäuseln niemals enden, das Verlassen von Mäusewiesen frustete sie anfangs extrem.

Frustrationsreaktionen

Frustriert zu sein, fühlt sich nicht gut an, doch warum ist das so? Jedes Individuum zeigt seine angeborene, nicht erlernte Frustrationsreaktion: Haben wir ein überschäumendes Exemplar, so wird mehr Aktivität sichtbar, haben wir ein unterschäumendes Exemplar, sehen wir weniger Aktivität. Impulsive Hunde werden in der Regel durch Einschränkung wuseliger und aktiver. Abermals sind es die Spezialisten für den Jagd- und den Hütegebrauch, SEEKING und Dopamin sind bei ihnen Selektionsmerkmale, die es uns im Training schwerer machen – durch das Ausbleiben des Hochgefühls neigen sie zu stärkeren Frustrationsreaktionen, denn die Ausschüttung von Dopamin bleibt aus. Wird ein Verhalten in der Hundewelt durch etwas aus der Menschenwelt gehemmt, bleibt es nicht aus, dass Reize unmittelbar vor oder während der Frustrationsreaktion mit ihr verknüpft werden – Vorhersager von Frustration bilden sich schneller als es uns lieb ist. Vom Menschen heiß geliebt, vom Hund höchst ungeliebt, ist die Leine das Beispiel par Excellence, zu einem erlernten Auslöser der Frustrationsreaktion zu werden.

Frust im Hundegehirn

Es ist der mittlere Bereich des Mandelkerns, das „Tor zu den Emotionen", welches der Frustration das negative, emotionale Etikett anheftet. Zur Frustrationsreaktion gehören ein Ansteigen des Erregungslevels und die Ausschüttung von Cortisol, dem Stresshormon. Dieses prekäre Duo ist es, das dem Hund mehr Treibstoff zur Verfügung stellt, mehr Treibstoff für Bemühungen, die vielleicht doch noch zu einer befriedigenden Lösung führen, neue Energien für neue Strategien. Und wieder kann der Mensch nur auf die Oberfläche des Hundes blicken. Er sieht gestartetes Verhalten, das intensiver oder schwächer wird, er sieht Meide- oder Übersprungverhalten, er sieht Stresssymptome, er sieht Aggressionsverhalten. Frustriert und gestresst wird hoch motiviertes Verhalten immer wichtiger, es fühlt sich noch besser an, weil es erleichtert. In einer reizvollen Hundewelt hat das Hundegehirn fortwährend neue Entscheidungen zu treffen, insbesondere dann, wenn aus der Menschenwelt noch Reize hinzukommen. Wenn wir den Hunden ihre Entscheidungen leichter und klarer machen, bringen sie weniger Frust. Jagdlich motivierten Hunden hilft es, wenn wir sie auf dem Weg ihrer unzähligen Entscheidungen in einem Umfeld mit wenig oder mäßiger Ablenkung bewegen. Ablenkungsreicher wird es im Verlauf des Trainings ohnehin früh genug. Belohnen Sie richtige Entscheidungen für erwünschtes Verhalten kontinuierlich, aber immer aus einem vielfältigen Belohnungspotpourri – von einem freundlichen Gesicht und netten Worten bis hin zu den Belohnungshighlights. In „wilder" Umwelt bedürfen erwünschte Verhaltensreaktionen beständig Ihrer Hege und Pflege, denn wir trainieren in Nachbarschaft zu „wilder" Konkurrenz.

IMPULSKONTROLLE, EINE STARKE LEISTUNG

Vieles, was unseren Vierbeinern schwerfällt, mutet an ihrer Oberfläche einfach an, wir sehen eben nur die Spitze des Eisberges. Es ist leicht gesagt, Impulskontrolle verbessern und damit Impulsivität verringern. Impulskontrolle ist eine Regulationseinheit im Hundegehirn, genauer gesagt im Frontallappen der Großhirnrinde. Der Frontallappen ist nicht nur die Instanz für Impulskontrolle, er ist ebenso das Integrationszentrum der Entscheidungsfindung – Stress tut dem Frontallappen gar nicht gut. Impulskontrolle hat eine angeborene, unfreiwillige und eine erlernte, freiwillige Ebene: Unfreiwillig sorgt der Mandelkern dafür, dass Impulskontrolle automatisch Verhalten reguliert und an aktuelle Bedingungen anpasst, quasi als Überlebensprogramm. Freiwillig reguliert Impulskontrolle Verhalten über erlernte Gewohnheiten, die mit gutem Training zur Routine werden und am Ende des Trainingstages Verhalten automatisch regulieren können. Was würden Sie über Ihr Hundeindividuum sagen, wie stark oder schwach seine angeborene Ebene von Impulskontrolle in Bezug auf Neugier- und Erkundungsverhalten ausgeprägt ist? Nennen Sie ein äußerst neugieriges Exemplar Ihr Eigen, das von Neuem magisch angezogen wird, in neuer Umgebung am liebsten überall gleichzeitig wäre und übersteigertes Erkundungsverhalten zeigt? Diese Hunde saugen Neues auf wie ein Schwamm – denken wir an jagdlich reizvolles Umfeld, kann es schnell hektisch und wuselig werden. Ein Hund, der alles Neue, neue Situationen, neue Artgenossen, neue Reize ... meidet, ist das Gegenstück zu jenem Exemplar, das sich regelrecht nach Neuem verzehrt. Beide Extreme sind nicht gesund, aber sie sind das Ergebnis der Normalverteilung, relaxter sind die Exemplare in der goldenen Mitte. Dümpelt der Hund ängstlich im Dunstkreis seiner Bezugsperson herum, kann er an seiner Hundewelt nicht teilhaben, er geht zwar nicht jagen, hat aber auch sonst an nichts wirklich Freude. Ward der jagende Hund im Dunstkreis seiner Bezugsperson selten bis nie gesehen oder hängt er permanent zerrend und plärrend in der Leine, hat der Mensch wenig Grund zur Freude, oder es vergeht beiden Leinenenden der Spaß an den gemeinsamen Streifzügen durch Feld, Wald und Flur.

Die Essenz des Trainings

Impulskontrolle ist in unserem Training an unerwünschtem Jagdverhalten ein essenzieller Baustein, wir nehmen das, was das Hundegehirn an Impulskontrolle mitbringt, und helfen dem Hund zu lernen, wann sich ihre Anwendung lohnt. Trainieren Sie mit Ihrem vierbeinigen Begleiter die Anwendung von Impulskontrolle dort, wo Sie sie brauchen: an „wilden" Auslösern, ihren Vorboten, Hinterlassenschaften ..., in „wilden" Kontexten wird gelernt, Impulskontrolle in Form von Warten und Unterbrechen genau dort anzuwenden. Außerhalb der Baustelle unerwünschten Jagdverhaltens trainierte Impulskontrolle wird schlecht bis gar nicht generalisiert: Abrufen von Futter oder Spielbeuten sagt nichts darüber aus, dass Abrufen auch dann funktioniert, wenn es „wild" wird. Gehen Sie keine Umwege, die der eigentlichen Verhaltensbaustelle nicht zuträglich sind oder sie gar belasten. Belohnen Sie geleistete Impulskontrolle bedürfnisgerecht, denn der Bedürfnisbefriedigung in „wilder" Umwelt zu entsagen ist anstrengend und muss sich lohnen. Wofür genau wird nun Impulskontrolle benötigt? Trainieren wir rund ums Warten z. B. das Stehen und Gucken, hilft sie dabei, Bewegungen zurückzuhalten; trainieren wir rund ums Unterbrechen z. B. das Abrufen, hilft sie dabei, Bewegungen zu beenden. Zudem ist sie am Fokussieren der Aufmerksamkeit von der Hunde- in die Menschenwelt beteiligt und am Aushalten von Belohnungen mit Wartezeiten. Impulskontrolle ist unentbehrlich, gehen Sie sorgsam mit ihr um.

IMPULSKONTROLLE VERBESSERN

Bevor Sie in Sachen Verbesserung der Impulskontrolle Ihres Jägers zur Tat schreiten, werfen Sie einen aufmerksamen Blick auf die möglichen Ursachen seiner individuellen Impulsivität, der Überblick auf Seite 27 hilft Ihnen dabei. Was Sie aktuell an Verhalten in jagdlich reizvoller Umwelt vor sich sehen, spiegelt die Selektion, Persönlichkeit und Lernerfahrungen des Individuums wider. Training kann viel verändern, dennoch variieren der Trainingsaufwand und die Grenzen des Trainings mit den unterschiedlichen Individuen und ihren individuellen Anlagen von Impulskontrolle und Frustrationstoleranz. Impulskontrolle muss sich lohnen, steht etwas weiter oben, denn schnell verbinden sich Frustrationstoleranz und Impulskontrolle zu unseren Ungunsten. Impulskontrolle, die sich nicht lohnt, frustriert den Vierbeiner, und ein frustrierter Hund kann Impulskontrolle nicht gut oder gar nicht leisten. Platzieren Sie die hündischen Belohnungen dort, wo sie gebraucht werden, arbeiten Sie kleinschrittig und übertreiben es nicht mit der Impulskontrolle, auch ein Zuviel davon verschlechtert die Frustrationstoleranz.

Für uns Menschen bleibt Rehwild in guter Deckung unentdeckt.

Impulsives Verhalten soll verändert werden, doch wo setzen wir im Training von Impulskontrolle an? Nehmen die Sinnesorgane, vielleicht sind es die Augen, einen „wilden" Auslöser mit langen Löffeln wahr, sind es nur wenige Augenblicke, bis der Sinneseindruck verarbeitet, die passende Verhaltensreaktion aktiviert und in Bewegung umgesetzt wird, denn sichtiges Verfolgen mag aus Hundesicht im Falle eines flüchtigen Hasen wohl prädestiniert sein. Kontrollieren können wir die Bewegung auf zwei Ebenen: Vor der Bewegung trainieren wir das Warten und nach der Bewegung das Unterbrechen oder Beenden. Gut trainiertes Warten begünstigt das Unterbrechen, und das Gespann sollte sich im Training beiden Varianten von Impulskontrolle widmen. Verschiedene Neuronenstrukturen im Gehirn leisten das Warten oder das Unterbrechen. Routine führt bei beiden Fertigkeiten zu stabilen Neuronenverbindungen und zuverlässigem Verhalten, wenn es auf eine bedürfnisgerechte Generalisierungs- und Verstärkungsgeschichte zurückblicken kann. Neuronen, die Verhalten an- oder ausschalten – man kann das eine nicht ohne das andere haben –, und Myelinscheiden, die Verbindungen und Verhalten stärken. Entsinnen Sie sich an das hündische Verhalten erster Wahl? Lange Löffel, die aus einem Weizenschlag ragen und den Verfolger locken, eine Hasenspur, die verführerisch duftend die Richtung ihres Verursachers aufzeigt, die wippende Blume des Hasen, die zu einem euphorisierenden Sprint einlädt – blitzschnell ist der Verfolger über alle Berge. Das Arbeiten an Verhaltensreaktionen rund ums Warten versieht den Start z. B. des Verfolgens mit einem Zeitfenster: Bei Wildsichtung steht und guckt der Hund, er wendet Impulskontrolle in Form von Warten an und hemmt das Hetzen. Belauern als Verhalten zweiter Wahl drängt sich zwischen das Ausfindigmachen und das Hetzen, das Verhalten erster Wahl. Gezielt verstärken wir die erwünschten Puzzleteile der Beutefangsequenz und lassen sie wachsen. Lassen Sie sich in den Kapiteln rund ums Warten und Unterbrechen von den vielfältigen Trainingsmöglichkeiten inspirieren.

Eine endliche Ressource

Ein genialer Plan! Ja, er ist genial, der Plan, doch dürfen wir dabei die Anstrengung, die es kostet, das Verhalten erster Wahl aufzugeben, nicht außer Acht lassen. Körperlich nicht anstrengend, denn Belauern statt Hetzen schont die Muskulatur, was die Entscheidung hingegen nicht schont, sind die mentalen Ressourcen. Den ersten Impuls zu hemmen und hintanzustellen, ist ein Glucosejäger, und Glucose ist der Stoff, aus dem Impulskontrolle ist – sinkt der Blutzuckerspiegel, sinkt mit ihm auch die Fähigkeit, Impulskontrolle anzuwenden. Sorgsamkeit ist unser oberstes Gebot im Umgang mit hündischer Impulskontrolle. Auf begehrtes, hoch motiviertes, angeborenes Verhalten zu verzichten, ist Alltag für unsere jagdlich motivierten Lehrlinge, Verzicht ist zentraler Bestandteil unseres Trainings, das dürfen wir nicht vergessen. Ob der Hund just in dem Moment stehend einem flüchtigen Reh hinterherschauen oder im Verlauf des Spaziergangs in „wilder" Umwelt viel erwünschtes Verhalten zeigen konnte, ist einerlei, das Vermögen, sich kontrollieren zu können, ist nach einer akuten Meisterleistung kurzfristig geschwächt, und sich fortwährend in einem erwünschten Verhaltensrahmen zu bewegen, zehrt langfristig an mentalen Ressourcen. Kurzfristig helfen Aktivitätsbelohnungen passend zum gehemmten Verhalten, kohlenhydratreiche Leckerlis zum Ausklang des SEEKINGs, Entspannung und Pausen in der Hundewelt; langfristig füllen wir verbrauchte Ressourcen über Ruhe, Schlaf, einen angemessenen Kohlenhydratanteil im Futter und Spaziergänge in reizarmem Umfeld auf. Kohlenhydratanteile im Futter und den Leckerlis werden in Glucose-Bausteine zerlegt, und dabei sorgen die schnell Verdaulichen für einen schnellen und die langsam Verdaulichen für einen langsamen Anstieg des Glucosespiegels. Für eine ausdauernde Fähigkeit, Aufmerksamkeit und Impulskontrolle in reizvollem Umfeld zu zeigen, sind die langsam verdaulichen Kohlenhydrate die wirkungsvolleren, z. B. in Vollkornprodukten.

Unseren gewieften Vierbeinern oftmals nicht: Ihre Körpersprache verrät, was uns ansonsten entgangen wäre.

IMPULSKONTROLLE UND DAS DREIEINIGE GEHIRN

Verhalten entsteht im Hundegehirn. Auch wenn draußen das „wilde" Leben tobt, so geschehen doch drinnen all jene Vorgänge, die für sichtbares Verhalten verantwortlich sind, z. B. Entscheidungs- und Motivationsprozesse, Aufmerksamkeit, Emotionen wie das SEEKING, die Stressreaktion, die Entspannungsreaktion, Erregung und Frustration. Wünschen wir uns, dass die Menschenwelt ein ums andere Mal siegreich gegen die Hundewelt von dannen zieht, ohne dass dabei die hündischen Bedürfnisse auf der Strecke bleiben, dann lohnt sich ein neugieriger Blick dorthin, wo wir nicht nur auf die Spitze des Eisberges blicken.

Das dreieinige Gehirn nach Paul MacLean

Ich mag das Arbeitsmodell des dreieinigen Gehirns von Paul MacLean, das ganz simpel und dennoch klar veranschaulicht, wie wir mit Hundegehirn und Menschenverstand zu einer Veränderung von Verhalten gelangen. MacLean unterteilt das Gehirn in drei stammesgeschichtlich unterschiedlich alte Schichten, das Gehirn der Reptilien, das Gehirn der alten Säugetiere und das Gehirn der modernen Säugetiere. Von einer unteren Schicht, die das Überleben sichern soll und die dafür notwendigen, grundlegenden Emotionen beherbergt, kommen wir mittig über das emotionale Gehirn, das mit dem limbischen System und seinem Mandelkern für die Verarbeitung von Emotionen zuständig ist und die sozialen Emotionen beherbergt, zu einer denkenden Oberschicht. Wenn wir uns einen adäquaten Trainingspartner wünschen könnten, dann wäre es ohne Frage das Vorderhirn, die Großhirnrinde oder der Cortex – dort landen unsere wertvollen Lerninhalte, werden zur bleibenden Erinnerung und als solche immer wieder hervorgekramt und lebenslang umgestaltet. Insbesondere der Frontallappen der Großhirnrinde ist für unser Training von Bedeutung, denn hier werden die Verhaltensentscheidungen getroffen: Informationen, die über die Sinnesorgane ins Gehirn schwappen, Informationen aus der Großhirnrinde und Informationen aus dem limbischen System werden zur Entscheidungsfindung herangezogen und das passende Verhalten ausgeworfen. Es gibt noch mehr Gründe, sich den Frontallappen genauer anzusehen, denn er ist das Zuhause der zentralen Instanz für Impulskontrolle, und er vermag es, Emotionen zu dämpfen. Die Achillesferse des Frontallappens ist seine Stressanfälligkeit, bereits milder Stress kann seine Leistungsfähigkeit beeinträchtigen. Ist der Vierbeiner gestresst, dann reagieren sein Stamm- oder sein emotionales Gehirn, und schwups müssen wir uns ebenso um die beiden unbeliebteren Trainingspartner Gedanken machen. Wir strukturieren das dreieinige Gehirn einfach weiter, wir fassen das Stamm- und das Mittelhirn zum Hinterhirn (reflexiv, impulsiv, emotional) zusammen und stellen es dem Vorderhirn (denkend, hemmend, besonnen) gegenüber. Im Kapitel rund um die jagdliche Erregung, und wie man sie reguliert, schauen wir uns an, wie das retikulare Aktivierungssystem, kurz RAS, über entspannende Momente als Weichensteller zwischen Hinter- und Vorderhirn umschalten kann, damit das Hundegehirn wieder ans Denken denkt. Das dreieinige Gehirn betrachten wir nicht schwarz oder weiß, gut oder böse, denn alle drei Schichten sind für unser Training von Bedeutung. So sind es der Hypothalamus und das limbische System (Stichwort: Belohnungssysteme), die bei unseren Belohnungen für erwünschtes Verhalten eine gewichtige Rolle spielen – SEEKING und Dopamin versehen die Menschenwelt und ihre Signale mit Attraktivität: Die Verhaltenssignale werden vom Mandelkern bewertet und gelangen über den Nukleus Accumbens, samt Zugabe einer Dopaminausschüttung, in den Frontallappen, wo sie Verhaltensentscheidungen zu unseren Gunsten beeinflussen können. Gar nicht schlecht, oder?

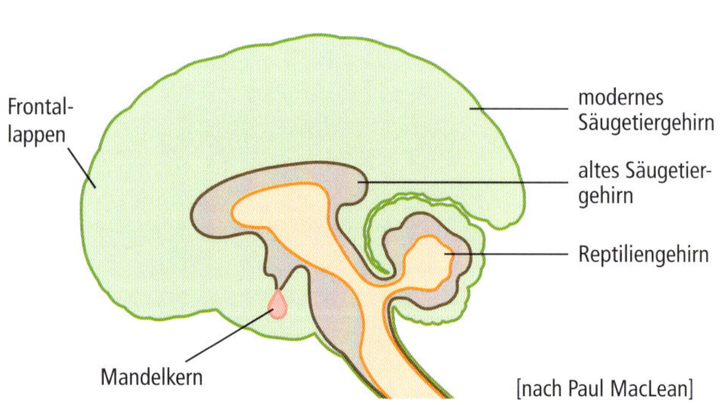

Das dreieinige Gehirn als Arbeitsmodell

Beim Cursing einfach mal Podenco sein: Sukis Reptiliengehirn ist am Drücker, SEEKING nach ihrem Geschmack.

(HINTERGRUND)STRESS AUFSPÜREN

Stress gehört zum Lernen dazu, und sowohl Stress als auch das Lernen selbst sind Anpassungsprogramme an aktuelle Veränderungen in der Umwelt des Hundes. Stress kann den Hundeleib für Herausforderungen mobilisieren und seine Bewältigungsstrategien sorgen für den aktuellen Anpassungswert. Fehlen nun mögliche Bewältigungsstrategien oder führen sie nicht zur Anpassung, bleibt der Anpassungswert aus, damit wird Stress zu Belastung. Lotsen Sie Ihren Gefährten mit anpassenden Bewältigungsstrategien stressarm durch den Alltag. Es ist ein schmaler Grat, ob Herausforderungen fördern oder überfordern. Auch hier ist es wieder der Mandelkern, der durch seine emotionale Bewertung Reize zu Stressoren macht. Emotionen sind mit dem Stress-System des Hundeleibes eng verzahnt, das hündische Stress-System hat zwei Achsen:

— Limbisches System – Hypothalamus – Hypophyse – Nebennierenrinde – Cortisol
— Limbisches System – Sympathikus

Emotionen sind Überlebensprogramme, alt und bewährt. Wird eines der Überlebensprogramme aktiviert, stellt das Stress-System die nötige Energie zur Verfügung, um wichtige Veränderungen der aktuellen Umwelt zu bewältigen. Gerät die Homöostase (= Gleichgewichtszustand) aus dem Gleichgewicht, wird Energie benötigt – Leben und Lernen kosten Energie! Es ist das vegetative Nervensystem, das bei der Aktivierung und Regulation von Emotionen eine gewichtige Rolle spielt. Während sein parasympathischer Ast für Regeneration und Speicherung von Energie sorgt, gibt sein sympathischer Ast sie frei und zwar immer dann, wenn der hündische Organismus aus dem Gleichgewicht gerät, die Homöostase herausgefordert wird. Herausforderungen tangieren den Sympathikus unterschiedlich stark, emotionaler Stress durch Frustration, Angst oder Aggression aktiviert seinen Nebennierenast stärker und Stress durch körperliche Belastungen wie Beutefangverhalten mehr seinen neuralen Ast. Sogar wenn alle Bedürfnisse befriedigt sind, vom biologischen Zeitbudget aber noch etwas übrig ist, wird das Stress-System aktiviert. Das SEEKING wird aktiviert, um für schlechte Zeiten vorzusorgen, Umwelterkundung ist das, was wir sehen – Ressourcen und Fortpflanzung sind wichtig. Überleben und lange genug leben, das ist das Motto der Überlebensprogramme. Stressoren als solche zu empfinden, und wie stark sie als stressend empfunden werden, ist individuell und typabhängig: Wie lebt das Individuum? Welche Lernerfahrungen hat es gemacht? Gibt es einen Selektionshintergrund? Wie ist seine Persönlichkeit gestrickt? Zudem spielen das Geschlecht, das Alter, die Gesundheit und die Erfahrungen in jungem Alter eine Rolle. Ist das Individuum gestresst, bevorzugt es selbstbelohnendes Verhalten, z. B. Puzzleteile aus der Beutefangsequenz.

Wenn Stress belastet

Wird das Stress-System nun ausdauernd aktiviert und der Anpassungswert bleibt aus, dann kommt es nicht nur zu Krankheitssymptomen, auch Verhaltenssymptome sind höchstwahrscheinlich. Cortisol, das Stresshormon, verringert die Ausschüttung von Dopamin – SEEKING, Vorfreude und Bewegung verlieren sich im hündischen Alltag. Vielleicht sieht die Bezugsperson weniger Verhalten, weniger Neugier- und Erkundungsverhalten, aber es schwindet ebenso die Freude an allem, was mit Belohnungen verknüpft ist: Unsere Marker-, Ankündigungs- und Verhaltenssignale verlieren ihre Bedeutung. Kann der Hund Signale, die mit Belohnungen verknüpft sind, nicht mehr als solche empfinden, schränkt die missliche, hündische Lage das Lernen über Belohnungen stark ein. Kurzum, chronischer Stress zerstört die Freude am Leben und die Lebensqualität vergeht. Chronisch gestresste Hunde werden reaktiver, sie reagieren schneller auf Bedrohungen und Stressoren addieren sich auf. Chronische Frustration, wenn hoch motiviertes Verhalten nicht wie erwartet ablaufen kann, und chronischer Stress durch Ängste führen zu einer starken Bevorzugung der großen Puzzleteile des Individuums, wiederholt gezeigt werden sie zum Stressventil und immer wichtiger, bringen sie doch Erleichterung.

Wie (Hintergrund)Stress sich auswirkt

Stereotypes Verhalten aus der Hüte- oder Jagdsequenz tritt deutlich zu Tage: Bewegungskontrolle an unpassenden Auslösern, übersteigertes Stöbern, Suchen oder Hetzen, Verfolgen und Belauern unpassender Auslöser, „Staubsaugen“ ... entstehen aus Konfliktverhalten. Es ist ein Teufelskreis, drum klopfen Sie die Lebensumstände Ihres Hundes unbedingt auf Hintergrundstress ab – dröseln Sie auf, welche Stressoren auf Ihren Hund in seiner Umwelt einwirken und welche Verhaltensbaustellen er vielleicht an anderer Stelle hat.

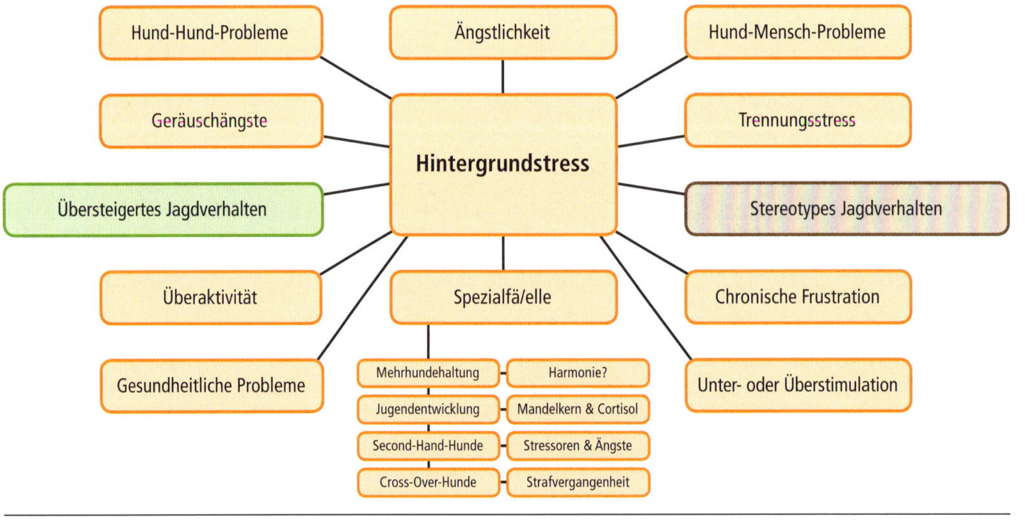

Hintergrundstress erfassen

☞ KÖRPER UND VERHALTEN DES GESTRESSTEN HUNDES

GESTRESSTE KÖRPEROBERFLÄCHE

— Hecheln
  - schnell
  - flach
  - tief
  - angestrengt

— Augen
  - erweiterte Pupillen
  - mehr Weißes im Auge

— Schweißige Pfoten

— Abstehen der Vibrissen (Tasthaare)

— Einfrieren in der Bewegung

— Stressgesicht
  - zurückgezogene Lefzenwinkel
  - Anspannung rund um Augen und Fang

— Züngeln, Gähnen, Blinzeln

— Haarausfall, Schuppenbildung, Hautprobleme

— Aufgerichtete Rückhaare

— Speichel
  - Vermehrtes Speicheln
  - Veränderte Konsistenz des Speichels (flüssiger, zäher)

GESTRESSTES VERHALTEN

— Jagd- und Hüteverhalten an passenden und unpassenden Auslösern

— Lautgebung

— Angst- und Aggressionsverhalten

— An-der-Leine-Zerren

— Schlechte Ansprechbarkeit

— Gesteigerte Reaktivität bei Bedrohung

— Zwanghaftes und stereotypes Verhalten
  - übertriebene Körperpflege
  - Rute jagen
  - exzessives Buddeln
  - Schatten ... verfolgen
  - Schatten, Lichtreflexe ... belauern

— Selbstverletzung

— „Staubsaugen"

— Übersteigerte Aktivität, Herumgewusel

— Desinteresse an Futter

— Lethargie, Konfliktschlaf

Blinzeln und Züngeln an der Körperoberfläche

Wuseliges Anspringen als Übersprungverhalten

JAGENDE KUNDEN IN DER VERHALTENSTHERAPIE

— von Dr. Ute Blaschke-Berthold

Verhalten kann nicht in verschiedene Unterrichtsfächer für die Hundeschule einsortiert werden. Wie alle anderen Verhalten hat auch Jagdverhalten verschiedene Ursachen und darf nicht nach Rezept bearbeitet werden. Das Jagdverhalten des Hundes ist auf verschiedenen Pfaden mit Entstehung und Bearbeitung problematischen Verhaltens verknüpft.

01 Wasser bringt das hündische Erregungsniveau in Wallung.

02 Belauern als großes Puzzleteil kann zum Problem werden.

03 Gestresst wird übersteigertes Verfolgen wahrscheinlich.

01

FRUSTRATION UND MOTIVATIONSKONFLIKTE

Umwelt besteht aus einer Flut von Reizen, die alle gleichzeitig in das Gehirn des Hundes schwappen. Dabei werden verschiedene Emotionen und verschiedene Verhaltensreaktionen gleichzeitig aktiviert. In einem Entscheidungsprozess, den wir als Motivation bezeichnen, wird das für diese Situation am besten passende Verhalten endgültig aktiviert. Wenn keine Entscheidung getroffen werden kann, befindet der Hund sich in einem Motivationskonflikt. Wird eine Entscheidung getroffen, diese dann aber von außen gehemmt, entsteht Frustration. Motivationskonflikte und Frustration steigern den Erregungslevel und führen zu einem negativen Gefühlszustand. Daraus entwickeln sich:

- — Hoher Erregungslevel
- — Gesteigerte Aktivität
- — Aggression
- — Verschlechterung der Trainierbarkeit
- — Gesteigerte jagdliche Motivation

02

Addiert sich zu diesen alltäglich auftretenden Entscheidungen noch Hintergrund-Stress durch körperliche und emotionale Belastungen, kann sich das Jagdverhalten so stark steigern, dass oft von einem „unkontrollierbaren Jagdtrieb" gesprochen wird.
Chronischer Stress führt dazu, dass das Gehirn des Hundes selbstbelohnendes Verhalten über Belohnungen von außen bevorzugt: Einzelne Elemente der Beutefangsequenz werden immer häufiger gezeigt, auch an unpassenden Auslösern wie Schatten, Lichtreflexen, Wassertropfen ..., der Weg in Zwangsverhalten und Stereotypien ist vorgezeichnet. Beachten Sie bei übersteigertem Jagdverhalten bitte zusätzlich folgende Punkte:

- Gesundheitszustand
- Verringerung von Ängsten und Trennungsstress
- Kürzung der Spaziergänge – für einen jagdlich motivierten Hund ist jeder Spaziergang eine Trainingseinheit! Trainingseinheiten mit unkontrollierbar auftretenden Auslösern von 60 Minuten sind sicherlich nicht zielführend.

03

Je stärker der Hintergrund-Stress reduziert werden kann, desto leichter wird das Training sein!

IM DREIKLANG ANS TRAININGSZIEL

KOMMUNIKATION, DIE BEEINFLUSST

Im Erkundungsmodus stößt unser jagdlich motivierter Begleiter auf eine Hasenspur, er riecht an ihr, um sie kurz darauf detailliert auszuarbeiten. Auf dem Weg zu Meister Lampe, dem Verursacher des Geruchs, ertönt unser Rückrufsignal, der Hund unterbricht sein hoch motiviertes Verhalten, kehrt zu seiner Bezugsperson zurück und wird dort für seine Meisterleistung bedürfnisgerecht belohnt.
Entspannt trottet das Gespann entlang eines lauschigen Waldweges vor sich hin, der Hund hat den Übergang in die Dickung zur rechten als Barriere kennengelernt und wartet dort auf die Resonanz seiner Bezugsperson. Doch dann, wie aus dem Nichts, wechselt ein Reh aus der Dickung über den Weg – Orientierungsreflex auf beiden Seiten, Hund und Mensch haben das Reh erspäht. Augenblicke vergehen, der Jäger setzt zum Verfolgen an und der Mensch die rettende Pfeife: Stopppfiff, der Hund stoppt, sitzt und sieht dem Reh hinterher. Was folgt, ist eine exorbitante Belohnung, die das Puzzleteil des Verfolgens aufgreift und wieder ausklingen lässt.
Liest sich das nicht phantastisch? Der Hund darf an seiner Hundewelt teilhaben, Freiheiten genießen, weil sein Mensch ihn jeder Zeit an passendes Verhalten erinnern kann, falls er Verhalten der unpassenden Art zeigen sollte.

SIGNALE MIT BEDEUTUNG

Im Trainingsverlauf bringt fließende Kommunikation mehr und mehr Freiheiten in den Hundealltag zurück, Management über die Leine wird zunehmend aufgeweicht. Kommunikation meint in unserem Trainingsfall, dass der Mensch durch seine kommunikativen Signale, z. B. Abrufen oder Stoppen, das Verhalten des Hundes, z. B. Verfolgen oder Stöbern, beeinflussen kann. Nur Signale mit Bedeutung vermögen es, Verhalten zu beeinflussen: Verhaltenssignale geben bekannt, was zu tun ist, und sie informieren über Konsequenzen und zwar über bedürfnisgerechte Konsequenzen. Hat nun das Rückrufsignal den Hund aus seiner Hundewelt zurück in die Menschenwelt gelotst, dann ergeben sich daraus für den Zwei- und den Vierbeiner verstärkende Momente: Der Mensch ist happy, weil sein Training Früchte trägt, und der Vierbeiner ist happy, weil sein Mensch ihn bedürfnisgerecht belohnt, eine Win-Win-Situation!

Die missliche Ausgangslage

Kommt Ihnen das bekannt vor? Ein frustriertes Mensch-Hund-Gespann hastet durch jagdlich reizvolle Umwelt: der Hund zerrend, der Mensch strauchelnd, durch die Leine verbunden und dennoch getrennt. Der Zerrende versucht, sich in der vor Reizen nur so strotzenden Umwelt am liebsten an jedem einzelnen zu ergötzen. Angeleint und gefrustet fühlt sich all das noch besser an, und per se aktivieren „wilde“ Reize das SEEKING und damit angeborenes, hoch motiviertes Verhalten, sie sind angeborene Signalbilder: Umrisse, Gerüche und Geräusche von jagdlichen Auslösern. Ihre Vorboten gesellen sich zügig durch Lernen hinzu. „Wilde“ Signale versprechen Bedürfnisbefriedigung. Versucht nun die Bezugsperson in dieser Sinnesvielfalt ein Verhaltenssignal an den Hund zu bringen, verpufft es ungehört und unverarbeitet. Bedeutungsloses geht unter. Frustrierend, nicht wahr? Gutes Training ist die Lösung aus dieser Misere. Was wir brauchen sind Signale, die in ihrer Form einen guten Kontrast zur Umwelt bilden und in ihrer Funktion eine Bedeutung haben. So verpuffen sie nicht, sie werden gehört, verarbeitet und in erwünschtes Verhalten umgesetzt. Bedeutungsvolles hebt sich ab.

SIGNALE UND IHRE FORM

Machen Sie sich Gedanken über die Form der Signale. Denken wir an jagdlich motivierte Hunde, dann sollten die Verhaltenssignale über die relevanten Sinnesorgane wahrgenommen werden, die Augen und in erster Linie die Ohren stehen dabei im Fokus. Vieles an Kommunikation erreicht unsere Hunde in Distanz, unsere Signale sollten unbedingt eine gewisse Reichweite haben. Kontrastreich sollten sie sein, und schauen wir auf die verschiedenen Formen unseres Markersignals für alle Fä/elle, dann wird es klarer. Das Geräusch des Clickers, ein Zungenschnalzer oder ein Markerwort geben durch die Art des Geräusches unterschiedliche Kontraste in einer reizvollen Umwelt, der Clicker hebt sich am stärksten ab, von außen betrachtet sehen wir mehr Aktivierung, mehr Aufmerksamkeit, aber auch mehr Erregung, weil Geräusche im Hirnstamm verarbeitet werden. Dort macht die Aktivierung des Sympathikus aktiv für jagdliche Herausforderungen und alarmiert bei Bedrohungen. Es ist wie so oft ein Segen und ein Fluch: Mal ist ein kleiner Kick erwünscht, mal ist ein kleiner Kick genau das Quäntchen zu viel an Erregung. Wählen Sie im Zweifelsfall für das universelle Markersignal eine geclickte oder geschnalzte und eine gesprochene Variante. Selbiges gilt für das Abrufen und Stoppen, gerufen und gepfiffen, beides hat seine Daseinsberechtigung. Akustische Signale sind in der Nähe und in der Ferne verhaltensbringend.

Berührungen und Objekte als Signale

Taktile Signale über Berührungen erfordern Nähe zwischen Mensch und Hund – das Antippen als Umorientierungssignal (s. S. 130) oder eine Berührung als Entspannungssignal können ihre Wirkung nur dann entfalten, wenn wir sie an den Hund bringen können.
Objektsignale sind an ihre Objekte gekoppelt – der Hut o. Ä. als Signal fürs Warten, das Dummy als Signal fürs Apportieren. Das Objektsignal kann für sich alleine stehen, oder es wird ein Wortsignal ergänzt, z. B. das Handtarget: Kann der Hund sie sehen, reicht die Hand als Signal, ist er von uns abgewandt, vernimmt er das Wortsignal, bevor er die Hand sieht. Solo wäre z. B. das Zwei-Finger-Target denkbar.

Gepfiffene Rückrufsignale überbrücken die Distanz zu Vorstehern.

☞ *Checkliste für gute Signale*

- ☐ **Aufmerksamkeit** Wählen Sie kontrastreiche Signale! Denn Kontraste heben sich von reizvoller Umwelt ab und werden nicht von ihr verschluckt.
- ☐ **Unterscheidbarkeit** Wählen Sie Signale, die sich gut voneinander abgrenzen! Geben Sie auch Körpersignale bewusst und nicht nach Lust und Laune.
- ☐ **Wiedererkennbarkeit** Geben Sie Signale immer gleichförmig! Wortsignale sollten immer den identischen, nicht zu langen Singsang haben, Pfiffe immer gleichförmig moduliert und Gesten klar und reduziert gezeigt werden.
- ☐ **Dämpfung oder Aktivierung** Wählen Sie Signale, die in ihrer Form ihrer Funktion folgen! Langgezogenes dämpft; Kurzes, Knackiges, sich Wiederholendes aktiviert.
- ☐ **Überschattung** Geben Sie die Signale im Aufbau nicht gleichzeitig!

Ein buntes Potpourri an Pfeifen und Tierstimmen

Gesten als Signale

Körpersignale helfen uns häufig im Aufbau von Verhalten und bleiben auch beim fertigen Verhalten in unserem Signalvorrat. Augenhunde, z. B. Hüte- oder Vorstehhunde, reagieren sehr gut auf Körpersignale, weil sie auch kleine Bewegungen schnell ausmachen können. Bewegungen machen sie beweglich, und das nutzen wir aus. Aber Achtung: Hektisches Gefuchtel macht sie hektisch, erwünschtes Verhalten wird unwahrscheinlicher. Was nicht gezeigt wird, wird nicht markiert, und Frust kommt auf. Bewegungen werden zwar gut gesehen, aber dafür muss der Hund sie auch sehen können – bewegt er sich von uns weg, ist Gesehenwerden nicht möglich. Auch sollten der Mensch und seine Geste einen guten Kontrast zur Umwelt bilden, Umgebung und Kleidung Ton in Ton leisten das nicht. Optische Signale eignen sich eher für den Nahbereich oder in der Ferne in Kombination mit der passenden Akustik: Stoppt der Hund auf seinen Stopp-Sitz-Pfiff und blickt dabei in unsere Richtung, so kann das zusätzliche Körpersignal das Sitzen unterstützen. Achten Sie unbedingt darauf, dass Sie in Ihrer Körpersprache nicht aus Versehen eine bedrohliche Konnotation einbauen – auf den Hund zu hemmt ihn, von ihm weg aktiviert ihn.
Beim Durchstöbern des Buches lernen Sie verschiedene Kategorien von Signalen kennen:

- Markersignale, die Konsequenzen ankündigen,
- Verhaltenssignale, die spezifische Verhaltensreaktionen auslösen,
- Ankündigungssignale, die Aktionen des Menschen kommunizieren.

Mit den Inhalten des Buches lernen Sie als Team, wie man Verhalten(ssignale) kleinschrittig aufbaut und erhält. Ob nun im Aufbau oder im Erhalt von Verhalten, eine regelmäßige Qualitätskontrolle macht Sinn. Qualität möchte erreicht und erhalten werden. Wagen Sie eine kleine Vorschau zur kleinschrittigen Generalisierung auf S. 56, regelmäßig stellen wir Verhaltenssignale auf den Prüfstand: Form, Funktion, Reaktionszeit und Ausführung werden unter steigender Ablenkung überprüft und belohnt – nur zufriedenstellendes Verhalten wird weiter generalisiert.

ALLES EINE FRAGE DER MOTIVATION?

Motivation ist das, was wir als Grundlage von Verhalten betrachten, seine Antriebsfeder, wenn man so will, und das Dopamin liefert den Treibstoff für die passenden Bewegungen. Motivation und Aufmerksamkeit sind Rechenprozesse, die wir nicht beobachten können, sie finden im Gehirn des Hundes statt und sind eng miteinander verzahnt. Je nach Motivationslage richtet sich die Aufmerksamkeit des Hundes auf die relevanten Reize, und in einem jagdlich reizvollen Umfeld ist ganz schnell klar, wo der Hase langläuft. Ein halbhoher Weizenschlag, in dem Hasen höchst wahrscheinlich sind, frohlockt, der Vierläufer startet eine gründliche Erkundungstour, abrupt reißt es ihn herum (Orientierungsreflex!), die noch warme Sasse ist gefunden und die frische Spur wird energisch verfolgt. In der Ferne ertönt ein bedrohliches Geräusch, welches an einen Schuss erinnert und die hündische Aufmerksamkeit bündelt: Schreckreflex! Der geräuschängstliche Verfolger lässt die Spur Spur sein, unterbricht sein Verhalten und flüchtet zu seiner Bezugsperson. Motivation ist veränderlich, und sie führt zu einer Anpassung an aktuelle Außen- und Innenweltbedingungen. Hier dämpft die Angst das SEEKING: Distanzverringerung zum Verursacher der Hasenspur wird hintangestellt, um Distanzvergrößerung zur Bedrohung zu schaffen. So nimmt Aufmerksamkeit auch Einfluss auf die hündische Motivationslage.

MOTIVATION IN „WILDER" NACHBARSCHAFT

In einer „wilden" Welt, prall gefüllt mit Reizen, die hier diesen und dort jenen Sinn ansprechen oder gar als Reizbündel daherkommen, stehen wir in der Menschenwelt in direkter Konkurrenz zur Welt des Hundes. Was sich ihm dort feilbietet, ist zur prompten Bedürfnisbefriedigung freigegeben, und angeborenes Verhalten bahnt sich seinen Weg. Können wir es schaffen, jenen Weg zu kreuzen und den Abwegigen in unsere Welt abzuholen? Ja, das können wir, wenn wir es schaffen, unsere Verhaltenssignale so zu trainieren, dass sie als erlernte Signale ebenso Bedürfnisbefriedigung kommunizieren wie ihre angeborenen Konkurrenten – die geballte, trainierte Signalfront hält der „wilden" stand und steckt sie gar in die Tasche. Immer häufiger ertappen wir das Hundegehirn dabei, wie es ein Rechenergebnis zugunsten der Menschwelt auswirft, und das Dopamin bewegt den Hund aus seiner Welt auf uns zu.

Hoch motiviertes Verhalten in stimulierendem Umfeld zu zeigen, geht dem Hund leicht von der Pfote. Zu Beginn des Trainingsweges gilt das Leicht-von-der-Pfote-Gehen für erlerntes Verhalten nicht, die Konkurrenz ist einfach zu stark. Verhalten zu erlernen ist gar nicht so schwer, das Gelernte in stimulierendem Umfeld zu zeigen, das ist schwer. Mit einer reichhaltigen Verstärkungsgeschichte bilden und erhalten Sie die Motivation, erlerntes Verhalten in „wilder" Nachbarschaft zu zeigen. So ist die Generalisierung jedweden Verhaltens mit „wilder" Teilhabe zwar wichtig, aber die Festigung des Verhaltens ohne „wilde" Teilhabe wichtiger – Stichwort: Aufladen. Starke Konkurrenz erfordert ein starkes Training, und dann klappt es auch mit den „wilden" Nachbarn.

Beim Stopp-Sitz-Pfiff ergänzen sich Akustik und Optik vortrefflich.

FÜGES TOP TWENTY IM WANDEL DES TRAININGS

☺ = oft, 😐 = selten, ☹ = nie

	FÜGES FAVORITENVERHALTEN '08	AKTUELLE UND PRAKTIKABLE BELOHNUNGEN '18
1	Weiträumig stöbern ☹*	Ziegenkäse aus der Futtertube schlotzen ☺
2	Umfeld nach Auslösern abscannen ☺	Stöbern im Dunstkreis der Bezugsperson 😐
3	Spuren, Fährten ... weit verfolgen ☹*	Umfeld nach Auslösern abscannen ☺
4	Hetzen fedriger und haariger (auch wehrhafter) Kreaturen ☹*	Käsewürfel o. Ä. hetzen ☺
5	Witterung vorstehen ☺	Spuren, Fährten ... abchecken 😐
6	Beschleichen ☺	Ziegenkäsewürfel o. Ä. suchen ☺
7	Wälzen in Mist und Losung 😐	Ziegenkäsewürfel o. Ä. aus der Hand ☺
8	Bellen ☺	Futterbeutel und Co. hetzen und bringen ☺
9	Den Pöppes gekratzt bekommen ☺	Futterbeutel und Co. suchen und bringen ☺
10	Baden 😐	Sitzen und Gucken (an wilden Kreaturen) ☺
11	Rennen mit Nicole ☺	Banane ☺
12	Socken „wegfinden" ☺	Zergeln mit Fellspieli ☺
13	Allein mit einem Quietschi spielen ☺	Lauerspiel mit Futter ☺
14	Auf Baumstämmen herumklettern ☺	10-Leckerli-Spiel ☺
15	Sich an etwas schubbern ☺	Kaninchen belauern und beschleichen ☺
16	Kuchen essen 😐	allein mit Fellspieli spielen ☺
17	Futtertube lutschen ☺	Baden 😐
18	Futterbeutel tragen ☺	Den Pöppes gekratzt bekommen ☺
19	Geworfenen Käse hetzen ☺	Rückspursuche ☺
20	Käse aus der Hand ☺	Handtarget ☺

*Das Streichen hoch motivierten Verhaltens ändert nichts an den Bedürfnissen des Hundes – schaffen Sie Pendants zum Ausgleich!

Die Top Twenty hündischer Bedürfnisse

Holen Sie sich eine starke Trainingspartnerin an die Seite, die Motivationsliste Ihres Hundes, sie gibt Auskunft über die Top Twenty seiner Bedürfnisse. Identifizieren Sie hoch motiviertes Verhalten und bringen es zu Papier – seinen Weg in die Top Twenty findet hoch motiviertes Verhalten, welches wir ermöglichen können, seine Pendants und jene Pendants, die hoch motiviertes, verbotenes Verhalten, welches wir nicht ermöglichen können, ausgleichen. Notieren Sie verbotenes Verhalten für Ihren Hinterkopf, damit Sie diese/s Bedürfniss/e nicht vergessen und für Ausgleich sorgen. Schauen Sie sich seine individuellen Beutefangsequenzen an – welche Puzzleteile zeigt er an welcher Tierart bevorzugt? Immer wieder werfen wir einen wachen, unverstellten Blick auf die Bedürfnisse des Hundes und bewerten die Top Twenty neu, sie ist veränderlich, stetig im Wandel, so wie die hündischen Bedürfnisse selbst.

RENDEZVOUS ZWEIER SIGNALE

Spielen wir das Rendezvous zweier Signale, einem angeborenen und einem erlernten, in „wilder" Umwelt einmal durch. Von welchen Verhaltensreaktionen als Ausdruck von Motivation können wir Zeuge werden?
In seiner reizvollen Hundewelt stolpert die Nase des Jägers diesmal nicht über eine Hasenspur, nein, Meister Lampe erscheint höchstpersönlich auf der „wilden" Bühne: SEEKING, Dopamin, die Hatz soll beginnen. Just in diesem Moment erreicht das Rückrufsignal das Hundeohr, die Neuberechnung beginnt. Beide Verhaltensreaktionen sind motiviert, aber sie sind das jeweilige Gegenteil des anderen. Hunde- vs. Menschenwelt, wer gewinnt? Möglichkeit 1: Das Rückrufsignal ist schwächer, die Hundewelt gewinnt, die Hatz beginnt, ihre Motivation ist stärker. Möglichkeit 2: Das Rückrufsignal ist stärker, die Menschenwelt gewinnt, der Hund kommt heran, Herankommen ist stärker motiviert. Möglichkeit 3: Das „wilde" Signal und das Rückrufsignal sind gleichstark, ihre Motivationen halten sich die Waage, der Hund bleibt stehen! Er befindet sich in einem Motivationskonflikt, gefangen zwischen zwei Welten, zwischen Hatz und Herankommen ist Stehenbleiben der Kompromiss. Auch wenn es nicht gleich

Ein verlockender Geländeübergang zieht an, …

…, das Umorientierungssignal ist verlockender …,

… und wechselnde Aufmerksamkeit wird belohnt.

Juna hängt mit ihren Gedanken der Hundewelt nach: Mäuse?!

Umschalten! Die Menschenwelt ist auch wichtig.

das Herankommen war, ist dieser Kompromiss ein Grund zur Freude und für eine fürstliche Belohnung. SEEKING prophezeien Hase und der Rückruf gleichermaßen, die Emotion SEEKING gibt die Richtung vor, die Motivation für Annäherung an die Hunde- oder die Menschenwelt. Wer ist attraktiver?

Emotionen und Motivationen hängen eng zusammen, Emotionen geben der Motivation eine bestimmte Richtung, Energien für Bedürfnisbefriedigung werden freigesetzt, und wir sehen Annäherung oder Meiden, Distanzverringerung oder Distanzvergrößerung. Verrechnet wird im Frontallappen der Großhirnrinde: Der aktuelle Input aus den Sinnesorganen, die Inhalte des Gedächtnisses und die emotionalen Informationen aus dem Mandelkern bzw. dem limbischen System. All das wird zur Entscheidungsfindung herangezogen, um jenes Verhalten zu errechnen, das z. B. bei einem Rendezvous von Hase und Rückrufsignal aktuell den größten Vorteil bringt.

AUFMERKSAMKEIT ERREGEN

Aufmerksamkeit liegt im Auge des Betrachters oder besser gesagt in dessen Sinnen, denn während es bei uns Menschen tatsächlich die Augen sind, mit denen wir bevorzugt unsere Welt wahrnehmen, sind es bei unseren jagdlich motivierten Gefährten Nase, Augen und Ohren, mit denen sie im Permanenteinsatz ihre Welt erkunden und das sensorische Reizfeuerwerk in Feld, Wald und Flur wahrnehmen. Gemeinsam begibt sich das Gespann auf seine Streifzüge durch „wilde“ Umwelt, aber was beide Spezies wahrnehmen, worauf sich ihre Aufmerksamkeit richtet, macht diese Umwelt zu zwei Welten, einer Menschen- und einer Hundewelt, die sich nur hier und da überlappen. Was ist wichtig? Auch das liegt im Auge des Betrachters! Der Hund schwärmt aus, lässt all seine Sinne schweifen, hängt mit der Nase Gerüchen nach, verfolgt mit den Augen flüchtige Kreaturen, vernimmt Geräusche, denen er dringend auf den Grund gehen muss. Und der Mensch? Im Zentrum seiner Aufmerksamkeit jagt der Hund: Hat er etwas gesehen, gerochen oder gehört? Wenn ja, was? Was tun? Oder ist es schon zu spät? Fragen über Fragen, und mit viel Glück geben seine Körpersprache und ihr Kleingedrucktes Auskunft, ob Gefahr in Verzug ist. Doch manchmal geht es so blitzschnell, dass wir das Nachsehen haben – abgeleint sehen wir ihm nach, bis er als kleiner Punkt am Horizont verschwindet; angeleint spüren wir das gefrustete HB-Fellchen, das sich nach den „wilden“ Bewohnern von Feld, Wald und Flur verzehrt. Probieren wir es also andersherum: Wir müssen einfach schneller sein als unsere multisensorischen Beglei-

Mäuschenbuddeln ist der funktionale Verstärker.

Im Mäuseln wird das Umschalten mit dem Geschirrgriff geleistet.

ter. Puh, das wird anstrengend, auf den Hund achten und dabei das Umfeld abscannen, permanente Aufmerksamkeitsteilung ist auch für uns ein anstrengendes Unterfangen. Zur Gänze wird es uns nicht gelingen. Mit etwas Glück sehen wir Wild mal vor dem Hund, doch was ist mit Geräuschen und mit Gerüchen? Ein schier hoffnungsloses Unterfangen. Wild vor dem Hund entdecken, ihm noch flink ein Signal zuraunzen oder mit seiner Lieblingsspielbeute fuchteln, um ihn abzulenken – selbst wenn wir mal schnell genug waren, können wir Pech haben und unsere Aktionen werden zu Vorhersagern „wilder" Signalbilder. Unsere jagdlich motivierten Mustererkennungsprofis beginnen aufgrund unserer Aktionen die Gegend abzuscannen, um herauszufinden, was wir gesehen haben. Wenn wir hier und da unseren Bedürfnissen nachgehen, ein Telefonat führen, einen Plausch halten, die Schönheit der Natur betrachten, Fotos machen, Vögel beobachten …, schweift unsere Aufmerksamkeit ab, und das bleibt nicht lange unbemerkt: Fehlende Aufmerksamkeit der Bezugsperson wird zum Signal für das Abtauchen in die Hundewelt. Frustrierend und unbefriedigend, so machen „gemeinsame" Streifzüge wenig bis keine Freude. Unser Trainingsweg zu mehr Gemeinsamkeit führt zu mehr Balance zwischen den angeborenen und den erlernten Reizen: Erlerntes soll wichtig und wahrgenommen werden – Aufmerksamkeit erregen.

WAHRNEHMUNG UND AUFMERKSAMKEIT

Das sind die passenden Stichworte, denn nur was wahrgenommen wird, kann Aufmerksamkeit erregen – Umweltreize werden gesehen, gerochen, gehört, geschmeckt und ertastet/gespürt. Sehen, Riechen und Hören sind die Dreh- und Angelpunkte, wenn es um die Beutefangsequenz geht. Diese Sinne sind geschärft, ihnen entgeht nichts. Selektionsbedingt sticht der eine oder andere Sinn vielleicht etwas mehr hervor, denken wir an die Differenzen in den Jagd- oder Hütesequenzen der Spezialisten: Von Fell zu Fell wir mehr gerochen, gesehen oder gehört. Aufmerksamkeit entsteht im Gehirn, und wieder wird verrechnet: Was passt in die aktuelle Bedürfnislage? Was ist wichtig? Gerade die angeborenen Signalbilder sind es, die einen Orientierungsreflex erzeugen, sie erregen Aufmerksamkeit. Aufmerksamkeit erregen, das kann man wortlich nehmen, denn Aufmerksamkeit sorgt dafür, dass Erregung die aktuell richtige Richtung vorgibt. Hier hängt wieder viel zusammen: Erregung, Aufmerksamkeit, Emotionen und Bewegung. Jagd- und Hütehelfer werden auf SEEKING, Dopamin und ein Nervensystem, das schnell und stark auf die präferierten Auslöser reagiert, selektiert. Das bringt in einem Umfeld, gespickt mit Auslösern für Jagd- oder Hüteverhalten, viel Aufmerksamkeit und viel Erregung, und ein hohes

Erregungsniveau senkt die Reaktionsschwellen auf die Auslöser: Bereits schwache Auslöser bündeln die hündische Aufmerksamkeit und machen starke Reaktionen, ein Teufelskreis.

Im hündischen Fokus

In der Umwelterkundung ist Aufmerksamkeit gestreut, taucht nun eines der angeborenen Signalbilder auf, verengt sich der Fokus der Aufmerksamkeit, sie ist fokussiert. Wer nimmt die „wilden" Auslöser zuerst wahr – der Mensch oder der Hund? Erinnern Sie sich? Der Mensch im Fokus der vierbeinigen Aufmerksamkeit, könnte das nicht die Lösung sein? Stets und ständig aufmerksam: Lange Blickkontakt halten, lange Seite an Seite laufen, lange spielen ..., dann sollte die „wilde" Sinnesvielfalt seiner Aufmerksamkeit doch entgehen, oder? Keineswegs, denn die „wilde" Bühne mit ihren Protagonisten bleibt dieselbe. Sie entgeht ihm nicht, die „wilde" Sinnesvielfalt, er muss sie ausblenden. Permanente Aufmerksamkeitsteilung ist ein echter Energiejäger, mental ist das anstrengend und stressend zugleich. So leidet der stressanfällige Frontallappen und mit ihm die Instanz für Impulskontrolle, die eine unserer größten Verbündeten ist, denken wir an sicheres Warten und zuverlässiges Unterbrechen. Permanente Aufmerksamkeitsteilung ist dem Training nicht zuträglich und ebenso wenig bedürfnisgerecht. Im Training legen wir unseren Fokus auf kurze Aufmerksamkeitswechsel und reduzieren Aufmerksamkeitsteilung.

ENTSCHEIDUNGEN ZUGUNSTEN DES HUNDES

Das Hundegehirn ist auf der Seite des Hundes, es fällt alle Entscheidungen aus seiner Warte und wählt zu den vorherrschenden Situationen

Umorientierungssignale wie das taktile Antippen können nur dann ein Umswitchen bewirken, wenn ...

das passende Verhalten aus: Jagdbares, Essbares, Bedrohliches, Soziales, Neues …, alles wird auf seine Relevanz hin überprüft und das immer und immer wieder. Wo lauert Bedürfnisbefriedigung und welche erlernten Vorhersager verheißen attraktive und welche aversive Ereignisse? Bedürfnisse und Motivationen stehen bei allen Verrechnungsprozessen im Vordergrund, und damit sind wir wieder bei unseren erlernten Signalen: unseren Marker-, Ankündigungs- und Verhaltenssignalen. Um in der bedeutungsvollen Hundewelt nicht in der Bedeutungslosigkeit unterzugehen, müssen sie Vorhersager attraktiver Ereignisse werden, SEEKING-Vorhersager, Vorhersager von Bedürfnisbefriedigung, kurzum, bedeutungsvoll sollen sie sein!

ZWISCHEN ZWEI WELTEN

Zieht die „wilde" Umwelt die hündische Aufmerksamkeit auf sich, sprechen wir von exogener Aufmerksamkeit, die der Hund nicht willentlich steuern kann. Es geschieht unfreiwillig, denn das Hinterhirn ist es, das die exogene Aufmerksamkeit steuert. Auch nach einer langen Evolutionsgeschichte sind die alten Überlebensprogramme noch immer aktiv. Endogene Aufmerksamkeit steuert der Hund willentlich und lenkt sie freiwillig auf ein relevantes Verhaltenssignal, z. B. den Rückruf. Diesmal ist es das Vorderhirn, das reagiert: Die Hundewelt wird ausgeblendet, und der Hund konzentriert sich auf seinen Auftrag, er kommt heran. Im Gegensatz zur schwer unterbrechbaren, exogenen Aufmerksamkeit lässt sich die endogene leicht unterbrechen. Merken Sie etwas? Da ist sie wieder, die Krux, angeborenes SEEKING-Verhalten, das sich nur schwer unterbrechen lässt, und erlerntes Verhalten, dass sich von SEEKING-Auslösern leicht unterbrechen lässt.

Anstrengende Aufmerksamkeit

Kommen wir noch einmal zurück auf den Menschen im Fokus der Aufmerksamkeit des Hundes. Tragen Sie der Tatsache, dass das Ausblenden „wilder" Auslöser in einem reizvollen Umfeld unglaublich anstrengend ist, Rechnung. Die Hundewelt frohlockt, aber der Jäger muss ihr ein ums andere Mal widerstehen – Stichwort: Impulskontrolle und Blutzuckerspiegel. Wichtigen Dingen wieder und wieder zu entsagen macht Frust, denn die Bedürfnisbefriedigung bleibt auf der Strecke. Legen Sie darum Wert auf die erste richtige Reaktion Ihres Hundes, den ersten Ansatz einer richtigen Entscheidung in schwerem Umfeld, und seien Sie großzügig. Dort, wo der Jäger alle Nase lang von jagdlichen Auslösern überrumpelt wird, ist nicht nur Aufmerksamkeitsteilung anstrengend, auch kurze Aufmerksamkeitswechsel zehren an mentalen Ressourcen. Für alles aus der Menschenwelt – Markersignale, Ankündigungssignale, Verhaltenssignale … – muss der Hund seine Hundewelt links liegen lassen. Pausen in der Hundewelt helfen, mentale Ressourcen zu regenerieren (s. S. 170). Ihr aufmerksamer Begleiter macht Pause von endogener Aufmerksamkeit und anstrengender Interaktion mit der Menschenwelt und findet seine Belohnungen in der Hundewelt.

… ihre Verstärkungsgeschichte das Hundegehirn motiviert.

LERNEN, OHNE GEHT ES NICHT!

DEN PAWLOW AUF DER SCHULTER …

Lernen findet immer statt! Ist das nun eine gute oder eine schlechte Nachricht? Beides. Die gute Nachricht ist, auch unser Training zur Kontrolle von Jagdverhalten findet immer statt, wenn wir in Feld, Wald und Flur unterwegs sind. Die schlechte Nachricht ist, dass der Hund in jagdlich reizvoller Umwelt immer die Möglichkeit hat, Vorhersager für SEEKING-Verhalten zu lernen. Und SEEKING-Verhalten kann in „wilder" Umwelt immer und immer wieder ablaufen und verstärkt werden. Nüchtern betrachtet ist Lernen ein Anpassungsprogramm an aktuelle Umweltbedingungen. Zeigt der Hund anpassendes Verhalten an einem „wilden" Signal, z. B. einer betörend duftenden Hecke, die Fasane verspricht und sorgfältiges Suchverhalten auslöst. Der Fasanenjäger findet, drückt heraus, der Fasan streicht ab, der Vierbeiner prellt noch einige Meter hinterher. Dann ist die Bezugsperson wenig amüsiert, erst recht nicht, wenn diese eine Hecke als „wildes" Target immer und immer wieder heimgesucht wird und ihre fedrigen Bewohner aufs Neue preisgibt. Freude kommt auf, wenn der lernende Vierbeiner anpassendes Verhalten an einem erlernten Signal zeigt, z. B. erreicht den Stöbernden in einer Dickung unser Arbeitspfiff, der Sucharbeit und damit SEEKING-Verhalten vorhersagt. Er unterbricht sein Tun, kommt erwartungsvoll aus der Dickung gesaust und wird von seiner Bezugsperson z. B. in eine Freiverlorensuche geschickt.

LERNEN IM DUETT

Pawlows klassische Konditionierung und die Konsequenzen der operanten Konditionierung arbeiten dabei immer im Duett: Umweltbedingungen werden mit unwillkürlichen Reaktionen und Verhaltensreaktionen mit Konsequenzen verknüpft. Nehmen wir das „wilde" Target einmal genauer unter die Lupe. Aus einer vormals schnöden Hecke, an der der Hund vorbeischlendert, wird ein Versprechen. Er nimmt sie wahr, misst ihr aber keine größere Bedeutung bei, bis plötzlich laut gockelnd ein Fasanenhahn abstreicht: Orientierungsreflex, SEEKING und ab durch die Heckenmitte! Solche „wilden" Überraschungen wirken besonders nachhaltig, Pawlow ist stark. Meist reicht eine starke, „wilde" Verknüpfung aus, damit der Fasanenjäger auf der nächsten Pirsch gleich wieder vorbeischaut. Vielleicht ist der fedrige Bewohner ja wieder daheim? Hunde lernen Vorhersager für wichtige Ereignisse schnell, bedeutungslose Reize erhalten eine Bedeutung, eine attraktive oder aversive.

☞ **DIE 4 QUADRANTEN** DER OPERANTEN KONDITIONIERUNG

VERSTÄRKUNG Verhalten soll vermehrt werden.	**BESTRAFUNG** Verhalten soll vermindert werden.
Befriedigende (positive) Verstärkung Verhalten wird (bedürfnisgerecht) belohnt.	**Ängstigende (positive) Bestrafung** Verhalten wird mit etwas Ängstigendem geschwächt.
Erleichternde (negative) Verstärkung Verhalten stellt etwas Unangenehmes ab bzw. beugt ihm vor.	**Frustrierende (negative) Bestrafung** Verhalten wird durch den Entzug von Belohnungen geschwächt.

Fedrige Bewohner in Feld, Wald und Flur, im Beispiel ist es ein gockelnder Fasan, bilden „wilde" Targets à la Pawlow.

Pawlow im Trainingseinsatz

Pawlow bitten wir immer dann aufs Trainingsparkett, wenn es darum geht, bedeutungslose Reize mit einer Bedeutung zu versehen:

- Wenn wir das Markersignal mit attraktiven Ereignissen verknüpfen, erhält es eine Bedeutung.
- Wenn wir das Ankündigungssignal des Geschirrgriffs mit der Einschränkung verknüpfen, erhält es eine Bedeutung.
- Wenn wir den Arbeitspfiff mit vielfältigen Suchaufgaben verknüpfen, erhält er eine Bedeutung.
- Wenn wir das Leinenende-Signal mit Einschränkung und Entzug verknüpfen, erhält es eine Bedeutung.
- Wenn wir ein Verhaltenssignal mit dem Verhalten verknüpfen, erhält es eine Bedeutung.
- Wenn wir einen Target-Geruch mit attraktiven Ereignissen verknüpfen, erhält er eine Bedeutung.

Pawlowsche Verknüpfungen

Überraschungen wirken bei der Verknüpfung besonders nachhaltig. Achten Sie darauf, dass der bedeutungslose Reiz den bedeutungsvollen Reiz vorhersagt. Gibt es Überschattungen, geht das Neue unter, weil das Vertraute schon präsent ist. Laden wir z. B. das Umorientierungssignal mit positiven Emotionen auf, ertönt erst das noch unbedeutende Signal, wir atmen kurz durch und lassen danach etwas Bedeutungsvolles folgen. Das Signal mit Bedeutung vermag es, die Umorientierungsreaktion auszulösen, die danach operant gelernt wird. Verknüpfungen á la Pawlow werden im Idealfall überraschend eingestreut und immer mal wieder überraschend aufgefrischt.
Sucht der Fasanenjäger die Hecke abermals auf und trifft den fedrigen Bewohner wieder an, dann wird das Aufsuchen der Hecke operant gelernt, es lohnt sich. Vielleicht ist der Fasan nicht jedes Mal daheim, doch dadurch strengt der Vierbeiner sich umso mehr an, variable Verstärkung kann wirkungsvoll sein. Verhalten hat immer und überall Konsequenzen, attraktive oder aversive.

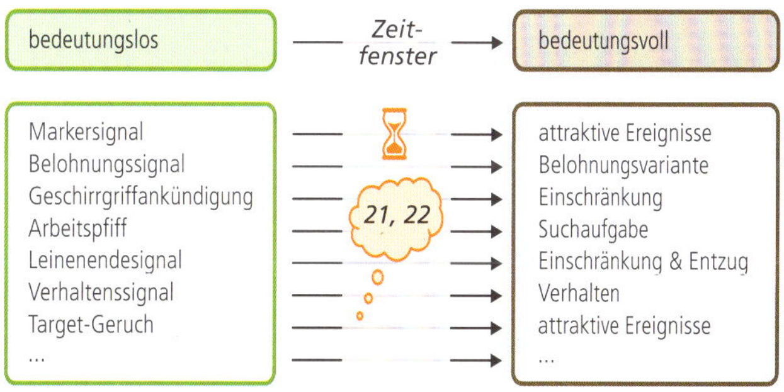

Klassische Konditionierung oder wie Bedeutungsloses eine Bedeutung erlangt

DIE VIER QUADRANTEN IM TRAINING

Befriedigende Verstärkung Unser Training an unerwünschtem Jagdverhalten fußt zu einem Gros auf dem Training über bedürfnisgerechte Belohnungen, also der befriedigenden Verstärkung. So sollen in erster Linie Verhaltensreaktionen rund ums Warten und Unterbrechen vermehrt werden.

Erleichternde Verstärkung Einen winzigen Teil macht das Training über erleichternde Verstärkung aus, wenn wir z. B. am Geschirrgriff oder am „Weiter" über Leinenzug arbeiten. Bei beiden Werkzeugen hat der lernende Hund die Option, dem Oppositionsreflex nachzugeben und so die Einschränkung abzustellen oder dieser im Trainingsverlauf Vorschub zu leisten.

Frustrierende Strafe Geht es um die lockere Leine, dann kann es schon mal sein, dass wir dem Ziehenden Belohnungsmöglichkeiten entziehen, damit die straffe Leine bald der Vergangenheit angehört, wir befinden uns im Quadranten der frustrierenden Strafe.

Keinen Platz hat die ängstigende Strafe im Training, und das hat gute Gründe. Ängstigende Bestrafung macht Stress, und Stress macht unerwünschtes Verhalten wahrscheinlicher, erwünschtes wird unwahrscheinlicher, ein Umstand, den wir in reizvoller Umwelt überhaupt nicht gebrauchen können: Hintergrund-Stress, Motivationskonflikte, Frustration, aufgebrauchte Impulskontrolle ... stressen den Vierbeiner ohnehin genug. Ängstigende Bestrafung hat Nebenwirkungen, die wir unter wenig bis gar nicht kontrollierbaren Bedingungen nicht abschätzen können. Blitzschnell sind Dinge verknüpft, auf die wir es gar nicht abgesehen haben. Ganz im Gegensatz zum Training mit bedürfnisgerechten Belohnungen verkürzt das Training über ängstigende Bestrafung die Reaktionszeit des Lernenden. Blitzschnell sind Schlupflöcher ausgemacht, durch die er uns ein ums andere Mal entwischt. Ängstigende Strafe führt dazu, dass selbstbelohnendes Verhalten wichtiger wird, SEEKING-Verhalten fühlt sich noch besser an, weil der Aspekt der Erleichterung hinzukommt. So entfernt sich das Team voneinander.

Möchten Sie mit Ihrem Hund an einer guten Beziehung arbeiten, dann wenden Sie sich freundlichem, vertrauensvollem Training zu, denn eine gute Beziehung entsteht durch den Austausch von gutem Verhalten, von Hund und Mensch.

VON BEDÜRFNISSEN, BELOHNUNGEN UND VERSTÄRKUNG

Im Kapitel „Alles eine Frage der Motivation?" Seite 43 haben wir uns unlängst mit der Top-Twenty-Liste der Bedürfnisse unseres vierbeinigen Schülers beschäftigt (s. Abb. Füges Top 20 S. 44). Sie ist es, die eine Brücke von der Motivation zur Belohnung schlägt. Beschäftigen Sie sich intensiv mit den Bedürfnissen Ihres Hundes und nehmen dabei die Rassebrille ab. Auch unter Hunden eines bestimmten Typs gibt es Unterschiede in den Vorlieben. Um Verhalten zu vermehren, braucht es Belohnungen, die der Hund auch wirklich als belohnend empfindet. Denn nur Belohnungen, die aktuelle Bedürfnisse aufgreifen, haben eine verstärkende Wirkung.
Demnach ist es der Hund, der bestimmt, was eine Belohnung ist – gut gemacht und gut gemeint liegen wie so oft nah beieinander. Auch der Hund ist es, der entscheidet, was er aus einer Belohnung macht. Wird ein fellummantelter Ball aus der Ballschleuder abgefeuert, der Hund verfolgt ihn mit Hingabe, lässt ihn dann aber liegen, dann ist das eben so. Packen passt gerade nicht in die aktuelle Motivationslage, vielleicht ist es recht warm, dann ist Hecheln wichtig. Am Ende ist es das Verhalten an der Belohnung, das verstärkt, nicht die Belohnung selbst, aber sie ist es, die das Belohnungsverhalten stimuliert. „Wilde" Nachbarschaft wertet Belohnungen und Belohnungsverhalten ab, denken Sie ans Aufwerten auf S. 103!

Belohnungsobjekte zum Suchen und Festhalten

Belohnungen rund ums Belauern und Verfolgen

Ein kunterbunter Haufen fressbarer Belohnungen

Belohnungspotpourri

Was lässt sich alles in das Belohnungspotpourri aufnehmen?

- Essbares
- Wasser
- Soziales: Berührungen, freundliche Körpersprache, Lächeln, Spielen …
- Selbstbelohnendes Verhalten
- Umwelt- und Alltagsbelohnungen
- Beliebte Übungen und Tricks
- Erlaubte Puzzleteile der Beutefangsequenz
- Pendants zu den Puzzleteilen
- Sucharbeit
- Entspannung
- Sicherheit

Belohnungen mit Wow-Effekt

Im Kapitel rund um die Belohnungen Seite 68 finden Sie essbare, bewegte und selbstbelohnende Belohnungen aller Couleur. Stimulieren Sie die bevorzugten Sinne Ihres Hundes und wählen Sie die Belohnungen passend zu jener Funktion, die das Verhalten hatte, das Sie unterbrechen mussten. Funktionale Verstärker sind besonders stark. Die Belohnungssysteme im Hundegehirn sind an der Reaktion auf Belohnungen und an der Bildung von Gedächtnisinhalten gleichermaßen beteiligt. Was sich lohnt, wird auch gelernt! Bringen Sie unbedingt Abwechslung in die Belohnungsgabe: Verstärker, die Ihr Hund mit großer Sicherheit erwartet, führen zu einer geringen Dopaminausschüttung, Überraschungen bringen einen Wow-Effekt und ein Dopaminfeuerwerk. Alles führt uns immer wieder auf den einen Punkt zurück: In einer reizvollen Hundewelt, die prall gefüllt ist mit „wilden“ Signalen, die SEEKING vorhersagen, müssen unsere Signale ebenso SEEKING vorhersagen, und das tun sie, wenn sie mit Verstärkung verknüpft sind. Erlernte Verstärker bringen die Dopaminausschüttung, bevor die Belohnungen zur Verfügung stehen. Blättern Sie schon mal an das Ende des Buches: Dort schauen wir uns an, wie wir in „wilder“ Nachbarschaft von einem Verhaltenssignal zum erwünschten Verhalten kommen.

DIE HÜNDIN FÜGE UND IHR WEG INS LEBEN

— von Nicole Wenzel

01

02

Im März 2007 übernahm ich Füge, eine ca. einjährige Ungarisch Drahthaar Hündin, aus einer Pflegestelle in Ungarn, sie kam aus einer Tötungsstation. Ihre Baustellenliste war lang, Wild aber eine der auffälligsten. Ihr Jagdverhalten war so ausgeprägt, dass sie nicht nur auf dessen Geruch und Sichtung stark reagierte, sondern auch ein ausgeprägtes Orientierungsverhalten zeigte. Unser Trainingsbeginn:

— Belohnungsmöglichkeiten finden und mit einem Markersignal verknüpfen
— Kurze Spaziergänge in wenig aufregenden Gebieten
— Gutes Verhalten einfangen
— Entspannung
— Zeigen und Benennen/Stehen und Gucken
— Barriere-Training
— Abrufen

Alltagstraining und bedürfnisbefriedigende Hobbys gehen vor Sporttraining!

03

01 Für Füge ist das Zwei-Finger-Target Alternativverhalten und hochwertige Belohnung zugleich.

02 Körperkontakt In- und Outdoor als angenehm und entspannend zu empfinden, hat sie gelernt.

03 Ihren Futterbeutel verfolgt sie nicht nur mit Wonne, sie sucht ihn gleichermaßen ambitioniert.

04 Kleinschrittiges, bedürfnisgerechtes Training hat die Zwei zu einem Team zusammengeschweißt.

04

Anfangs konnte sie draußen kein Futter annehmen, Spielzeuge jeglicher Art waren vollkommen uninteressant, und Körperkontakt war Füge unangenehm. Wie nun sollte man bei ihr erwünschtes Verhalten verstärken? Meine Stimme und die Umwelt, das war besser als nichts, mehr war ja mittel- und langfristig in Arbeit.

Das Einschränken über die Schleppleine spielte eine große Rolle, Füges Frust war groß, und das Training geriet ins Stocken. Der Trainingsknoten platzte, als sie in ausgewählten Ecken frei laufen durfte. Heute kann Füge in vielen Gebieten Freilauf genießen, nicht immer und überall, auch Freilaufpartner wollen wohl überlegt sein.

An Wild kann sie stehen und gucken – Belauern ist ein großes Puzzleteil geworden. Hetzen ist nicht mehr so leicht auslösbar, und wenn doch, ist sie unterbrechbar. Nicht nur ihre Jagdsequenz, auch ihre Belohnungen haben sich stark verändert, Futter z. B. geht in irgendeiner Form fast immer. Unser Weg war lang, und es gibt auch immer mal wieder Rückschritte, aber für meine Prognose zu Beginn, dass dieser Hund wohl nie von der Schleppleine kommt, sind wir weit gekommen und ich bin sehr zufrieden. Ein Tierschutzhund mit ausgeprägtem Jagdverhalten ist eine Herausforderung, die viel Zeit, Arbeit und Interesse erfordert, dessen sollte man sich bewusst sein. Für mich war es die beste Entscheidung, Füge in mein Leben zu lassen!

POSITIVE VERSTÄRKUNG PRAKTISCH UMGESETZT

Das Training über positive Verstärkung ist nur so stark, wie wir es machen. Mein Vater sagt immer liebevoll, du und deine Waldorfhundeschule! – Hm, wie finde ich das? Gut und nicht so gut zugleich. Gut, denn die Bedürfnisse und angeborenen Neigungen integriere ich gern und oft ins Training. Nicht so gut, denn „tanz dein Verhaltenssignal" ist nicht mein Anliegen. Erwünschtes Verhalten wird im Training verstärkt – wir jagen und erlegen es, ob es nun aus freien Stücken gezeigt oder per Signal abgefragt wird. Nun gibt es ja auch noch das andere Verhalten, das unerwünschte Jagdverhalten. Wie reagieren wir darauf? Ignorieren wäre nicht zielführend, denn es ist selbstbelohnend und die „wilde" Umwelt trägt ihr Übriges dazu bei. Zu Beginn greifen wir zur langen Leine, um die unerwünschten Puzzleteile zu managen. Kurzfristiges Management sollte im Laufe guten Trainings von Verhaltensalternativen abgelöst werden. Der Vierbeiner lernt, zu warten und gar nicht erst zu starten, und er lernt, gestartetes Verhalten zu unterbrechen. Warten und Unterbrechen führen langfristig dazu, dass die unerwünschten Puzzleteile nicht immer wieder starten und zur Verstärkung führen. Sie verlieren an Wichtigkeit und stehen nicht mehr in Konkurrenz zu erlerntem Verhalten. Das wird häufiger gezeigt, führt häufiger zur Verstärkung und wird wichtiger. Im Sinne einer guten Lerngrundlage klopfen Sie die Bedingungen, unter denen (Jagd)Verhalten entsteht, gründlich ab, erst wenn diese erfasst und verändert sind, starten Sie das Trainingsprojekt: Warten und Unterbrechen. Kleinschrittig und bedürfnisgerecht soll der Aufbau erwünschter Verhaltensalternativen sein.

GENERALISIERUNG IN KLEINEN SCHRITTEN

In starkem Training gehen eine gute Generalisierungs- und Verstärkungsgeschichte Hand in Hand. Am Anfang eines jeden Verhaltens steht sein Aufbau: Einfangen, Formen, Locken und Stimulieren sind jene Wege, die wir hin zum Verhalten einschlagen. Verhalten lernen geht dem Vierbeiner meist noch leicht von der Pfote, wenn

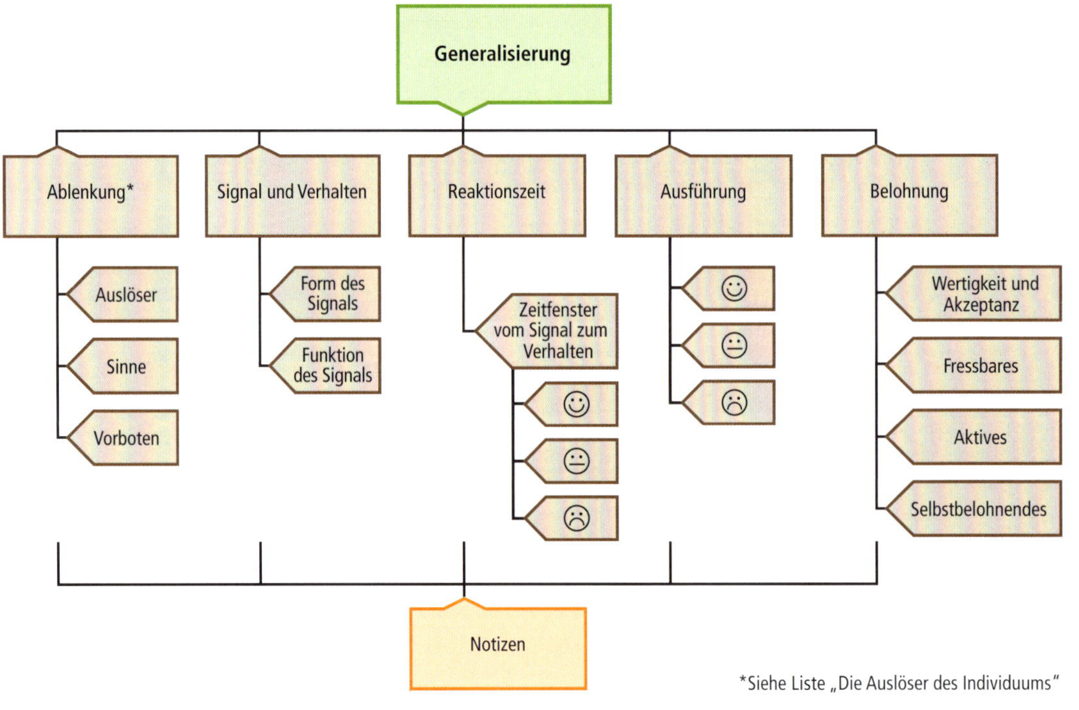

Generalisierung unter steigender Ablenkung

Ein Bedürfnis ist befriedigt, das Felldummy fliegt.

Für das zweite Bedürfnis passt die Futtertube.

wir das Lernumfeld umsichtig auswählen. Auf unseren gemeinsamen Streifzügen durch „wilde" Umwelt reicht das Erlernen allein nicht aus. Erlerntes zuverlässig zu zeigen, muss dem Vierbeiner ebenso leicht von der Pfote gehen wie das Erlernen selbst. Zuverlässigkeit erreichen wir durch ein kleinschrittiges Training entlang steigender Ablenkung, die aktuelle Bedürfnislage stets im Blick. Impulskontrolle in Form von Warten und Unterbrechen generalisieren Hunde nicht einfach so, alles steht und fällt mit der Attraktion der Ablenkung: den Auslösern, ihren Vorboten und Hinterlassenschaften. Beginnen Sie mit der leichtesten Ablenkung bzw. dem schwächsten Auslöser, enden Sie mit der schwersten Ablenkung bzw. dem stärksten Auslöser, und beziehen Sie dabei auch das Verhalten der „wilden" Kreatur, den Ort des „wilden" Geschehens, die Tageszeiten, die Jahreszeiten, die Windverhältnisse, die Witterung … mit ein. Manches steigert die Attraktivität, manches schwächt sie. Für unsere gewieften Vierbeiner macht es einen himmelweiten Unterschied, ob es sich um ein Kaninchen oder einen Hasen handelt. Kaninchen leben in Kolonien und unterirdischen Bauten und sind schnell verschwunden. Hasen sind Einzelgänger, die sich lediglich in eine überirdische Sasse ducken, sichtig und geruchlich haben ihre Verfolger lange Freude. Wir können nicht erwarten, dass der Hund das Herankommen vom Kaninchen einfach so auf Meister Lampe generalisiert. Festigen Sie Verhalten auch ohne „wilde" Teilhabe.

Entlang steigender Reizlagen

Unsere Verhaltenssignale müssen überall dort trainiert und verstärkt werden, wo wir Zuverlässigkeit erwarten. Gerade rund ums Abrufen finden Sie in den einschlägigen Kapiteln Anregungen, Signale und ihre Belohnungen erst einmal ohne Verhaltensanspruch in „wilde" Kontexte zu übertragen, Kombiübungen unter recht kontrollierten Bedingungen tiefer und tiefer an und in Problemzonen zu trainieren, Gratisangebote und Vorzeichen erwünschten Verhaltens unter steigender Reizlage zu nutzen, erst dann trainieren wir auf Risiko. Erklimmen Sie im Training erst dann die nächste Generalisierungsstufe, wenn die vorherige eine sehr gute Erfolgsquote hat. Machen Sie in der Generalisierung einen Schritt nach oben, senken Sie ein anderes Kriterium vorübergehend und/oder honorieren die erste richtige Reaktion richtig gut – seien Sie großzügig! Platzieren Sie die Highlight-Belohnungen dort, wo Verhalten noch Ihrer besonderen Beachtung bedarf. Ist es gefestigt, dünnen Sie die Highlights aus, frei nach dem Motto: so viele Highlights wie nötig und so wenige wie möglich! Schreiben Sie sich kleine Handzettel oder machen sich Notizen im Smartphone, was genau der Trainingskontext war, welches Verhaltenssignal trainiert wurde, wie lang die Reaktionszeit bis zum Verhalten und die Ausführung des Verhaltens waren und ob und wie belohnt wurde. Verhalten an Belohnungen und innerhalb von Beschäftigung wird genauso kleinschrittig generalisiert.

JAGDVERHALTEN AUSGLEICHEN

— *(Jagd)Hund, was willst du?*

MIT DEN BEDÜRFNISSEN ARBEITEN

HOBBYS, DIE INDIVIDUELLE TALENTE AUFGREIFEN

Was haben wir im Hinterkopf, wenn wir an hündische Hobbys denken? Erkundungsverhalten, das von der Emotion SEEKING motiviert wird, ist ein grundlegendes Bedürfnis unserer vierbeinigen Gefährten – Futter, Beutetiere und Artgenossen wollen schließlich gefunden werden. Biologisch ist dafür ein Zeitbudget vorgesehen, das mit Aktivität gefüllt werden muss. Leben wie im Schlaraffenland ist demnach gar nicht erstrebenswert, schnell würde es langweilig, wenn Futter und Beutetiere dem Hund ohne sein Zutun in den Fang flattern oder ihm Artgenossen einfach auf dem Silbertablett präsentiert würden. Zudem liefern uns die Selektionsgeschichte und das Aufgabenspektrum spezialisierter Vierbeiner wie den Helfern für die Jagd oder die Hütearbeit Erkenntnisse über Bereicherung, Belohnungen und Beschäftigungsmöglichkeiten, die dem Hundetyp entsprechen.
Umwelterkundung und die herausragenden Puzzleteile des Hundetyps haben wir notiert, aber reicht das aus? Enrichment, und das meint das Bereichern des hündischen Alltags mit Hobbys, soll bedürfnisgerecht sein und die angeborenen Neigungen und Bewegungsmuster des Individuums aufgreifen. Typgerecht allein reicht dabei nicht aus, denn noch lange nicht jeder Hund entspricht irgendeinem Idealtyp, Hobbys müssen individuell sein. Menschen suchen sich Hobbys, die ihren Talenten entgegenkommen. Hobbys fallen uns leicht, und sie machen uns Spaß, und Hobbys sind auch für uns Menschen selbstbelohnend. Versuchen wir uns in einer Sportart, für die wir keinerlei Talent mitbringen, wird es schnell frustrierend.

BEDÜRFNISSE ERKENNEN

Was ist dem Individuum wichtiger, ist es in der Tat das SEEKING, oder liegt sein Schwerpunkt eher im Vertilgen? Bedürfnisse zu erkennen, funktioniert über simples Beobachten und Notieren: Welche Verhaltensreaktionen zeigt der Hund, und viel wichtiger, welche dieser Verhaltensreaktionen unterbricht oder verhindert seine Bezugsperson häufig, oder wann geht sie nicht auf den Hund ein, wenn dieser eine Spielbeute heranschleppt, ..., nach draußen oder gekrault werden möchte? Welches Verhalten führt nicht ans Ziel? Machen Sie sich für gut eine Woche eine Strichliste und nutzen diese im Sinne des Hundes:

- Welche Bedürfnisse hat Ihr Vierbeiner?
- Wie oft werden seine Bedürfnisse befriedigt bzw. nicht befriedigt?
- Bedürfnisse und Defizite bilden die Grundlage für die Bereicherung seines Alltags und sein Belohnungsrepertoire.

BALANCE ZWISCHEN EINSCHRÄNKUNG UND AUSGLEICH

Aktuelle Bedürfnisse führen zu aktuellen Verhaltensreaktionen, und die Situationen, in die wir unsere Hunde bringen, tragen ihr Übriges dazu bei. Ein jagdlich reizvolles Umfeld aktiviert das SEEKING, und das SEEKING motiviert die Puzzleteile der Beutefangsequenz, und damit sind wir mitten im Bedürfnisschwerpunkt unserer jagdlich motivierten Hunde. Manches können wir zulassen, aber vieles der Verhaltensreaktionen müssen wir gerade zu Beginn des gemeinsamen Trainings regulieren und einschränken.
Die Regulation und Einschränkung dieser selbstbelohnenden Verhaltensreaktionen auszugleichen, ist wichtig, denn Frustration, wenn ein Verhalten

nicht zum Ziel führt und eine erwartete Belohnung ausbleibt, fühlt sich nicht gut an. Frustration wirkt stressend auf den Vierbeiner, und ein gestresster Vierbeiner wendet sich mit noch mehr Hingabe seiner Hundewelt zu, selbstbelohnendes Verhalten wird wichtiger. Insbesondere für die spezialisierten Hundetypen, die sich in Familienhand zunehmend großer Beliebtheit erfreuen, ist das eine Krux. Ihre Menschen nehmen sie in ein wildreiches Umfeld mit, das hoch motivierte Verhalten startet und wird jäh gestoppt. Stellen Sie sich einen Hund vom Setter- oder Pointer-Typ vor, der mit seiner Bezugsperson zu einem Spaziergang durch die Feldflur aufbricht. Getreideschläge so weit das Hundeauge sehen und die Hundenase riechen kann, nur hier und da mal eine Hecke, die die offene, weite Optik unterbricht. Schwungvoll und engagiert will der Vorstehhund in die typische Quersuche durch die Felder starten, seine „Platzzellen" haben längst Alarm geschlagen, dass Wild hier höchstwahrscheinlich zu finden ist. Nach ein paar Galoppsprüngen ist das Leinenende erreicht, oder seine Bezugsperson mahnt ihn in den trainierten 10-Meter-„Freilauf"-Radius und auf den Weg zurück. Hündischen Speed und menschliche Slow Motion gleichen wir später an.

Hoch motiviertes Verhalten in stimulierender Umwelt

- Umwelterkundung im Tempo des Hundes
- Futtersuche auf Grillplätzen oder an Flussufern in der Picknicksaison
- Jagdverhalten in wildreichen Gebieten mit wildträchtigen Bewuchsformen
- Hüteverhalten in Umfeldern, wo in der Nähe oder in der Ferne immer wieder Bewegungsreize auftauchen: Hunde, Jogger, Fahrradfahrer, Autos, Trecker, Wild, Nutztiere ...
- Kontaktaufnahme zu Artgenossen in Gebieten mit hoher Hundedichte

Hazels Rückspursuchenbeute ist ein flauschiger Miniaturfutterbeutel, denn tragen mag sie nur kleine Objekte.

Das Lauerspiel beherrscht Fredda ebenso, aber …

… beim Beutesprung kann sie ganz Terrier sein.

EINFACH HUND SEIN DÜRFEN

Umwelterkundung, Nahrungserwerb und Beutefangsequenz sind jene Hobbys, die uns rund um die Kontrolle unerwünschten Jagdverhaltens bevorzugt interessieren. In diesen Bereichen beschneiden wir unsere Vierbeiner allzu oft in ihrem Tun, und diese Defizite gilt es auszugleichen. Hobbys orientieren sich an den Bedürfnissen und den Defiziten des Individuums, gerade hoch motiviertem Verhalten geben sie einen Spielraum. Einfach mal Hund sein dürfen, das ist die Devise – Beschäftigung ohne starre Regeln.

Hobbys wirken nachhaltig

Ein kunterbuntes Belohnungspotpourri, das sich ebenso an den (aktuellen) Bedürfnissen und den Defiziten des Individuums orientiert, trägt maßgeblich zum Enrichment unserer jagdlich motivierten Vierbeiner bei.
Enrichment wirkt hintergründig auf die Nervenzellen im Hundegehirn und damit direkt auf unser Training (nicht nur) an unerwünschtem Jagdverhalten – unsere Lehrlinge lernen nicht nur schneller, sie bilden auch die wichtigen Gedächtnisinhalte umso besser, die nicht nur abgelegt, sondern im Trainingsalltag immer wieder hervorgekramt werden müssen. Neue und schnellere Verbindungen zwischen den Neuronen entstehen, mehr Stützzellen werden gebildet und die Bildung der Myelinscheiden um die Neuronenverbindungen herum wird verbessert: Alternativverhalten, Zuverlässigkeit und Routine sind das, was wir von außen im Training beobachten können.

IDEEN FÜR HÜNDISCHE HOBBYS

Als nachhaltige Bereicherung unserer Arbeit an unerwünschtem Jagdverhalten möchte der Zweibeiner mit Enrichment über individuelle Hobbys und Belohnungen die Frustrationslast seines vierbeinigen Lehrlings verringern und dessen Frustrationstoleranz ausbauen, und das Resultat dieser Maßnahmen sollte sich im hündischen Verhalten niederschlagen: Unerwünschtes Verhalten sollte weniger und erwünschtes Verhalten sollte mehr werden. Notizen über ein paar Tage sind auch an dieser Stelle eine gute Kontrollinstanz, wie abwechslungsreich das Enrichment tatsächlich ist oder war:

- Was wurde dem Hund angeboten?
- Welche/r Sinn/e wurde/n angesprochen?
- Wo wurde das Angebot platziert?
- Und wie wurde es ihm angeboten?

Es muss nicht jedes Mal ein Feuerwerk der Sinne sein, dann und wann mal diesen und mal jenen Sinn anzusprechen und Überraschungen einzubauen, ist ganz gewiss im Sinne des Hundes. Immer wieder das Gleiche wird auf die Dauer langweilig und verliert an Wichtigkeit. Ob nun Umwelterkundung, Beutefangsequenz oder Nahrungserwerb, die Wahl zu haben, kann Enrichment sein, und es macht selbstsicher, weil der Hund die Konsequenzen seines Verhaltens selbst in der Pfote hat: Welcher Weg verspricht heute das meiste Abenteuer? Welche Spielbeute passt gerade am besten? Und welches Futter schmeckt am besten?

AKTIVITÄTSMUSTER

Bevor Sie mit Ihren bereichernden Maßnahmen loslegen, lohnt sich ein Blick auf das Aktivitätsmuster Ihres Vierbeiners. Wir Menschen haben eine lange Schlaf- und eine lange Wachphase, bei Hunden ist das etwas anders: Schlafen, ruhen, dösen, beobachten und gesteigert oder verringert aktiv sein lösen sich in vielen kürzeren Phasen ab, dennoch sind sie extrem anpassungsfähig, gerade wenn es um die doch recht lange menschliche Schlafphase geht. Über den Tag passt es für Zwei- und Vierbeiner manchmal perfekt, sie können gemeinsam aktiv sein, und der Zweibeiner nimmt sich des vierbeinigen Aktivitätsniveaus an, manchmal ist es jedoch nur der Mensch, der aktiv sein möchte, z. B. für etwas Büroarbeit, und dazu wäre ein wenig aktiver oder gar ruhender, schlafender Hund die optimale Ergänzung.

Notieren Sie sich über einen Zeitraum von ein bis zwei Wochen, wann am Tag die Ruhephasen und wann am Tag die Aktivitätsphasen des Hundes sind, auf welchem Aktivitätsniveau er aktiv ist und wann sich Zeitfenster auftun, in denen die Aktivität des Hundes gar unerwünscht ist, er sich von Ihnen anstecken lässt. Dort platzieren wir Enrichment passend zum Aktivitätsniveau, höher oder niedriger, Verhaltensalternativen, wenn Sie nicht verfügbar sind, die ein eher niedriges Aktivitätslevel aufweisen. So können Sie in Ruhe zu Hause arbeiten, sich etwas Gutes tun, zur Arbeit aufbrechen ..., und Ihr vierbeiniger Gefährte hängt nicht in der Luft und/oder kommt auf dumme Gedanken. Weiter hinten im Buch wird die Entspannung thematisiert, auch die sollten Sie nicht vergessen, wenn Sie Aktivität dämpfen möchten. Dem Ruhebedürfnis des Hundes sollten Sie genauso nachkommen wie dem nach Aktivität, nur sind Ruhe und Entspannung oftmals etwas, wobei wir hibbeligen Fellen mit Entspannungstraining (s. S. 152) helfen müssen.

WAS MACHT EIN HOBBY ZUM HOBBY?

- Es greift individuelle, angeborene Neigungen auf.
- Der Hund lässt sich freiwillig darauf ein.
- Hündische Bedürfnisse und Defizite greift es auf (s. Strichliste S. 61).
- Selbstbelohnendem, hoch motiviertem Verhalten gibt es Spielraum – Stichwort: Beutefangsequenz.
- Es macht neugierig.
- Stress- und Angstauslöser lässt es außen vor.
- Eigenständige Hunde lässt es eigenständig sein, oder es greift Gemeinsamkeit mit dem Menschen auf.
- Hobbys haben nur eine Regel: kein Sicherheitsrisiko für den Hund und Dritte.
- Hobbys haben kein Lernziel, somit sollte Ehrgeiz oder der Gedanke an Konkurrenz kein Thema sein.

UMWELTERKUNDUNG

Worum geht es Ihrem Hund, wenn er seine Hundewelt erkundet? Sucht er nach Wild, nach Fressbarem oder nach anderen Hunden? Welche seiner Sinnesorgane setzt er dabei bevorzugt ein und welches Tempo legt er dabei vor? Es ergeben sich eine Menge Anhaltspunkte, die Sie nicht nur draußen, sondern auch drinnen berücksichtigen können. Umwelterkundung macht besonders viel Freude, wenn Ihr vierbeiniger Gefährte Erkundungsverhalten in seinem Tempo zeigen kann. Abgeleint lässt sich das leicht umsetzen, wenn der Hund kontrollierbar ist und es auch bleibt, hochgeköcheltes SEEKING einen angemessenen Ausklang findet und es dann und wann auch mal ein schlurfendes Pendant zum ICE-Tempo an der Leine gibt. Angeleint wird die Angelegenheit mit dem hundeeigenen Tempo schon kniffeliger, denn der Mensch hängt ja am anderen Ende der Leine. Wählen Sie das Umfeld mit Bedacht aus – wirken offene Flächen dämpfend oder aktivierend; laden interessante Wegränder zu langsamer Um-

Beschleichen als Hobby: Frieda reagiert auf Witterung, indem sie ihr beschleichend auf den Grund geht.

Rhona schnüffelt als Hobby an „wilden" Düften.

Neeles wache Augen scannen die Hundewelt ab.

welterkundung ein; kommt der Hund durch Weite häufiger ins Scannen und sucht dabei stehend die Umwelt mit Augen, Ohren und Nase z. B. nach Wild ab? Halten Sie Ausschau nach den passenden Bewuchsformen und deutlichen Geländeübergängen, die Ihren Hund verlangsamen. Pendeln, vor und zurück, hin und her, in Achten, in Schleifen …, und nicht viel Strecke machen nimmt Tempo heraus, oder Sie erkunden gemeinsam einfach mal ein völlig anderes Terrain: Wochenmarktplätze, wenn die Stände abgebaut sind, aber die Köstlichkeiten und Gerüche des Tages noch in der Luft hängen und am Boden liegen; ruhige Dorf- oder Stadtkerne, wenn sich in den Abendstunden der Trubel gelegt hat, der Hund mit der Nase aber noch genügend davon mitbekommt; Supermarktparkplätze nach Ladenschluss zum Abschnuppern oder während der Öffnungszeiten zum Beobachten des regen Treibens; Wanderparkplätze, auf denen sich in den Stunden der Dämmerung oft Wild tummelt, um nach Leckereien zu suchen, geben der Hundenase tagsüber eine Menge Infos zum Auseinanderklamüsern; „Schnüffelgärten", die vornehmlich geruchlichen Input liefern; Hundeausläufe, allerdings nicht zur Rush Hour, wenn es um Hundegerüche und einfach mal laufen können geht. Für jeden Hund existiert das passende Umfeld für ein Erkundungstempo, mit dem seine Bezugsperson Schritt halten kann.

Auf viele Hunde übt das wässrige Element eine ganz besondere Anziehungskraft aus: waten, planschen, flitzen …

Kleine Erfolge schaffen

Es gibt Hundeindividuen, denen es wichtig ist, dass ihr Erkundungsverhalten von Erfolg gekrönt ist: Fressbares finden, Wild entdecken oder Hunde beobachten oder treffen. Nur suchen und nie finden erzeugt Frust, und den können wir wie immer nicht gebrauchen. Beobachtungsmöglichkeiten sind eine Idee, also besuchen Sie gemeinsam Flächen, wo Wild oder andere Tiere oder Hunde beobachtet werden können, achten Sie dabei unbedingt auf ausreichenden Abstand, denn ein frustriertes HB-Fellchen am Ende der Leine wäre wenig förderlich. Echter Kontakt zwischen Ihrem Hund und anderen Hunden ist selbstverständlich auch eine Option, wenn Training außen vor bleibt und die Begegnungen entspannt und freundlich ablaufen.
Für die leidenschaftlichen Sammler unter den Hunden lassen sich Nahrungsaufnahme und verschiedene Suchvarianten drinnen und draußen vortrefflich verbinden.

Abwechslung und Abenteuer

Sorgen Sie bei Ihren gemeinsamen Ausflügen für Abwechslung und Abenteuer – Stressoren, Angstauslöser sollten dabei selten bis gar nicht auftreten. Hunde sind unterschiedlich neugierig – manche werden von allem Neuen magisch angezogen, andere wiederum ängstigen Sinneseindrücke, die ihnen nicht vertraut sind. Abenteuer und Abwechslung müssen von Fell zu Fell wohl dosiert werden, um nicht stressend zu wirken. Lassen Sie Ihren Vierbeiner entscheiden, welchen Weg er einschlagen möchte, ermöglichen Sie ihm sein Tempo, und stören Sie ihn nicht ständig – Übungen und Aufmerksamkeitsteilung werden auf ein Minimum reduziert. Auch wenn Sie sich von der romantischen Vorstellung eines Spaziergangs Seite an Seite oder in einem festen Miniaturradius noch nicht verabschiedet haben, er erfüllt nicht den Anspruch eines hündischen Hobbys, jedenfalls nicht eines jagdlich motivierten Hundes in „wilder“ Umwelt.
Feld, Wald und Flur und ihre verschiedenen Bodenbeschaffenheiten können den Tastsinn stimulieren – sich durch Laub wühlen, durch Pfützen flitzen, über Steine kraxeln, auf Stämme mit knorrigen Rinden klettern, an Sandstränden düsen, steiniges Ufer überwinden, an Flussufern entlangwaten, schwimmend das nasse Element erkunden …, „wilde“ Umwelt muss nicht immer nur wildreich sein.

Mit Entspannung am Ende wird das Hobby rund.

Ideen für Haus und Garten

In jagdlich reizvollem Umfeld ist es zu Trainingsbeginn manchmal ein hoffnungsloses Unterfangen, das unterschiedliche Tempo von Mensch und Hund unter einen Hut zu bringen, wir müssen häufig regulierend eingreifen, und das vierbeinige Ende der Leine schiebt allzu oft eine Menge Frust. Das Thema Umwelterkundung können wir uns auch nach Hause holen, in vertrauter und wenig stimulierender Umgebung sensorisches Enrichment anbieten, das die hündischen Sinne hier und da auf einem gemäßigten Aktivitätslevel stimuliert. Davon profitiert natürlich jeder Hund! Erkundungsverhalten in Haus und Garten zu platzieren, ist wirklich simpel:

- Hunde, die gerne finden, haben jede Menge Spaß, wenn sie Futter oder andere Dinge „wegfinden" können, das Mopsen wird als extrem hochwertig empfunden. Sie müssen nur noch fürs „Verlieren" sorgen.
- Schaffen Sie in Haus und Garten Beobachtungsmöglichkeiten, wenn es Ihren Vierbeiner nicht in Rage bringt. Öffnen Sie morgens, nachdem die Anwohner von ihrer Morgenrunde zurück oder in ihre Autos gestiegen sind, die Fenster und lassen die Hundenase die Straßengerüche auseinanderdividieren.
- Bringen Sie immer mal einen neuen Gegenstand mit nach Hause, dem fremde Gerüche anhaften, vielleicht sogar vom Sperrmüll. Kommen Sie von Reisen ohne Ihren Vierbeiner zurück, dann lassen Sie ihn Ihre auswärts getragenen Klamotten beriechen. Meine Semmeln lieben es, wenn sie nach Trainings oder Seminaren meine Kleidung nach fremden Hundegerüchen abschnuppern dürfen. Verstauen Sie Ihre Einkäufe nicht sofort, lassen Sie Ihren Hund seine Nase schwenken und etwas Gemopstes reintragen.
- Bauen Sie Geruchsproben von draußen in die gemeinsamen Schnüffel- und Suchaufgaben ein. Legen Sie Schnüffelkisten an, die Sie immer wieder mit spannenden Inhalten füllen, in denen Ihr Hund buddeln und schnüffeln kann. Stellen Sie im Garten Pflanzen auf, an deren Gerüchen sich Ihr Hund erfreut – ja, die gibt es! Wechseln Sie auch mal den konditionierten Entspannungsgeruch.
- Berieseln Sie Ihren Hund in Zeitfenstern mit wenig Aktivität oder viel Ruhe mit Geräuschen, z. B. klassischer Musik, Hörbüchern, Naturgeräuschen oder Tierstimmen.

BEUTEFANGSEQUENZ

Aktivitäten rund um die Beutefangsequenz werden im Kapitel „Belohnen – bedürfnisgerecht und funktional" s. S. 74 ausführlich besprochen. Finden Sie unbedingt heraus, wie die individuelle Beutefangsequenz Ihres Hundes aussieht, und danach richten sich Ihre Angebote – die großen Puzzleteile sollten dabei besondere Beachtung finden, weil genau die es sind, die der Mensch oftmals reglementieren muss. Hobbys aus dem Kontext Jagdverhalten müssen nicht immer die Gegenleistung für erwünschtes Verhalten sein, sie werden auch als Gratisangebot platziert. Lediglich das Markersignal könnte diese Gratisangebote ankündigen, so bleibt es frisch und knackig. Auch wenn Aktionen innerhalb der Puzzleteile mit Futterbrocken o. Ä. nachvollzogen werden können, ist es sinnvoll, eine Spielbeute als solche zu verknüpfen, auch wenn Ihr Hund sich aktuell noch nicht für leblose Beute interessieren sollte.

NAHRUNGSERWERB

Im Funktionskreis „Futter" interessiert uns die Nahrungsaufnahme und auch der Weg dorthin – SEEKING können wir vor die Nahrungsaufnahme schalten, um das Zeitfenster dafür etwas zu verlängern. SEEKING-affine Hunde, denen die Mahlzeit im Napf zu wenig ist, profitieren davon, und den Fans des Vertilgens können wir den Weg dorthin schmackhaft machen. Fressen ist ein Hobby, das es dem Menschen leicht macht, denn der Aufwand hält sich in Grenzen:

— Nassfutter in einen oder mehrere Kongs stopfen – mehr oder weniger fest, je nach Frustrationstoleranz des Hundes.
— Futterbälle mit Trockenfutter füllen, sodass es der Hund durch Schubsen und Kullern befreien kann.
— Trockenfutter oder kleine Leckerlis auf einem Schnüffelteppich, einer Schnüffeldecke oder auf der Wiese im Garten verstreuen, das/die der Hund erschnüffeln kann.
— Nass- oder Trockenfutter in Butterbrottütchen, Eierverpackungen, leeren Küchenrollen, Schuhkartons … verpacken und vom Hund auspacken lassen.
— Trockenfutter in den Schnüffelkisten verstreuen, das der Hund aus Laub- oder Nadeleinstreu, Holzhackschnitzeln, Rinde(nmulch), Bällen, Sand, Gras/Heu, Geäst … ausbuddeln und herausklauben kann.
— Futterpuzzles aller Art und in verschiedenen Schwierigkeitsstufen können den Nahrungserwerb spannender gestalten, aber nicht zu kniffelig, immer angemessen an die Frustrationstoleranz des Hundes.

Schnüffelteppiche verbinden das SEEKING mit dem Vertilgen.

Mit den Bedürfnissen Ihres Hundes haben Sie sich ausgiebig beschäftigt, und vieles davon lässt sich mit Futter in Verbindung bringen: Beutefangspiele mit Futter abschließen, verschiedene Suchen mit Futter verbinden, im Sinne des Verfolgens Schlepp- und Sprühfährten mit Futter(geruch) anlegen und mit selbigem belohnen …, mehr dazu finden Sie im Kapitel rund um die Belohnungen.

BELOHNEN: BEDÜRFNISGERECHT UND FUNKTIONAL

Verhalten muss sich lohnen, und das beutet, dass Belohnungen auch als solche empfunden werden müssen. Was wirklich eine Belohnung ist, das entscheidet am Ende nur der Hund. Bedürfnisgerecht sollen Belohnungen sein und funktional. Funktional? Ein komisches Wort in Verbindung mit Belohnungen, aber eigentlich einleuchtend, wenn wir einen Rückblick auf die drei Hauptfunktionskreise von Hundeverhalten werfen: „Futter", „Freund" und „Feind", dabei dreht sich alles um das Sichern von Ressourcen und dem Entkommen und der Abwehr von Gefahren, kurzum, es geht um das Überleben bzw. Lange-genug-Leben. Die grundlegenden Emotionen Freude (SEEKING), Angst und Aggression regulieren dabei Distanzverringerung und -vergrößerung.

Kara schaut beim Bestücken des Mauselochs zu.

Kurz darauf startet das fröhliche Ausbuddeln: Mäuseln mal anders.

PASSENDE ALTERNATIVEN BIETEN

Doch was bedeutet das nun für unser Belohnungspotpourri? Welches unerwünschte Verhalten haben Sie gerade mit einem Signal für erwünschtes Alternativverhalten unterbrochen? War es das Stöbern des Puzzleteils Orientieren aus der Beutefangsequenz („Futter") mit dem Rückrufsignal? Dann wäre eine spannende Suchaufgabe ideal, sie greift den passenden Funktionskreis und das aktuelle Bedürfnis auf und wird somit zum funktionalen Verstärker. Hat Ihr geräuschängstlicher Hund einen Schuss gehört, setzt zur Flucht an („Feind") und Sie können ihn freundlich stoppen, dann wäre Distanzvergrößerung als Pendeln weg vom Angstauslöser das passende Alternativverhalten und damit auch ein funktionaler Verstärker.

DEM KIND EINEN NAMEN GEBEN

Den größtmöglichen Nutzen kann das Gespann aus den lohnenswerten Belohnungen ziehen, wenn diese einen Namen bekommen. Hm, einen Namen? Jenen Vierbeinern, die sich noch nicht oder noch nicht immer und überall auf Aktivität mit dem Menschen einlassen können, geben Belohnungssignale eine Erwartungssicherheit. Durch die Verknüpfung von z. B. einer Spielankündigung mit dem anschließenden Spiel gerät der Hund auch unter erschwerten Bedingungen zunehmend in Spielstimmung, wenn er das Spielsignal hört, und kann sich so auf das Spiel einlassen.

Beispiel Hetzbelohnung

Mit unserem ausgeklügelten Belohnungspotpourri wollen wir Bedürfnisse befriedigen, und das soll der Hund auch wissen. Stellen Sie sich vor, er entdeckt beim Abscannen der Umwelt ein Reh, das auf einer Lichtung steht. Sie können sein Stehen und Gucken mit dem Markersignal einfangen, aber dann passiert erst einmal nichts, sie loben dämpfend, er steht und guckt noch immer. Jetzt wäre es perfekt, wenn Ihr Hund wüsste, dass Sie eine actionreiche Hetzbelohnung für ihn haben, da Sie doch genau wissen, dass Wildhetzen nun sein Verhalten erster Wahl gewesen wäre. Erneut markieren Sie das Stehen und Gucken, dann rufen Sie Ihr Spielsignal „Pack's dir!". Ihren Hund reißt es herum, und er darf die Fellbeute an einer Schnur hetzen. Immer wieder wird es im Training Momente geben, in denen es für beide Seiten des Gespanns von großer Bedeutung ist, zu wissen, was kommt, der Vierbeiner erfährt, dass nun Bedürfnisbefriedigung ansteht, und die Bezugsperson kann die Früchte des gemeinsamen (Spiel-) Trainings ernten.

Nennen Sie vielleicht ein vierläufiges Individuum Ihr Eigen, das beim bloßen Anblick eines Balles schneller aus dem Fell springt, als Sie den Ball von A nach B tragen können, dann bringt das Erlernen von Spielsignalen, die auch verschiedene Arten von Spiel ankündigen können, Klarheit, wann Spiel wahrscheinlich ist und wann nicht.

☞ IDEENPOTPOURRI

DIE PUZZLETEILE DER JAGDSEQUENZ IN DEN BELOHNUNGEN AUFGREIFEN

Orientieren:
- Suchen mit eher hoher Nase nach frischer Witterung* ☺
- Suchen mit eher tiefer Nase nach frischen Fährten, Spuren und Geläufen* ☺
- Beschnüffeln gefundener Gerüche* ☺
- Abscannen der Umwelt nach „wilden" Auslösern (stehend) ☺
- Stehend wittern ☺
- Targets suchen
- Gegenwindsuche*
- Hochwindsuche*
- Suche nach Abgängen von Schleppfährten und Co.*
- Schnüffeln nach Futter
- Attraktive Geräusche

* Wildeinstände und Brut- und Setzzeiten beachten, den Hund ggf. an der langen Leine sichern!

Fokussieren:
- Vorstehen von sichtig oder geruchlich wahrgenommenem Wild ☺
- Wild belauern und beobachten ☺
- Anzeigen von Wildwechseln und Co. ☺
- Mäuschen- oder Lauerspiel
- Lauerübung
- Vorstehen/Belauern an der Reizangel

Beschleichen:
- Nachziehen ☺
- Beschleichen ☺
- Mäuschen- oder Lauerspiel ausbauen
- Lauerübung ausbauen
- Nachziehen/Beschleichen an der Reizangel

Verfolgen:
- Wild sichtig verfolgen (Hetzen)* ☹
- Fährten, Spuren und Geläufe verfolgen* ☹
- Krähen etc. scheuchen* ☹
- Belohnungsstation (Rennen mit der Bezugsperson)
- Hetzspiel mit Futter-/Beutebrocken
- Spielbeute an der Hetzangel hetzen
- Spielbeute werfen (Ballschleuder und Co.)
- Verlorensuche auf der Rückspur
- Gelegte (Schlepp)Fährten und Spuren verfolgen

* Hetzen ist indiskutabel, das geht nicht! Das Verfolgen von Fährten und Co. ist fragwürdig, weil es Wild stark beunruhigt, auch an der langen Leine, und das Unterbrechen nach einigen Metern ist kaum frustfrei möglich. Aus dem Scheuchen ergeben sich zügig Verhaltensketten, kurz beobachten, um kurz darauf loszudonnern.

Festhalten:
- Wild packen ☹
- Apportieren mit Regeln
- Tragen ohne Regeln
- Zerrspiele
- Futterbrocken oder Spielbeute aus der Luft schnappen

Töten, Zerlegen, Vertilgen:
- Wild töten, zerlegen und vertilgen ☹
- Sich Spielbeute um die Ohren schleudern
- Spielbeute schreddern oder rupfen
- Verpacktes Futter auspacken und zerreißen
- Futter aller Couleur

Mäuseln, die Beutefangsequenz in mini:
- Attraktive Löcher suchen ☺
- Löcher beschleichen und belauern ☺
- Buddeln ☺
- Packen, töten, zerlegen und vertilgen* ☹
- Futter ausbuddeln
- Löcher präparieren
- Mäuschenspiel
- Kleine Futtersuche
- Spielbeute/Futter zerrupfen und auspacken

* Ob Mäuse dem Hund zum Opfer fallen, entscheidet der Mensch.

Anmerkung:
All jene Vorschläge, die mit einem Smiley gekennzeichnet sind, sind die Puzzleteile selbst, also selbstbelohnendes Verhalten. Weiter hinten im Kapitel „Selbstbelohnendes" gibt es dazu noch den Aufbau und wichtige Regeln.
Für alle Punkte gilt die Regulation des Erregungsniveaus bzw. das Ausklingen des SEEKINGs.

ESSBARES, MEHR ALS NUR FUTTER

Innerhalb des Funktionskreises Nahrungserwerb („Futter") zeigen Dingos ursprüngliches Beutefangverhalten, wenn sie Hunger haben, und wir sehen dabei alle Puzzleteile der Beutefangsequenz zu gleichen Anteilen: Orientieren – Fokussieren – Beschleichen – Verfolgen – Festhalten – Töten – Zerlegen – Vertilgen.
Die Selektionsgeschichte der spezialisierten Jagd- und Hütegebrauchshunde hat Hunde hervorgebracht, die ihre jeweiligen exponierten Puzzleteile abspulen, ohne dass dabei das Hungergefühl eine Rolle spielt. Sobald sie in ihr entsprechendes Arbeitsumfeld gelangen, verfehlen Dopamin und das aktivierte SEEKING ihre Wirkung nicht, und das Verhalten läuft ab. Darauf sind Schäfer und Jäger bei der Arbeit mit ihren Hunden angewiesen. Überdies endet die Hüte- oder Jagdsequenz beim Festhalten oder spätestens beim Töten, wie bei einigen Jagdgebrauchshundetypen. Das Zerlegen oder gar Vertilgen sind gänzlich unerwünscht – Knautschen oder Anschneiden sind No-Gos, da das Wild verwertet werden soll.

FUTTER IST WICHTIG

Futter ist in unserem Training ein wichtiger Bestandteil, auch wenn das Belohnungspotpourri so vielfältig wie möglich sein sollte, um immer recht nah am aktuellen Bedürfnis des Hundes sein zu können. Die Schwerpunkte im Training mit jagdlich motivierten Hunden liegen auf Aktivitätsbelohnungen, die passende Aktivitäten zur individuellen Beutefangsequenz, also SEEKING, abdecken, selbstbelohnenden Verhaltensreaktionen, die die akzeptablen Puzzleteile selbst aufgreifen, und Futter in all seinen Nuancen.
Fast klingt das Futter am Ende etwas nüchtern, aber es ist gut und wichtig, und wir können es in seiner Qualität, Quantität und in seiner Darreichungsform variieren, denn so werten wir es extrem auf. Immer nur die üblichen Trockenfutterbröckchen in den Fang gegeben, die sonst auch im Napf landen, wird schnell langweilig und kann erwünschtes Verhalten bei jagdlich motivierten Hunden nicht funktional verstärken, die Funktion des unerwünschten, unterbrochenen Verhaltens nicht aufgreifen. Abwechslung ist nicht nur bei Futter wichtig, Überraschung ist das, was zählt, denn Wiederholung langweilt und wertet ab.

Viele Labrador Retriever fressen gerne – Lennox auch, aber geschnappt bringt das Vertilgen noch mehr Freude.

KEINEN APPETIT?

Werfen wir noch einmal einen Blick auf das Puzzleteil am Ende der Beutefangsequenz, das Vertilgen. Selektionsbedingt absolut unerwünscht, bereitet das Fressen den dopamingetriebenen Hunden oftmals genau dort Probleme, wo wir es im Training gut gebrauchen könnten, in Feld, Wald und Flur. Während die Puzzleteile vor dem Verzehr von Dopaminausschüttung begleitet werden, kommt es beim Vertilgen zur Ausschüttung von Endorphinen. Die Endorphine dämpfen das Dopamin, das Dämpfen von Dopamin passt nun so gar nicht in den Plan der Spezialisten, SEEKING fühlt sich einfach zu gut an. SEEKING-betonte Hunde, ob nun Spezialist oder nicht, können draußen fressen lernen. Dazu gehören begleitend der Einsatz der Entspannungstechniken, die Verringerung von Frustration und Impulskontrolle, ein gutes Maß an Training, Struktur auf den Spaziergängen und die Reduktion von Hintergrund-Stress.
Nutzen möchten wir Futterbelohnungen in ihrer vollen Bandbreite von minder- bis ultrahochwertig, von wenig bis richtig viel, und von Geben, über Schnappen, Suchen, Belauern, Hetzen … bis hin zum Schlecken aus der Futtertube. Wir möchten mit Futter SEEKING bewusst dämpfen, wenn unsere Hunde von selbstbelohnendem Verhalten zurückkehren oder sie von uns eine aufregende Beutefangbelohnung erhalten haben.

Übergänge schaffen

Sind wir so weit, dass der Vierbeiner draußen Futter annehmen kann, dann schaffen wir einen angemessenen Übergang, der das Ausklingen von SEEKING erleichtert. Die Bezugsperson bewegt das Futter anfangs noch sehr spritzig, und diese Spritzigkeit flaut ab, bis der Hund im Dunstkreis seines Menschen Futter in einer kleinen Futtersuche aufsammeln kann. Als Pendant zu jenen Exemplaren, die hoch im SEEKING stehen, gibt es auch Hunde, die nicht SEEKING-affin sind, Futtern ist das Größte und z. B. Suchen ist für sie überflüssig und frustrierend. Bei diesen Vierbeinern können wir SEEKING über Futter aufwerten, denn für unser Training an unerwünschtem Jagdverhalten sind Belohnungen aus der Beutefangsequenz ein wichtiger Baustein. Futter explizit als Belohnung anzukündigen, ist bei Hunden, denen das SEEKING wichtiger ist, ein gute Idee, sie wissen, was kommt, stellen sich darauf ein und Frust bleibt aus.

Abgefeuert aus der Ballschleuder ist das Verfolgen ihres felligen Balls für Wolke ein heiß begehrtes Highlight.

Das Vertilgen zum Ausklang musste sie lernen.

Auf das Zergeln mit dem dicken Quietschefelli …

… folgt das Senken der Erregung mit Fressbarem.

FUTTERN UND FUTTERSUCHE LERNEN

Von Fell zu Fell kann es vorkommen, dass es Probleme mit der Akzeptanz von Futterbelohnungen draußen oder dem Fressen drinnen und draußen gibt. Über eine Kombination aus Handfütterung und Futtersuche kann man dem Problemfa/ell zu Leibe rücken.

— Der Hund bekommt seine Hauptmahlzeiten aus der Hand. Sie und Ihr Hund entwickeln ein Ritual, das das Suchen und Vertilgen sowohl drinnen als auch draußen fördert.
— Nehmen Sie den Napf, gefüllt mit seiner Futterration, und ein paar Tupper-Dosen oder Futterbeutel. Setzen Sie sich z. B. an den Küchentisch, der Hund ist bei Ihnen, und seine Decke als Warte-Target liegt parat.
— Sie geben das Markersignal, entnehmen danach dem Napf ein paar Bröckchen Trocken- oder einen Kleks Nassfutter und geben es dem Hund.
— Wiederholen Sie Markersignal und etwas Futter geben, bis der Napf leer ist.
— Alles, was Ihr Hund nicht möchte, sammeln Sie in den Dosen oder Futterbeuteln.
— Haben sich darin einige Bröckchen oder auch Klekse angesammelt? Wenn Ihr Hund drinnen gut fressen kann, zweigen Sie für das, was nun kommt, einen Teil oder die gesamte Mahlzeit ab.
— Sie parken den Hund auf seiner Wartedecke und verteilen die offenen Dosen oder Futterbeutel im Haus oder in der Wohnung.
— Gehen Sie zum Hund zurück, geben Sie das Markersignal und schicken ihn zur Futtersuche. Kommt er zwischendurch zurück und hat etwas vergessen, schicken Sie ihn abermals.
— Dieses Prozedere praktizieren Sie erst einmal nur während der Fütterungszeiten. Sukzessive verschieben Sie die Zeitfenster und die Örtlichkeiten (von drinnen nach draußen in den Garten, vom Garten ganz nach draußen) aber nicht alles auf einmal – kleinschrittig.
— Futter „wegfinden" ist meist hochwertiger als profanes Finden – vielleicht ist auch das etwas für Ihren Hund, Sie müssen die Futterbeute nur noch „zufällig" irgendwo liegenlassen.

Diese Herangehensweise ist dreifach gut: Das ausgeübte Bindungsverhalten bringt Oxytocin, die Futtersuche das Dopamin und das Fressen die Endorphine.

AKTIVES: DIE PENDANTS DER PUZZLETEILE

Management macht kurz-, mittel- und bei manchen Hunden auch langfristig einen großen, hoffentlich aber schrumpfenden Teil unseres Trainings an unerwünschtem Jagdverhalten aus. Um Alternativverhalten zu lernen, ist es wichtig, dass das konkurrierende, unerwünschte Verhalten möglichst nicht oder nur ganz selten auftritt, unsere Hundeschüler werden streckenweise oder auch ganz an der langen Leine gesichert und eingeschränkt. Was augenscheinlich für das Lernen ein Gewinn ist, bereitet dem Hund jede Menge Frustration, und das nagt wiederum an einer guten Lerngrundlage. Eingeschränkte Bewegungsfreiheit und eingeschränktes Erkundungsverhalten müssen wir durch passende Belohnungen, die Aktivität und Suche einbeziehen (Stichwort: SEEKING), dringend ausgleichen, da sie wesentlich für einen Fortschritt im Training sind. Im Kapitel rund um die Hobbys Ihres vierbeinigen Begleiters (s. S. 61) haben Sie sich unlängst mit seinen angeborenen Verhaltensmustern und bevorzugten Puzzleteilen beschäftigt. Was ihm also leicht von der Pfote geht, kann seinen Belohnungsvorrat sofort mit Aktivität bereichern:

- mit Spielbeute zerren
- Spielbeute engagiert packen, beuteln und/oder zerfleddern
- Gekegelte Spielbeute/murmelige Futterbrocken hingebungsvoll hetzen
- Spielbeute an der Schnur oder Hetzangel energisch verfolgen
- Geworfenen oder geschleuderten Bällen mit Speed hinterherhetzen
- Verpacktes Futter schreddern und auspacken
- Kleine Spielbeute oder Futterbrocken versiert in der Luft schnappen
- Futterbrocken/kleine Spielbeute im Nahbereich der Bezugsperson erschnüffeln/aufsammeln
- Futterbrocken/kleine Spielbeute im Nahbereich der Bezugsperson ausbuddeln

Seien Sie kreativ, schnappen Sie sich Bälle, andere Spielbeute oder knubbelige Futterbrocken, Ihren Vierbeiner und gehen frisch ans Werk. Die Voraussetzung ist, dass der Hund gleich auf Ihren Vorschlag eingeht, Sie sich z. B. sicher sein können, dass er einen in die Luft geworfenen Futterbrocken sofort versucht, zu schnappen. Sie geben das Spielsignal und lassen nach kurzem Durchatmen Ihre Aktivität mit Futter, Ball und Co. folgen. Nach einigen Wiederholungen in wechselndem Umfeld wird Ihr Hund Sie erwartungsvoll anschauen, wenn Sie ihm ein „Schnapp“ entgegenrufen, er erwartet Ihren Wurf.

AKTIVITÄTSLEVEL STEUERN

Schauen wir uns die Aktivitäten mit Spielbeute und auch Futterbrocken einmal genauer an, dann fällt uns auf, dass diese das Erregungsniveau in die Höhe treiben, gerade das Zerren oder Ballspielen sorgt vielleicht für Sorgenfalten auf Ihrer Stirn. Diese Sorgenfalten sind durchaus berechtigt, denn würden wir mit unserem bombastisch gut belohnten Hund und seinen untertassengroßen Pupillen arglos unseren Weg durch reizvolles Umfeld fortsetzen, dann wäre unerwünschtes Verhalten höchstwahrscheinlich. Wie können wir nun Freude an Aktivität und die Regulation des Erregungsniveaus unter einen Hut bringen? Diese wichtigen Belohnungsmöglichkeiten von unserer Belohnungsliste zu streichen, kommt nicht in Frage, aber wir können durch eine ausbalancierte Spielverlaufskurve den Verlauf der Erregungskurve sinnbringend beeinflussen. Was wir dringend brauchen, sind ein Auftakt, ein Höhepunkt und ein Ausklang. Optimal wären ein Spielsignal, danach das Spiel im Wellenverlauf, das entspannte Abgeben der Spielbeute, ein Signal, dass die Spielbeute nun weggepackt wird, und ganz zum Schluss das erklingende Pause-Signal für Pause in der Hundewelt, dafür stöbern Sie im Kapitel „Kleine Rituale mit großer Wirkung“ Seite 168. Hier noch eine Idee für Spielwütige: Reduzieren Sie Action mit Spielbeute auf die SEEKING-Inseln S. 175 (Stichwort: Erwartungssicherheit).

Deutsch Kurzhaar Charlotte erhält das Verfolgen ihrer Fellspielbeute an einer Schnur z. B. für das Abrufen von Wild.

In das Vertilgen überzugehen geht ihr flüssig von …

… der Pfote, und schon kann es weitergehen.

SPIELBEUTE ENTSPANNT ABGEBEN

Idee 1

- Ihr Hund erhält eine Spielbeute, die er erst einmal behalten darf, er sollte sie nicht schlucken oder komplett schreddern können.
- Sobald der Hund den Gegenstand hat und sich damit beschäftigt, ihn durchkaut …, beobachten Sie ihn genau, aber nicht frontal.
- Lässt er die Beute los, legt sie ab oder öffnet kurz seinen Fang, dann geben Sie das Markersignal und werfen ein schmackhaftes Futterbröckchen zum Hund und seiner Beute, nicht von ihm weg. Denn Weglocken durchschauen Hunde schnell, und dann beginnt das „Wer-schnappt-am-Schnellsten"?
- Sicher lässt er seine Beute noch nicht frei.
- Sie wiederholen Markersignal und das Werfen eines schmackhaften Bröckchens, bis Ihr Hund mit dem Auflesen des Futters beginnt, er in Fressstimmung gerät, sich auf das letzte Puzzleteil der Beutefangsequenz einlässt (Stichwort: Endorphine, die das Dopamin dämpfen).
- Ohne Hektik heben Sie die Spielbeute auf, markieren ins Wegnehmen und streuen noch ein paar Leckerlis hinterher.
- Später, wenn das Öffnen des Fangs flüssig klappt, könnten Sie in seine Vorboten ein „Off", „Drop it" oder „Abgeben" sprechen, der Fang öffnet sich, markieren und dann das Bröckchen zum Hund hinwerfen.

Fine nimmt ihre zukünftige Spielbeute wahr, ...

... und es folgt etwas Tolles: hochwertiges Futter.

Idee 2

- Sie nehmen eine Spielbeute an einer 1,5 – 2 m langen Schnur zur Hand.
- Lassen Sie den Hund eine ausgelassene Runde hinterherhetzen.
- Packt er die Beute, dann verhalten Sie sich ruhig, halten nicht mehr gegen und bewegen sie auch nicht mehr. Die Beute ist tot.
- Öffnet sich der Fang des Hundes, und die Beute liegt wieder frei, dann markieren Sie und erwecken sie erneut zum Leben. Eine neue Hetzrunde beginnt. Ausgeben soll sich lohnen.
- Wiederholen Sie das Prozedere.
- Später, wenn auch hier das Öffnen des Fangs flüssig klappt, können Sie in seine Vorboten ein „Off", „Drop it" oder „Abgeben" sagen, der Fang öffnet sich, markieren und mit der nächsten Hetzrunde belohnen.

Idee 3

- Sie nehmen sich zwei identische Spielbeuten, z. B. zwei identische Bälle, zur Hand.
- Einer der Bälle wird geworfen, der Hund darf natürlich sofort hinterher. Vielleicht trägt er ihn nach dem Packen noch ein Stückchen.
- Sobald er ihn ausspuckt, erklingt das Markersignal und der andere Ball wird geworfen. Ausgeben soll sich lohnen.
- Wiederholen Sie das Prozedere.
- Später, wenn auch hier das Öffnen des Fangs flüssig klappt, können Sie in seine Vorboten ein „Off", „Drop it" oder „Abgeben" sagen, der Fang öffnet sich, markieren und mit dem nächsten Ballwurf belohnen.

Andere Ideen

- Haben Sie ein gut verknüpftes Signal für eine kleine Futtersuche am Boden? Reagiert Ihr Hund auf das „Suuuuuch, such, such, such!" reflexartig und schnuppert den Boden nach Futter ab? Dann probieren Sie es aus: Ihr Hund hat Spielbeute, „Suuuuuch, such, such, such!", er spuckt sie aus und sucht nach Futter, markieren, mit einigen gestreuten Futterbröckchen am Boden belohnen und die Spielbeute aufheben.
- Das konditionierte Entspannungswort kann das Ausgeben ebenso erleichtern: Ihr Vierbeiner ist vertraut mit seinem „Off", er hat seine Spielbeute und ist von ihr noch ganz verzückt. Erst ertönt das „Eeeeeasyyyyy", dann das „Off", er spuckt sie aus, markieren, z. B. Futter streuen und die Beute aufheben. Womöglich lässt er sie sogar schon nach dem „Eeeeeasyyyyy" fallen.
- Kennt Ihr Hund die 10-Leckerchen-Übung (s. S. 126)? Perfekt: Sie starten mit dem Abzählen der Futterbröckchen, 1, 2, 3 ... Vielleicht legt er seine Spielbeute bei fünf bereits ab und schaut Sie erwartungsvoll an, oder er zeigt ihr seine pelzige, kalte Schulter, sobald Sie mit dem Markieren und Belohnen seiner ersten zaghaften Blicke weg von seiner begehrten Beute hin zu Ihnen beginnen. In diesem vertrauten Rahmen fallen Abgeben und Kooperieren leichter.
- Ist Ihr Hund ein absoluter Ballfan? Wenn ja, dann landen die Futterbrocken aus Idee 1 in einer gefüllten Ballkiste gleich neben ihm.

Mit aufgeladener Spielbeute geht es ans Spielen.

SINNVOLLER SPIELVERLAUF

Wie kann nun ein vernünftiger Spielverlauf aussehen, z. B. mit einer Ballschleuder? Sie geben Ihr Spielsignal, „Balli!", und beginnen das Wurf-Hetz-Spiel mit kurzen, schwachen Würfen. Diese werden zunehmend schwungvoller, bis sie schließlich aus der Ballschleuder abgefeuert werden. Irgendwann werden die Würfe wieder kürzer, weniger schwungvoll, bis sie nur noch langsam gerollt werden. Als Nächstes werfen Sie noch etwas Futter, das am Ende nur noch gestreut wird, und stecken den Ball wieder ein. Denken Sie an ein freundliches Abnehmen des Balls, er muss nicht in die Hand abgegeben werden, und der Hund darf sofort hinter den Würfen herrennen, er muss nicht sitzen und warten. Impulskontrolle trainieren wir an anderer Stelle. Ist das Spiel ausgeklungen, geben Sie Ihrem Begleiter das Signal für eine Pause in der Hundewelt und schlendern gemeinsam weiter.

SPIELBEUTE ATTRAKTIV MACHEN

Nicht jeden Vierbeiner versetzt Spielbeute in freudige Erregung, aber auch für diese Hunde wären Aktivitätsbelohnungen wichtig. Wir können neutrale Beute zu Spielbeute aufwerten und auch die Interaktion mit der Spielbeute formen. Den ersten Schritt vollziehen wir wieder einmal mit der guten, alten, klassischen Konditionierung. Zuvor finden Sie heraus, welche Optik, Konsistenz, Oberfläche (haarig, fedrig, nackt) und Größe der zukünftigen Spielbeute Ihrem Hund mehr zusagt. Wann immer nun im hündischen Alltag ein Highlight ansteht, präsentieren Sie zuvor das noch schnöde Ding, binden Sie alles ein, was Ihrem Hund Freude bereitet. Achten Sie dabei auf eine seitliche Präsentation, halten Sie ihm das Ding nicht frontal vors Gesicht. Das bald ex-schnöde Ding wird zur Ankündigung attraktiver Ereignisse. An irgendeinem Punkt werden Sie merken, dass sich an seiner Erwartungshaltung etwas verändert hat, dort, wo zuvor keine war, freut er sich nun, das nicht mehr schnöde Ding zu sehen. Ab jetzt dürfen Sie mit dem Formen des Spielverhaltens beginnen, das Aufladen des Dings streuen Sie punktuell immer mal wieder ein. Eine freundliche Körpersprache und eine Beute, die sich vom Beutegreifer wegbewegt, sind die Voraussetzung, dass Sie eine erste, zaghafte Spielreaktion Ihres Ex-Spielmuffels sehen können. Jedes noch so kleine Hinterherhüpfen, jeder noch so kleine Schritt oder noch so kurze, interessierte Blick wird markiert und mit etwas richtig Gutem an der Spielbeute belohnt, z. B. hochwertigem Futter o. Ä. Das Formen geht weiter, und das fertige Spielverhalten kann final ein Spielsignal bekommen.

Mehr und mehr wird aus zaghaften Spielansätzen das Verfolgen der Spielbeute geformt und benannt: „Pack's dir!"

Überraschungseffekte?

Es ist nicht nötig, alles, was sich in der Belohnungsschatulle befindet, mit einem Signal zu versehen, manches gibt es auch mal überraschend. Als Bezugsperson Ihres Hundes wissen Sie genau, wann und ob er schnell frustriert ist, wenn Erwartungen nicht erfüllt werden, dann profitiert er von einer Fülle differenzierter Ankündigungen, weil Überraschungen auch frustrieren können. Sie erkennen dann von Belohnung zu Belohnung bereits nach der Ankündigung, was aktuell gar nicht in seine Bedürfnislage passt. Neben dem Vorhersageeffekt ergibt sich aus dem Benennen von Belohnungsvarianten zudem eine Testinstanz, welche Belohnung gerade das Potenzial zu einem funktionalen Verstärker hat. Im Zweifelsfall passen wir die Belohnung an. Der älteren meiner Ungarinnen helfen viele Vorhersager immens, von der jüngeren hingegen werden Überraschungen liebend gerne angenommen.

Nachfolgend besprechen wir Aktivitätsbelohnungen, die die Pendants der Puzzleteile aus der Beutefangsequenz abbilden. Jene unter ihnen, die eines kleinschrittigen Aufbaus bedürfen, bekommen ein eigenes Signal, damit der Hund weiß, was nun zu tun ist. Ihr Vierbeiner muss unterscheiden können, ob er auf Ihrer gemeinsamen Rückspur auf dem Weg seine/n Spielbeute, seinen Futterbeutel ... findet, oder ob er abseits des Weges nach Futterbeutel & Co. stöbern darf.

ORIENTIEREN

DIE KLEINE SUCHE ...

... aktiviert kleinräumiges Suchverhalten, Orientierungsverhalten innerhalb eines kleinen Suchengebietes (ca. 3 x 3 m oder kleiner), sie bringt zwar die Nase runter, aber der Hund schwärmt nicht aus, eine weiträumige Quersuche oder ausgiebiges Stöbern sind gerade nicht gefragt. Anders als bei der großen Suche weiter hinten spielt hier das Ausnutzen des Windes eine untergeordnete Rolle. Was den Hunden Freude bereitet, ist für den Menschen sehr beruhigend, da der Vierbeiner in einem akzeptablen Suchenradius bleibt. Lernen muss der Hund die kleine Suche selbst und das Suchensignal, das die kleine Suche ankündigt. Die Art des Suchmusters, das aktuell gefragt ist, muss der Mensch ihm durch passende Signale mitteilen, denn ein Suchensignal für alle Suchmuster wäre nicht zielführend. Der Hund wäre frustriert, wenn er nicht zügig findet, und der Mensch beunruhigt, wenn der Vierbeiner plötzlich mehr Strecke macht, als angedacht, und als kleiner Punkt am Horizont verschwindet.

Vorteile

Ordentlich aufgebaut ist die kleine Suche eine hochwertige Belohnungsmöglichkeit und ein Verhaltensunterbrecher für alle Fä/elle zugleich. Nimmt der Vierbeiner auf sein „Suuuuuch, such, such, such!" reflexartig seine Nase herunter, dann können wir frühzeitig, einfach und schnell unerwünschtes Verhalten unterbrechen, wenn der Hund einen „wilden" Auslöser wahrgenommen hat. In einer gewissen Distanz zu uns können wir ihn um sich herum mit Suchverhalten belohnen, wenn wir weit genug werfen können, oder er darf seine Belohnung um uns herum suchen, und wir können in aller Ruhe die Leine aufnehmen oder ihn anleinen, wildes Grabschen nach dem Rückruf entfällt. Die kleine Suche sollte in keiner Belohnungskiste fehlen, ob Futterfreund oder Spielbeutenfan, beide Vorlieben können bedient werden. Kann Ihr Vierbeiner sich draußen schlecht auf Futter oder Futtersuche einlassen, so bringt ihm das „Suuuuuch, such, such, such!" eine Erwartungssicherheit, die es ihm erleichtert, sich auf die Futtersuche einzulassen. Es ist an der Bezugsperson bzw. daran, welchen Aufbau sie wählt:

1) Der Hund lernt, dass das Signal für die kleine Suche nur etwas mit seinem Nahbereich in Distanz zu seiner Bezugsperson zu tun hat,
2) die Suche gilt in seinem und im Nahbereich seiner Bezugsperson gleichermaßen,
3) oder es ist nur der Nahbereich seiner Bezugsperson gemeint.

Aufmerksam beobachtet Wolke das Auslegen.

Schmackhafte Futterbrocken rieseln ins Gras.

Am Fundort angekommen ertönt das Suchsignal.

Findet er immer in seinem Umkreis, oder findet er nur dann in seinem Umkreis, wenn er in der Nähe der Bezugsperson ist? Das ist ein Unterschied, mal sind Belohnungen auch in Distanz möglich und mal nicht. Halten wir den Aufbau variabel, decken wir beide Möglichkeiten ab. Beide Varianten des Aufbaus sind kleinschrittig, und das ist genau das, was wir in „wilder" Umwelt brauchen, um mit kleinen Schritten an ein sicheres Ziel zu gelangen. Das dauert nicht länger, aber es macht das Verhalten zuverlässiger.

Aufbau 1: Kleine Suche in der Nähe des Menschen

— Das Gespann sucht sich eine Stelle, die etwas bewachsen oder belaubt ist, etwas Totholz tut es auch. Der Hund soll den Brocken wirklich suchen müssen. Mensch und Hund stehen beieinander. Sie entnehmen Ihrer Tasche ein wohlriechenden, etwas größeren Futterbrocken und lassen diesen in Ihrer beider Nähe zu Boden fallen. Ihr Hund darf ihn sofort suchen, Sie markieren das Suchverhalten, Ihr Hund findet den Brocken und vertilgt ihn. Wenn Sie mehrere Futterbrocken verloren haben, dann markieren Sie mehrmals vor dem Finden. Wiederholen Sie das Prozedere.

— Halten Sie wieder nach einem Untergrund Ausschau, auf dem der Hund suchen muss. Sie lassen den Brocken in den Bewuchs fallen, der Hund beginnt die kleine Suche, und Sie sprechen das Suchensignal in das Suchverhalten, „Suuuuuch, such, such, such!", markieren, der Hund findet und vertilgt. Wenn mehrere Brocken verteilt wurden, wiederholen Sie Suchen- und Markersignal während der kleinen Suche, die Belohnung wird wie gehabt gefunden und vertilgt. Wiederholen.

— Diesmal sieht Ihr Hund nicht zu, während Sie das Futter ausstreuen. Sie suchen sich wieder eine gut bewachsene Stelle, dort streuen Sie einen oder mehrere wohlriechende Brocken aus und bleiben in unmittelbarer Nähe stehen. Sie rufen den Hund heran und geben ihm das Signal für die kleine Suche, „Suuuuuch, such,

In der Hochwindsuche, einer Variante der Gegenwindsuche, findet Wolke ihren Targetgeruch mit hoher Nase.

such, such!". Er sucht, Sie markieren, er findet und vertilgt. Wiederholen Sie das Prozedere.

- Wieder bedarf es einer gut bewachsenen Stelle. Diesmal treffen Sie keine Vorbereitung. Sie rufen den Hund heran und geben ihm das Suchensignal, „Suuuuuch, such, such, such!". Er sucht, Sie markieren, streuen erst dann Ihr Futter aus, er findet und vertilgt. Wiederholen Sie das Prozedere.
- Alle Schritte werden bunt gemischt hier und da aufgefrischt.

Aufbau 2: Kleine Suche in Distanz zum Menschen

- Der Hund wird geparkt, und in ein paar Metern Distanz zu ihm suchen Sie sich eine gut bewachsene Stelle. Dort fällt der wohlriechende Brocken (oder mehrere) in den Bewuchs. Ein paar Stellen nur antupfen und an einer Stelle den Brocken tatsächlich liegenlassen, wäre auch denkbar. Sie kehren zum Hund zurück und geben ihn mit „Okay" o. Ä. frei. Im kleinen Suchengebiet angekommen, beginnt der Hund die kleine Suche, Sie markieren das Suchverhalten, er findet und vertilgt. Wiederholen.
- Während Sie das kleine Suchengebiet bestücken, wartet Ihr Hund in Parkposition. Sie kehren zurück und geben ihn frei. Er sucht, Sie sprechen das „Suuuuuch, such, such, such!" in sein Suchverhalten, markieren es, er findet und vertilgt. Wiederholen.
- Erneut bestücken Sie ein Suchengebiet in Distanz zum Hund, kehren zurück und geben ihn frei. Im Suchengebiet angekommen, geben Sie das Suchensignal, „Suuuuuch, such, such, such!", der Hund startet die kleine Suche, diese markieren Sie, er findet und vertilgt. Wiederholen. Suchensignal und Suchverhalten sollen sich auch hier verknüpfen.

DIE GROSSE SUCHE GEGEN DEN WIND ...

... liegt den jagdlich passionierten Hunden in den Genen, wenn es um „wilde" Auslöser, ihre Vorboten oder Hinterlassenschaften geht. Mit einer Akribie wird gesucht, buschiert und gestöbert, um Wild, seine Witterung oder seine Fährten, Spuren und Geläufe zu finden oder sich an frischen Suhlen, Liegestellen, warmen Sassen oder Losung zu erfreuen. Gerade die spezialisierten Jagdhunde haben einen Plan, wenn es sich um das Suchen und Finden angeborener Auslöser dreht. Sie nutzen

den Wind und suchen z. B. Getreideschläge, Dickungen und Brachflächen systematisch und flächendeckend ab. So ist es gedacht, und so käme der Jäger an Wild und zum Schuss.
Nun hat der Mensch, der mit seinem vierbeinigen Gefährten an unerwünschtem Jagdverhalten arbeitet, einen ganz anderen Plan. An Wild kommen? Das ist nun wirklich das Letzte, was er gebrauchen kann. Der Plan des Vierbeiners wird also erst einmal von einer langen Leine durchkreuzt – wo nicht ganz so ausschweifend gesucht wird, kann auch nichts oder nicht ganz so viel gefunden werden. Mit dem Such- und Erkundungsverhalten wird auch das SEEKING eingeschränkt, und die Verhaltensziele werden allzu oft nicht erreicht. Jedes Individuum ist dabei unterschiedlich frustrationsanfällig. Je raumgreifender, flächendeckender und schneller das individuelle Bewegungs- und Suchmuster, desto frustrierender wirkt die Einschränkung über die Leine. Auch wenn das Erkundungsverhalten nicht gänzlich durch die lange Leine unterbunden wird, ist das Suchen, ohne zu finden, frustrierend genug. Den Fans des Findens hilft es, wenn das Gespann sich in einem Umfeld bewegt, wo die entsprechenden Auslöser immer mal wieder auftauchen, nur überrollen sollten sie den Hund nicht.

SUCHEN ERWÜNSCHT

Das selbstbelohnende Orientierungsverhalten mit tieferer oder höherer Nase lassen wir im Rahmen der langen Leine zu und nutzen es bewusst als Belohnungsmöglichkeit. Orientierungsverhalten im Stehen, also das Abscannen der Umwelt nach Auslösern, ist erwünscht, und auch im Freilauf können gut trainierte Hunde viel Orientierungsverhalten zeigen, wenn es in einem angemessenen Radius stattfindet und unterbrechbar ist. Die Frustration durch die Einschränkung und das häufige Unterbrechen des Erkundungsverhaltens sind die Knackpunkte, die es auszugleichen gilt. Ergänzend zum selbstbelohnenden Puzzleteil Orientieren, das sich im großräumigen Suchverhalten zeigt, sollte das Team unbedingt auch die große Suche nach leblosen Dingen wie Futter, Spielbeuten, Gerüchen etc. in sein Belohnungsrepertoire aufnehmen. Die Idee ist genial, aber die Umsetzung ist in Anwesenheit „wilder" Auslöser und ihrer Vorboten gar nicht so einfach. Ausdauernd soll die große Suche nach Futter, Spielbeuten, Gerüchen ... sein, und der Vierbeiner soll dabei den Wind ebenso als seinen Verbündeten nutzen können, der ihn ans Suchenziel führt, wie bei der Suche nach „wilden" Auslösern. Nur mit einem kleinschrittigen Aufbau und einer gehaltvollen Verstärkungsgeschichte kann das Team die Früchte seines Trainings ernten und von der großen Suche dort profitieren, wo sie erwünschtes Verhalten verstärken und reguliertes Jagdverhalten ausgleichen soll.
In anregendem Umfeld zu suchen, kostet den Vierbeiner jede Menge Impulskontrolle, seine Bezugsperson sollte das bei der Auswahl des Suchobjekts, des Suchengebiets, der Suchdauer und der Suchdistanz immer im Hinterkopf haben. Denn ist die große Suche frustrierend, weil der Hund nicht findet, bricht er ab und widmet sich erleichtert und ausgiebig der Erkundung seiner „wilden" Hundewelt. Schafft es der Mensch, seinen Vierbeiner mit den Anforderungen der großen Suche zu fördern und nicht zu überfordern, gibt es die Verbesserung seiner Frustrationstoleranz als i-Tüpfelchen obendrauf.

SCHRITT 1 DES AUFBAUS

Windrichtung Für alle Teilschritte des Aufbaus ist es essenziell, dass der Mensch die Windrichtung ausmachen kann. Der Gegen-/Stirnwind ist es, den wir brauchen. Die eigene Empfindung, Seifenblasen, Babypuder oder trockenes, geworfenes Gras geben Aufschluss.

Ort Der Mensch wählt ein großzügiges Stück offene Wiese, die gerne ein paar markante Grasbüschel aufweisen darf, damit der Mensch sich die Ausstreustelle merken kann. Wir beginnen mit gut riechenden Futterbrocken. Der Hund trägt ein Geschirr mit einer etwas längeren Leine (3 – 5 m).

Warten Geparkt wird der Hund mit dem Wind, d. h. von seiner Parkposition aus kann er Ihnen beim Ausstreuen zusehen, aber keinen Wind von der Futterstelle bekommen.

Futter streuen Sie entfernen sich etwa 2 Meter vom Hund und streuen mit dem Wind ein paar der duftenden Brocken aus. Wählen Sie dafür eine Stelle mit einem Grasbüschel, damit Sie diese auch bei veränderter Perspektive wiederfinden.

Aufbau und Timing Gegenwindsuche: Schritt 1

Gleiche Spur Zurück zum Hund gehen Sie, wie Sie sich entfernt haben, das Suchengebiet sollte nicht mit Fußspuren kontaminiert werden.

Umschlagen Signalisieren Sie dem Hund, dass Sie beide nun erst einmal den Ort des Geschehens verlassen. Nehmen Sie ihn an der Leine mit, das ist einfacher als in der Freifolge.

Wind von vorn Weiträumig umschlagen Sie das Suchengebiet im Halbkreis, bleiben gegenüber der Streustelle in etwa 10 – 15 Meter Entfernung stehen und prüfen den Wind – Ihnen beiden sollte der Wind ins Gesicht wehen.

Suchen Von dort entlassen Sie den Hund in die Suche, wählen Sie ein „Okay" und eine lose Geste, er soll wissen, dass er jetzt starten darf. Lassen Sie ihn machen, beobachten Sie ihn gut und laufen in Leinenlänge hinter ihm her.

Duftmoleküle Beachten Sie den Wind. Es ist wichtig, dass der Hund dort, wo er sucht, Geruch von der Streustelle bekommt, hinter dem Futter würde er keinen Wind davon bekommen.

Gefunden Er sucht und findet. Den Moment des Findens markieren Sie, und er vertilgt das Futter.

Wiederholung Lassen Sie 1 – 2 Wiederholungen an verschiedenen Stellen folgen, klappte die erste Distanz gut, vergrößern Sie, wenn nicht, dann wird verkleinert.

Pause Es folgt eine Pause von der Nasenarbeit.

Wechselndes Umfeld Wiederholen Sie den Ablauf in wechselndem Umfeld.

SCHRITT 2 DES AUFBAUS

Neue Fläche Das Gespann wählt eine frische Fläche. Der Hund wird mit dem Wind geparkt und Sie streuen das Futter aus.

Größere Distanz Die Fläche wird wieder großzügig umschlagen, und Sie bemessen die Distanz daran, wie die vorangegangenen Durchläufe geklappt haben.

Schicken Haben Sie gemeinsam den Startpunkt erreicht, schicken Sie den Hund wieder mit Gegen-/Stirnwind, einer simplen Freigabe und einer losen Handbewegung.

Beobachten Ihr Hund sucht, Sie folgen ihm und beobachten ihn noch aufmerksamer.

Sobald er Wind bekommt An einem Punkt seiner Suche werden Sie erkennen, dass ihm der Wind den Geruch zuträgt, es ihn dort hinzieht, er sich zum Geruch orientiert und diesen ausarbeitet. Den Moment des Wind- bzw. Geruchbekommens markieren Sie, er folgt dem Geruch, findet und vertilgt. Ganz bewusst bauen wir das Dem-Geruch-Folgen in die Belohnungssequenz ein. Entweder ist das für den Hund bereits selbstbelohnend oder das Ausarbeiten des Geruchs wird über das Finden und Fressen mit Belohnung verknüpft. Sollte sich der Hund nach dem Markersignal zu Ihnen umdrehen, weil er von Ihnen die Belohnung erwartet, schauen Sie zur Streustelle und bewegen sich darauf zu, er folgt dem Geruch, findet und vertilgt.
Wiederholungen 1 – 2 Wiederholungen folgen auf frischen Flächen, dann gibt es eine Pause für die Hundenase. Diesen Schritt wiederholen Sie und variieren das Umfeld und die Suchdistanzen.

Suche markieren Der Moment des Markierens wandert Schritt für Schritt weiter nach vorne, also immer früher in die Suche, bevor der Hund Wind vom Futter bekommt. In die Belohnungssequenz fällt immer mehr Suchverhalten, ausdauerndes Suchen wird so verstärkt.

SCHRITT 3 DES AUFBAUS

Schwierigkeitsgrad erhöhen Das Parken, Ausstreuen und das Ansetzen folgen dem bekannten Muster, der Hund sucht mit Gegen-/Stirnwind, und Sie variieren die Suchdistanz. Die Leine wird länger, und Sie ziehen sich mehr und mehr in Richtung Startpunkt zurück. Auch das Zeitfenster zwischen Ausstreuen und großer Suche dehnen Sie aus, bei den Augenhunden evtl. früher, diese merken sich die Ausstreustellen oft sehr gut und suchen dann gar nicht. Klappt die Suche flüssig, ist sie auch abgeleint möglich.

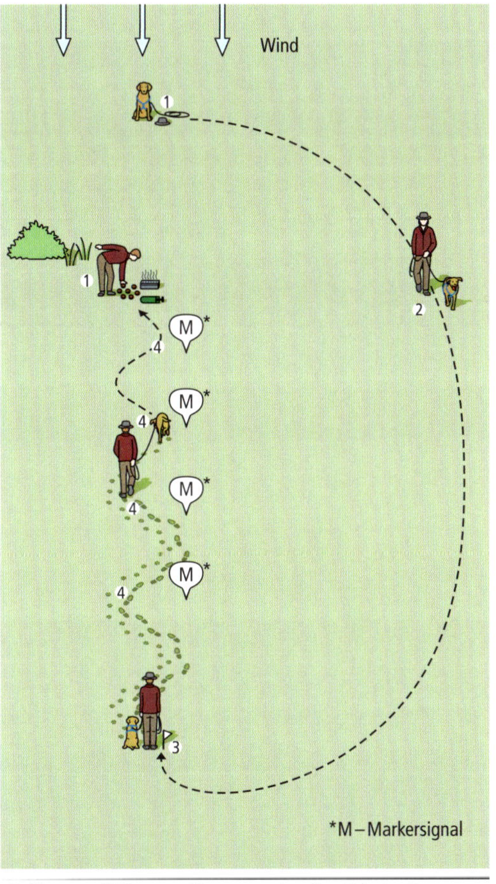

Aufbau und Timing Gegenwindsuche: Schritt 2

Aufbau und Timing Gegenwindsuche: Schritt 3

Signal einführen Vor das Markersignal schalten Sie das Signal für die große Suche, „Such verloren", „Finde", „Go sniff"..., er sucht, Sie markieren, er sucht weiter, bekommt Geruch, folgt diesem, findet und vertilgt.

SCHRITT 4 DES AUFBAUS

Abwandlungen Parken, Ausstreuen und Ansetzen mit Gegenwind behalten Sie bei und variieren die Beschaffenheit und den Anspruch der Suchengebiete, die Witterungsverhältnisse und die Suchdistanzen. Das Zeitfenster zwischen Ausstreuen und großer Suche wird ausgedehnt, bis der Hund das Ausstreuen nicht mehr sieht.
Suchverhalten auf Signal Schließlich starten Sie ihn mit dem Signal für die große Suche vom Startpunkt aus, markieren die Suche ..., das Suchensignal wird mit dem Suchen und nicht mit dem Finden verknüpft, ansonsten könnte es kein Suchverhalten auslösen.

Distanzen weiter ausbauen Dabei dürfen Sie natürlich mitgehen, um etwaige Wohlfühldistanzen zu überwinden. Hilfestellung durch Mitgehen geben Sie nur, wenn der Hund sucht, nicht, wenn er „fragt", denn das „Fragen" trainieren wir nicht.
Sternförmig ansetzen Ist der Hund sich seiner großen Suche gegen den Wind sicher, beginnen Sie mit sternförmigem Ansetzen, sodass sich der Hund mehr und mehr selbst einfädeln und Gegenwind holen muss.
In kleinen Schritten Denken Sie immer an kleine Schritte, um Frust zu vermeiden – fördern, nicht überfordern lautet die Parole.
Heranbringen belohnen Liegen später Spielbeute oder Futterbeutel in der Suche, wird das Herausbringen hochwertig belohnt, so wird auch das Suchverhalten zuvor mit verstärkt. Das ist wichtig, denn es liegt kein Futter mehr in der Suche, das das Suchverhalten zuvor sofort verstärkt hat. Sucharbeit und Apportieren haben ein eigenes Kapitel.

Aufbau und Timing Gegenwindsuche: Schritt 4

Mit dem Wind legt Birlas Bezugsperson ihren ...

... Futterbeutel aus, und das Suchsignal startet ...

... die von Suchenglück gekrönte Gegenwindsuche. Geschwind geht es mit der Spielbeute zurück zum Startpunkt.

FOKUSSIEREN

DAS LAUERSPIEL ...

... trainiert Impulskontrolle und Frustrationstoleranz zugleich. Der Vierbeiner lernt, auf eine begehrte, kleine Spielbeute oder einen Futterbrocken zu warten, indem er sie bzw. ihn belauert. Dieser schonende Aufbau des Belauerns lebloser Beute ist ein schöner Einstieg in das Thema Impulskontrolle, denn das Warten an „wilder" Beute wird im Training an unerwünschtem Jagdverhalten unser stetiger Begleiter sein (Stichwort: Stehen und Gucken S. 181). Für jene Menschen mit besonders hibbeligen Begleitern ist etwas Fingerspitzengefühl gefragt, denn der Vierbeiner sollte nicht durch zahlreiche Fehlversuche frustriert werden. Nicht nur bei sensiblen Hunden ist eine freundliche Körpersprache gefragt, je frontaler der Mensch sich ihm gegenüber ausrichtet, desto hemmender wirkt er, stellen Sie sich daher seitlich zum Hund. Eine freundliche Körpersprache erfordert mehr Trainingsgeschick, aber dieses Wagnis gehen wir gerne ein. Nuancen in Ihrer Bewegung und/oder der Aktion mit der Lauerbeute entscheiden über Erfolg oder Misserfolg der hündischen Lauerfertigkeiten.

SO GEHT'S

Wählen Sie gemeinsam ein geeignetes Lauerobjekt aus. Für Freunde kleiner Spielbeuten darf es etwas kleines Plüschiges, Felliges, Fedriges sein, für die Futterfans probieren Sie es mit einem schmackhaften Futterbrocken. Das Objekt Ihrer Wahl halten Sie im Verborgenen und positionieren sich parallel in rund einem Meter Abstand zum Hund. Vermeiden Sie hemmende Körpersprache und Signale, die Warten suggerieren, also kein „Bleib" oder „Warte". Dann starten Sie den ersten Versuch. Ganz bedächtig und vorsichtig holen Sie das Lauerobjekt auf Hüfthöhe aus Ihrer Tasche heraus oder hinter Ihrem Rücken hervor. Dabei schauen Sie auf das Lauerobjekt, behalten den Hund aber unauffällig im Auge. Die erste stehende Orientierungsreaktion hin zum Lauerobjekt markieren Sie und lassen die Beute seitlich oder schräg nach vorne abspringen.
Springt der Hund vor dem Markersignal auf die Beute zu, waren Sie zu langsam oder der Hund zu schnell, dann verbergen Sie die Beute wieder. Wenn Sie das Lauerobjekt zweimal wieder verschwinden lassen mussten, sollten Sie eine andere Präsentationsstrategie probieren. Von Fell zu Fell muss man ein wenig ausprobieren, ob es eher das

bedächtige, vorsichtige Präsentieren ist oder eine kurze, zuckende, kleine Seitwärtsbewegung der auftauchenden Beute, die die gewünschte Orientierungsreaktion hervorruft. Oder Sie testen ein weniger attraktives Objekt. Der Vierbeiner soll lernen, dass ihn das Warten zur Beute führt: Er hält inne, verfolgt sie nur mit den Augen, und als Belohnung springt sie ab und er gleich hinterher.

English Setter Rudi bietet Sitzen gerne an, …

… das macht dem Menschen die Präsentation leichter.

Belauern formen

Von einer ersten Orientierungsreaktion formen wir das Verhalten in kleinen Übungsschritten bis zu einem ausdauernden Belauern. Die Dauer des Belauerns dehnen Sie ganz langsam aus, angemessen an das Individuum. Wenn wir zu oft zu lange warten, und der Hund regelmäßig auf die Beute zuspringt, wird das Erlernen des Belauerns unnötig erschwert. Darüber hinaus werden die Bewegung und die Positionierung des Lauerobjektes ausgebaut: Es wandert langsam in Richtung Boden, wo „wilde" Beute im echten Leben anzutreffen ist, und es bewegt sich immer mehr. Je höher die Beute anfangs präsentiert wird, desto mehr verlagert der Hund seinen Körperschwerpunkt nach hinten. Zeitfenster, Position und Bewegung erarbeiten Sie mit Ihrem Hund variabel, leicht, mittel und schwer werden abgewechselt, und die Kriterien werden getrennt voneinander angehoben und erst im Trainingsverlauf zusammengesetzt. Es ist an Ihnen, dass er keinen Fehler macht und schneller lernen kann. Achten Sie auf ein korrektes Timing. Zuerst wird das kurze und immer längere Belauern markiert, und erst dann schnipsen Sie die Beute von ihm weg, nicht umgekehrt oder gleichzeitig.

Kurzer Blick zur Beute, Marker und Beutesprung.

Ankündigung einführen

Sind Ihre und die Fertigkeiten des Hundes so weit gediehen, dass er die tief gehaltene, bewegte Spielbeute rund 15 Sekunden sicher und fest belauern kann, bekommt das Lauerspiel seine Ankündigung. Während das Lauerobjekt im Verborgenen wartet, geben Sie das neue Spielsignal, z. B. „Lauern". Atmen Sie kurz durch und präsentieren dem Hund das Lauerobjekt in der vertrauten Art und Weise. Ihr Hund belauert, Sie markieren nach etwa fünf Sekunden, auch wenn er schon länger abwarten kann, denn wir haben etwas Neues hinzugefügt, das Signal. Nach dem Markersignal springt die Beute wie gehabt ab und der Hund gleich hinterher. Diese Verknüpfung von Spielsignal und Spielreaktion festigen Sie in wechselnden Umfeldern.

Hunde haben Vorlieben: Bevorzugt Ihr Vierbeiner nur Spielbeute oder nur Futter innerhalb des Lauerspiels, können Sie das jeweils Minderwertige mit dem Hochwertigen aufwerten. Nehmen wir an, Ihr Hund belauert nur Futter, dann präsentieren Sie ihm nach dem Spielsignal die schnödere Spielbeute. Die erste Orientierungsreaktion markieren Sie, und zur abspringenden Spielbeute werfen Sie eine hochwertige Futterbelohnung hinterher. So wird die fellige, fedrige ... Spielbeute wichtiger und bald schon genauso belauerungswürdig.

Wann immer Sie nun mit Ihrem Belohnungsspektrum den Kontext Mäuse belauern mit nachfolgendem Mäuselsprung oder das Belauern „wilder" haariger oder fedriger Kreaturen bedienen wollen, treffen Sie mit dem Lauerspiel ein aktuelles Bedürfnis des Hundes. Es verbindet das Fokussieren als großes Puzzleteil mit einer kurzen Hatz, dem Packen und dem Vertilgen als Bonuspuzzleteile der Beutefangsequenz.

DIE LAUERÜBUNG ...

... ist mit dem Lauerspiel eng verwandt. Im Endeffekt soll der Vierbeiner eine nackte, haarige oder fedrige Spielbeute, die von einer Schnur oder einer Reizangel bis auf den Boden herabbaumelt, ausdauernd belauern. Dennoch gibt es einen Unterschied: Die Belohnung innerhalb der Lauerübung ist nicht das Lauerobjekt selbst, sondern eine andere hochwertige Spielbeute oder eine schmackhafte Futterbelohnung. Was soll diese Differenzierung? Die Ankündigung der Lauerübung kann auch auf „wilde" Auslöser übertragen werden. So kann der Hund sich mit dem Trainingsmuster vertraut machen. Trainiert das Gespann an „wilden" Kreaturen, werden diese niemals als Hetz-Pack-Belohnung freigegeben. Länger belauern oder ein paar Meter beschleichen ist hingegen möglich und durchaus erwünscht. Beiden gemein ist der kleinschrittige Aufbau, mit dem wir den Lauerjäger in unseren Vierbeinern herauskitzeln wollen. Nicht nur Vorsteher und Hüter können lernen, Beute nur mit den Augen zu verfolgen.

Mit dem Lauerspiel sollte Ihr Hund vertraut sein. Sie wählen mit ihm die passende Spielbeute aus und befestigen diese an einer etwa 1 Meter langen Schnur. Behalten Sie eine freundliche Körpersprache bei und in Ihrer Hand, hinter dem Rücken verborgen, halten Sie die Spielbeute an der aufgerollten Schnur bereit. Ist alles vorbereitet? Dann kann es losgehen.

Schritt 1

- Lassen Sie die Spielbeute etwa 10 cm aus Ihrer Hand hinter Ihrem Rücken herausbaumeln.
- Dann geben Sie das vertraute Signal für das Lauerspiel, „Lauern", und lassen die vertraute Präsentation folgen. Belauert Ihr Hund im Lauerspiel schon bodennahe Beute, so präsentieren Sie ihm diese nun vorübergehend wieder in der Anfangshöhe.
- Ihr Hund zeigt die erhoffte Orientierungsreaktion und schaut zur Beute hin.
- Nun markieren Sie und belohnen ihn mit einer hochwertigen Futter- oder Spielbelohnung aus der Tasche, die Sie so werfen, dass er sich mit einem Hüpfer auf sie zubewegen kann, leicht seitlich oder schräg nach vorne.
- Ab und zu darf er sich nach der Belohnung mit dem Lauerobjekt beschäftigen. Ist das Lauerobjekt sehr begehrt, entfällt die Beschäftigung damit am besten.

Nellys großes Puzzleteil des Belauerns macht das Erarbeiten der Lauerübung leicht, Belauern ist selbstbelohnend.

Schritt 2

- Es bleibt bei den 10 cm, die das Lauerobjekt aus der Hand herausbaumelt, und es folgen das Spielsignal, „Lauern" und nach kurzem Durchatmen die Präsentation des Lauerobjektes.
- Dehnen Sie das Zeitfenster des Belauerns auf rund 5 Sekunden aus.
- Markieren und belohnen Sie wie gehabt.
- Mit mäßig attraktiven Lauerbeuten darf der Hund sich ab und zu nach der Belohnung noch ein wenig beschäftigen.
- In dieser Etappe bauen Sie das Zeitfenster variabel auf gute 15 Sekunden aus.

Schritt 3

- Das Lauerobjekt wandert Schritt für Schritt bis auf den Boden, bis es schließlich den gesamten Meter aus Ihrer Hand herausbaumelt.
- Halten Sie das Zeitfenster dabei variabel und bunt gemischt: mal kurz, mal mittel, mal 15 Sekunden, jedoch nicht immer schwerer werdend. Wird die Schnur gerade ein Stück länger, schrumpfen Sie das Zeitfenster wieder ein.
- Markiert und belohnt wird wie gehabt.

Schritt 4

- Nun bekommt die Lauerübung ein eigenes Belohnungssignal.
- Schalten Sie das neue Signal, „Slooooow", vor das alte, vertraute Belohnungssignal, „Lauern", dann folgt die vertraute Präsentation der Spielbeute an der Schnur.
- Schrumpfen Sie vorübergehend Zeitfenster und Länge der Schnur ein.
- Sie markieren und belohnen wie gehabt.
- Nach ein paar Wiederholungen lassen Sie die alte Ankündigung weg. Sagen Sie „Slooooow", nun folgt der vertraute Ablauf, und Sie markieren und belohnen wie gehabt. Das Zeitfenster von rund 15 Sekunden (variabel) und das Wandern der Spielbeute zurück auf den Boden (kleinschrittig) gleichen Sie wieder an.
- Konnten Sie das Belohnungssignal, „Sloooow", und das alte Lauerverhalten verknüpfen und festigen, variieren Sie das Zeitfester, während Sie damit beginnen, das Lauerobjekt am Boden (an der Angel) vorsichtig zu bewegen, aber kleinschrittig, das Zeitfenster angemessen an die Intensität der Bewegung.

Schritt 5

- Sie übertragen das vertraute Belohnungssignal, „Slooooow“, und den vertrauten Ablauf auf die Reizangel.
- „Slooooow“, und nun folgt die Präsentation der Lauerbeute an selbiger. Das Belauern markieren und belohnen Sie wie gehabt.
- Die Reizangel bringt eine Erschwernis in die Lauerübung, also erleichtern Sie dem Hund die Kriterien: Höhe des Lauerobjektes, Zeitfenster und Bewegung des Lauerobjektes. Kleinschrittig heben Sie diese wieder an.

Ergibt alles zusammen an der Schnur und/oder an der Angel ein rundes Bild, haben Sie mit der Lauerübung nicht nur ein bedürfnisgerechtes Belohnungspendant zum Puzzleteil Fokussieren, Sie können das Signal „Slooooow“ zudem bald auf „wilde“ Auslöser übertragen. Das Wie lüften wir in den Kapiteln rund um die Arbeit an Auslösern unerwünschten Jagdverhaltens – Stehen und Gucken – Seite 181 und das Verstärken und Benennen erwünschter Puzzleteile Seite 186.

DAS BESCHLEICHEN …

… oder auch Nachziehen an einer kleinen Spielbeute oder einem knubbeligen Futterbrocken, die oder den der Mensch dem Hund bodennah anbietet, lässt sich durch die Weiterentwicklung des Belauerns oder Vorstehens innerhalb des Lauerspiels und/oder der Lauerübung sachte formen. Hat das Gespann das Puzzleteil Beschleichen bereits an „wilden“ Auslösern erarbeitet (Mehr dazu im Kapitel „Erwünschte Puzzleteile aufbauen“ Seite 186), dann ließe sich das Signal für das Verhalten auf die leblose Beute innerhalb der Lauerübung übertragen.
Üben wir uns zunächst im Formen des Beschleichens über das Lauerspiel. Das Spielsignal und ein festes Belauern einer bodennahen Beute für gute 15 Sekunden oder länger sind die Voraussetzung, denn wenn wir zu früh mit dem Beschleichen beginnen, ist die Fehlerquote zu hoch und Frustration vorprogrammiert.

Aus dem Lauerspiel entwickeln

Mit Ihrem „Lauern“ laden Sie den Hund zum gemeinsamen Lauerspiel ein, präsentieren die kleine Spielbeute o. Ä. leicht seitlich zum Hund. Sie erinnern sich an eine freundliche Körpersprache, wir wollen den Hund nicht hemmen. Ihr Hund lauert wie erwartet, aber diesmal folgt nach einigen Sekunden nicht das Markersignal. Stattdessen bewegen Sie die Beute besonders vorsichtig von ihm weg. Ohne Ihren Hund anzustarren, behalten Sie seine Körpersprache im Auge. Verlagert er sein Körpergewicht auch nur minimal nach vorne, geben Sie das Markersignal und lassen die Beute abspringen, leicht schräg von ihm weg. Versuchen Sie es erneut. Vielleicht sehen Sie diesmal schon die minimale Andeutung eines Schrittes auf die Beute zu, Sie markieren und belohnen wie gehabt. Schritt für Schritt formen Sie das Beschleichen Ihres Vierbeiners auf die Beute zu.

So lässt sich auch das Beschleichen Schritt für …

… Schritt an der herabbaumelnden Beute formen.

Denkbar wäre, dass Sie es bei einem Signal belassen und den Hund im Lauerspiel durch das Bewegen der Beute ins Beschleichen bringen. Oder Sie differenzieren das Beschleichen über ein Extra-Signal. Das neue Signal schalten Sie anfangs vor das alte und schleichen das alte nach einigen Wiederholungen aus, sodass Ihr Hund letztendlich auf Ihr „Schleiiiiicheeeeen" auf die Beute zuschleicht.

Aus der Lauerübung entwickeln

Entwickeln wir das Beschleichen aus der Lauerübung heraus, dann ist die Herangehensweise ganz ähnlich, nur dass der Vierbeiner mit einer anderen Belohnung als der Beute an der Schnur oder an der Reizangel belohnt wird. Auch hier sind ein bestehendes Signal für das Belauern und das feste Belauern selbst Voraussetzung, sobald dem Vierbeiner nach der Einladung die Beute an einer Schnur oder an der Reizangel recht bodennah präsentiert wird. Gerade an der Reizangel ist eine zweite Person hilfreich, oder Sie nehmen eine Reizangel zur Hand, die nicht ganz so ausladend ist. Doch beginnen wir nun mit dem fröhlichen Beschleichen. Sie geben das Signal „Slooooow", und die zu belauernde Spielbeute taucht bodennah an einer Schnur oder an der Angel baumelnd auf. Anstelle des Markersignals folgt erst wieder Ihre besonders vorsichtige Bewegung der Beute vom Hund weg. Seien Sie aufmerksam, damit Ihnen die erste, zaghafte Gewichtsverlagerung nach vorne nicht entgeht. Diese wird markiert und mit einer anderen Spielbeute oder hochwertigem Futter, die oder das Sie leicht schräg von ihm weg werfen, belohnt. Alternativ belohnen Sie Ihren Hund in der Position, z. B. mit der Futtertube, und ziehen ihn mit der Schnauze an der Tube oder einem köstlichen Futterbrocken einen Schritt nach vorne – ohne eine zweite Person wird das allerdings kniffelig. Markiert wird die Bewegung nach vorne, und auch die Belohnung greift die Bewegung nach vorne auf. Schritt für Schritt schleichend formen Sie Ihren Hund auf die Beute zu. Soll das Beschleichen ein Signal bekommen, schalten Sie es vor den Ablauf. Alternativ kann man den Vierbeiner mit dem bekannten Signal für das Beschleichen „wilder" Beute kleinschrittig aus der Lauerreserve locken.
Und wieder ist eine neue Belohnung als Pendant zu den Puzzleteilen der Beutefangsequenz entstanden. Unter den Hütern und Vorstehern finden sich meist dankbare Abnehmer für den Aufbau und den Einsatz des Beschleichens.

BELOHNUNGSIDEEN FÜR AUGENHUNDE

Hütehunde sind wohl diejenigen unter den Vierbeinern, die uns in puncto Augenarbeit ganz selbstverständlich in den Sinn kommen. Mit einem unverstellten Blick auf das Individuum können andere Hundetypen ebenso von Belohnungen profitieren, die den Sehsinn ansprechen – tolle Kombinationen und Varianten sind möglich.

Frieda und Wolke belauern im Duett, während es für Frieda Futter sein muss, bevorzugt Wolke fellige Spielbeute.

Pudel Mio liebt alles, was er mit den Augen ...

... verfolgen kann, aber er kann dabei stehenbleiben und tapsen.

WAS MAN ALLES MIT EINEM FRISBEE ANSTELLEN KANN

Ein Frisbee kann belauert und das Belauern so weit ausgedehnt werden, dass der Vierbeiner es im Flug beobachtet, bis es aufschlägt, dafür sollte der Hund fit im Lauerspiel sein. Das Frisbee wird wie gehabt belauert, und in der Weiterentwicklung lassen wir das Frisbee zunächst nur vorsichtig zu Boden fallen, markieren das Fallenlassen und belohnen den Hund mit einer anderen hochwertigen Belohnung, die ihn in Bewegung bringt. Diesen ersten vorsichtigen „Wurf" bauen wir kleinschrittig zu einem richtigen Frisbee-Wurf aus, den der Vierbeiner belauert und die Bewegung nur mit den Augen verfolgt.

Das Frisbee kann auch ein Target sein, von dem aus der Hund den nächsten Wurf mit einem zweiten Frisbee belauert, oder nach dem Belauern eines Frisbee-Wurfes wird der Hund auf das geworfene Frisbee als Target geschickt.

Auch gehetzt darf das Frisbee werden. Für diese vielfältigen Einsatzmöglichkeiten ist ein klarer Aufbau mit differenzierten Signalen wichtig. Denkbar wäre für Augenhunde, die oftmals über einen sensiblen Hörsinn verfügen, dass das Belauern des Frisbee-Wurfes mit einem besonderen Geräusch, z. B. einer Tierstimme, angekündigt wird.

WAS MAN MIT TARGETS ALLES ANSTELLEN KANN

Im Kapitel „Targets und wo sie drinstecken" Seite 131 lesen Sie mehr zum Aufbau. Wählen Sie für Ihren Augenhund unbedingt kontrastreiche Targets, die der Hund auf Augenhöhe entdecken kann, und vermeiden Sie beim Aufbau wildes Gestikulieren, denn das Target sollte für sich sprechen und ihn aufmerksam machen. Augenhunde können zwischen verschiedenen Targets hin und her geschickt werden, oder sie können von einem Startpunkt aus auf eine „Target-Uhr" geschickt werden. Auf jeder Uhrzeit steckt ein Target, und der Mensch schickt nur mit dem Signalwort und der Körperachse. Targets können umrundet werden, und das Umrunden kann auf exponierte Objekte im Umfeld übertragen werden, um die der Mensch den Hund in Distanz schicken kann.

In einer großen Suche können Targets auf Augenhöhe gesucht und gefunden werden. Am Ende einer Verlorensuche auf der Rückspur kann der Augenhund ein kontrastreiches Bodentarget vorfinden, von dem aus er dann vielleicht einen Frisbee-Wurf beobachtet.

Lassen Sie sich von den Ambitionen Ihres Vierbeiners inspirieren!

VERFOLGEN

DIE VERLORENSUCHE AUF DER RÜCKSPUR

Sie ist nicht nur für die angeleinten Hunde eine Bereicherung des Belohnungsrepertoires, gerade abgeleint kann der Hund in eigenem Tempo richtig Strecke und Geschwindigkeit machen. Oftmals sind es gerade die Momente auf der Rückspursuche, in denen die Bezugsperson die Leine des vierbeinigen Gefährten das erste Mal fallen und hinterherschleifen lässt, der Hund ist auf sein Ziel konzentriert und lässt alles andere links liegen. Auch wenn in der Verlorensuche auf der Rückspur das Wort Suche drinsteckt, hat sie eher eine engere Verwandtschaft zum Puzzleteil Verfolgen. Erarbeitet wird diese augenorientierte Suchvariante auf deutlich erkennbaren Wegen und auf der gemeinsamen Rückspur des Gespanns. Der Hund hat also bei seiner „Suche" eine optische und eine geruchliche Leitlinie, die es zu verfolgen gilt, bis er nach kurzer oder auch langer Wegstrecke seine Spielbeute und Co. mit den Augen entdeckt. Je subtiler der Weg und je kleiner oder versteckter die Spielbeute, desto wahrscheinlicher wird das Stöbern. Das Stöbern ist an dieser Stelle unerwünscht, denn die Rückspursuche soll eine Belohnungsmöglichkeit für reizvolle Wegstrecken werden, oder wir verwenden sie sogar bewusst, um in wildreichem Gebiet oder auf Wegen mit vielen Wildwechseln den Weg selbst als besonders lohnenswert hervorzuheben (Stichwort: SEEKING-Inseln s. Seite 175). Im Verfolgen der optischen und geruchlichen Leitlinie vom Weg abzukommen, wäre in diesen Fällen kontraproduktiv. Auf unserem Rückweg nach einer Spielbeute o. Ä. Ausschau zu halten, birgt noch einen weiteren Vorteil, denn das Wild hat sich bereits verkrümelt. Je nachdem, was am Ende der Rückspur auf den Vierbeiner wartet, erweitert sich das Spektrum dieser Belohnungsmöglichkeit: Tragen, bringen und fressen nach dem Verfolgen, packen, schreddern und fressen nach dem Verfolgen, packen, bringen und zergeln nach dem Verfolgen, verweisen nach dem Verfolgen, ein Target vorfinden und dort noch einen Futterbrocken belauern nach dem Verfolgen ..., so viele Facetten sind möglich.

AUFBAU

Was wir für den Aufbau der Rückspursuche erst einmal brauchen, ist eine Spielbeute, zu der der Hund gerne hinläuft. Alternativ wären verpacktes Futter, ein ganz dicker Keks, ein Target oder ein Futterbeutel denkbar. Der beschriebene Aufbau ist sehr kleinschrittig. Wenn Ihr Hund schon etwas weiter ist, steigen Sie etwas später in den Aufbau ein, aber nicht mit zu großen Schritten. Für ein ordentliches Ergebnis ist ein ordentlicher Aufbau unabdingbar. Das Signal für diese Belohnungsvariante, „Verloren", „Lost", „Schau nach"..., wird erst in den Ablauf eingebaut, wenn das Verhalten fertig ist, und es muss sich von jenen Signalen für die kleine oder große Suche oder für die Schleppfährte unterscheiden. Mit einem differenzierten Aufbau und differenzierten Signalen heben wir die verschiedenen Suchmuster voneinander ab, und der Hund sucht so, wie wir es uns gerade wünschen. Suchen Sie sich nun also einen sehr gut erkennbaren Weg in einem leichten Umfeld aus und legen los. Alle Schritte erarbeiten Sie sich zunächst auf diesem Weg, erst dann schwärmen Sie auf andere Wege aus. Mit Schnelllernern und mäßig abgelenkten Vierbeinern kann das Gespann schon früher andere Wege beschreiten.

Silija hilft die menschliche Körpersprache ...

Schritt 1

- Das Gespann steht beieinander.
- Sie holen eine Spielbeute hervor und lassen diese hinter sich fallen. Für einen Schubs in die richtige Richtung sollte hinten dort sein, wo Sie hergekommen sind.
- Sie richten sich in Richtung Spielbeute aus, und Ihr Hund geht hin.
- Markersignal, er hebt sie auf und darf sie noch etwas behalten. Nimmt der Hund sie nicht auf, belohnen Sie ihn mit ein paar guten Futterbröckchen an der Spielbeute.
- Wiederholen Sie das Prozedere.

Schritt 2

- Das Gespann läuft nebeneinander.
- Sie holen die Spielbeute hervor und lassen sie hinter sich fallen, dorthin, wo Sie beide gerade hergekommen sind.
- Sie richten sich als Hilfe in Richtung Spielbeute aus, und Ihr Hund geht hin.
- Markersignal, er hebt sie auf und darf sie noch etwas behalten. Nimmt er sie nicht auf, belohnen Sie ihn auch hier mit ein paar guten Futterbröckchen an der Spielbeute.
- Wiederholen Sie das Prozedere.

Schritt 3

- Das Gespann läuft hintereinander, der Hund vorne, der Mensch hinten.
- Sie lassen die Spielbeute unauffällig fallen und gehen noch 2 – 3 Meter weiter, sprechen Ihren Hund mit seinem Namen an, er schaut in Ihre Richtung, und Sie drehen sich mit Ihrer gesamten Körperachse in Richtung der Spielbeute und schauen zu ihr, zeigen auf die Spielbeute und machen noch einen Ausfallschritt darauf zu.
- Ihr Hund läuft zur Spielbeute. Hat er sie erreicht, geben Sie das Markersignal, er nimmt sie auf und trägt sie zu Ihnen zurück. Das Bringen wird natürlich auch mit dem Markersignal und einer Belohnung honoriert. Nimmt er sie nicht, belohnen Sie ihn an der Spielbeute, öffnen z. B. den Futterbeutel und lassen ihn daraus fressen. Nimmt er sie und behält die Spielbeute erst einmal, ist das nicht schlimm, fürs Erste üben wir die Rückspursuche – das Zurückbringen nach dem Verfolgen.
- Wiederholen und die Distanz kleinschrittig ausbauen. Kommt der Hund ins Stöbern, war der Schritt zu groß. Einen Verfolger wollen wir ausbilden, keinen Stöberer!

... beim Annehmen einer ersten, verkürzten Rückspur.

Hereintragen hingegen musste sie nicht lernen.

Für Augenhunde wie Grace sind kontrastreiche Targets wie gemacht für die Rückspursuche, alles ist möglich.

Schritt 4

- Ist Ihr Hund im Verfolgen so sicher, dass er die Rückspur annimmt, auch wenn er vom Startpunkt aus die Spielbeute noch nicht sehen kann (15 – 20 m), dann sind Sie reif für Schritt 4.
- Das Gespann läuft wieder hintereinander, der Hund vorne, der Mensch hinten.
- Sie lassen die Spielbeute unauffällig fallen, gehen noch gute 10 Meter weiter und rufen Ihr neues Signalwort, „Lost!". Der Hund wird sich verwundert umdrehen und Sie präsentieren die vertraute Körpergeste: Alles am menschlichen Leib, auch das Gesicht, zeigt auf die Spielbeute hinter Ihnen, nicht auf den Verfolger.
- Der Hund läuft hin, Sie markieren kurz vor dem Ziel, er schnappt sich seine Spielbeute und kehrt zu Ihnen zurück. Vergessen Sie nicht, auch das Bringen zu markieren und zu belohnen.
- Wiederholen, Distanzen ausbauen, die Körpergeste abbauen bzw. deutlich einschrumpfen, neue Wege erschließen, Kurven einbauen, andere Objekte einbringen, subtilere Wege bis hin zum Trampelpfad erschließen …, aber wie immer nicht alles auf einmal.
- Achtung: Das Objekt liegt immer auf dem Weg, es wird nie versteckt!

Schritt 5

- Das Gespann erarbeitet sich das Überschreiten etwaiger Wohlfühldistanzen. Die Distanz zur Bezugsperson und die Distanz der Rückspursuche werden getrennt voneinander und kleinschrittig erarbeitet.
- Das Gespann läuft hintereinander.
- Sie lassen die Spielbeute unauffällig hinter sich fallen und entfernen sich so weit, dass die Wohlfühldistanz Ihres Verfolgers ein paar Meter überschritten wird.
- „Lost!", Ihr Hund nimmt die Rückspur an, und Sie gehen hinterher, erst einmal ist die Distanz zur Spielbeute an der Reihe. Bleibt Ihr Hund stehen, tun Sie es ihm gleich. Nimmt er die Rückspur wieder an, gehen Sie weiter hinter ihm her.
- Sie markieren und belohnen wie gehabt.
- Bauen Sie weite Distanzen aus.
- Im Erarbeiten der weiten Distanzen auf Ihrer Rückspur ziehen Sie sich sukzessive zurück, gehen langsamer mit, nur ein paar Schritte …, bis der Hund sowohl die Distanz zur Spielbeute als auch die Distanz zu Ihnen flüssig überwindet. Neue Wege erobern Sie mit einem immer versierteren Verfolger.

Frodo hingegen mag es lieber plüschig, flauschig.

FREUDIG ZURÜCKBRINGEN

Im Fokus der Rückspursuche steht das Verfolgen, ein Zurücktragen zum Menschen muss nicht sein, aber man kann es durch eine freundliche Körpersprache begünstigen. Stellen Sie sich seitlich oder laufen rückwärts, wenn der Hund auf Sie zukommt, dann gibt es das Markersignal, und es fliegt eine andere Belohnung. Formen Sie sich Ihren Begleiter auf diese Weise immer weiter zu sich heran. Ein formaler Apport wäre hier fehl am Platz, weniger Regeln bringen weniger Frust, und für unsere Belohnungsmöglichkeiten zählt: so viel Spaß wie möglich und nur so viel Regeln wie nötig. Hat Ihr Hund Favoriten bei den Objekten auf seiner Rückspur, so können nach dem Signal „Lost!" diese Objekte differenzieren, z. B. „Lost Felli!". Die Frustvermeidung haben wir wieder fest im Blick. Findet Ihr Hund alles super, was er findet, tut eine Differenzierung nicht Not.
Für die Augenhunde lassen sich Targets in die Rückspursuche einbinden, und wenn Tragen und Bringen dem Vierbeiner so gar nicht liegen, dann liegen am Ende verpacktes Futter oder ein dicker, gut sichtbarer Keks. Mit einem freudigen Apport als Job in der Dummyarbeit ist ein Dummy als Rückspurfund ebenso denkbar.

VORZÜGE DER BELOHNUNG

Konnte das Gespann das Spielsignal „Lost!" mit dem sicheren Verfolgen der Rückspur erfolgreich verknüpfen, kann die Verlorensuche auf der Rückspur erwünschtes Verhalten verstärken. Stöbert der Hund abseits des Weges nach „wilden" Auslösern, kann ihn seine Bezugsperson mit dem „Lost!" auf den Weg zurückholen, er nimmt den Weg und die Rückspur an, findet und bringt. Hier wirkt unser „Lost!" als Unterbrecher unerwünschten Verhaltens. Als Resultat hat das Mensch-Hund-Team nicht nur eine wertvolle Belohnungsmöglichkeit und die Möglichkeit, unerwünschtes Verhalten zu unterbrechen, das Team werkelt zudem am Ausbau der Frustrationstoleranz der vierbeinigen Hälfte, die sich Spielbeute und Co. auf der Rückspur erarbeiten muss, das Warten auf Belohnungen wird ebenfalls trainiert.

DIE SCHLEPPFÄHRTE …

… ahmt das Verfolgen eines krank geschossenen Hasen, Fasans … nach. Wird das Stück nicht tödlich getroffen, vielleicht hat es nur Randschrote abbekommen, muss der Jagdhelfer es nachsuchen – die Jagd trägt immer auch dem Tierschutz Rechnung. Dabei trifft er auf die vermeintliche Fallstelle, von der aus sich Hase, Fasan … weggedrückt haben, nimmt an diesem Anschuss die Spur oder das Geläuf des kranken Tieres auf, verfolgt diese, und am Verursacher angekommen, wird dieser apportiert. Um sicherzustellen, dass dem Vierbeiner im jagdlichen Alltag das Verfolgen solcher Spuren oder Geläufe leicht von der Pfote geht, wird es mit kaltem (totem) Wild als Schleppfährte geübt. An einer Schnur befestigt, simuliert der Jäger mit dem Hasen durch wiederholtes

OHNE WILD

Es versteht sich von selbst, dass wir Schleppfährten nicht mit Wild anlegen, das ist nicht erlaubt, und selbst die Jäger dürfen mit ihren Gefährten und Wild nur dort arbeiten, wo sie die Pacht des Reviers inne- oder die Erlaubnis des Revierpächters haben.

Kreisen und Auftippen, etwas aufgeschubbertem Boden und Bauchwolle den Anschuss und zieht von dort aus den Hasen hinter sich her: in Bögen, Haken, über Stock und über Stein, über Geländeübergänge hinweg, und nach ein paar hundert Metern lässt er das Stück liegen und kehrt in einem großen Bogen zu seinem Hund zurück. Der Hund wird am Anschuss angesetzt, arbeitet die Schleppfährte frei, sammelt am Ende den Hasen ein und bringt ihn zu seinem Jäger zurück.

Hat man eine Hilfsperson zur Hand, kann diese…

… die Schleppfährte mit Würstchen und Co. legen.

SO GEHT'S

Für unsere jagdlich motivierten Vierbeiner nehmen wir anfangs Essbares (Würstchen, Geflügelhälse und Flügel, Pansenstücke…) oder den Futterbeutel und später beduftete Spielbeuten oder Dummies jeglicher Couleur.
Beginnen wir mit einem Stück Pansen an der Schnur. In der Zeit, in der Sie die Schleppfährte anlegen, muss Ihr Hund warten: Die ersten Male darf er den gesamten Verlauf bzw. einen Teil des Schleppenverlaufs beobachten, später wartet er gemütlich im Auto. Solange er Ihnen zuschaut, sollte er auf/an einem gut trainierten Warte-Target geparkt werden. Auch Anbinden wäre möglich, wenn es für den Hund nicht zu frustrierend ist, oder Sie halten den Hund, während eine zweite Person zieht, oder umgekehrt. Nehmen wir an, jemand hält Ihren Hund und markiert und belohnt ihn für ruhiges Zuschauen, während Sie die Schleppfährte legen. Mit dem Stück Pansen an der Schnur suchen Sie sich in einigen Metern Distanz zum Hund eine Stelle für den „Anschuss", diese wird mit einem Stöckchen markiert, Sie wollen den Schleppenabgang ja wiederfinden, mit den Füßen schubbern Sie den Boden ein wenig auf und reiben das Stück Pansen ein paar Mal darüber. Nun ziehen Sie das Stück Pansen mit Rückenwind über den Boden hinter sich her. Erst einmal nur 10 – 20 Meter, dort lassen Sie das von der Schnur befreite Pansenstück liegen. Gehen in einem großen Bogen zum Hund zurück, sodass Sie die Fährte weder kreuzen noch zu nah an ihr entlanglaufen. Beim Hund angekommen, markieren und belohnen Sie ihn fürs Warten bei der zweiten Person und führen ihn am Geschirr und einer ca. 3 – 5 Meter langen Leine zum „Anschuss". Lassen Sie Ihren Hund den „Anschuss" selbst finden, nur wenn er ihn überläuft, helfen Sie. Hat er ihn gefunden und beschnüffelt ihn interessiert, lassen Sie ihn machen. Schritt für Schritt wird er sich die Schleppfährte erarbeiten, und Sie laufen hinter ihm her. Weicht er ab, halten Sie die Leine und warten, bis er sich wieder eingefädelt hat, und weiter geht's. Am Ende angekommen, geben Sie das Markersignal, und der Hund vertilgt vergnügt seine Fressbeute. Wie geht es weiter?

ERHÖHTE SCHWIERIGKEITSGRADE

Schleppobjekte von Würstchen, Pansen und Co., wovon am „Anschuss" und in der Fährte kleine Stückchen und Bröckchen verloren werden dürfen, über Futterbeutel, die gerne angefeuchtet werden dürfen, um mehr Geruch zu entwickeln, bis hin zu bedufteten Spielbeuten und Dummies. (Auf die Arbeit mit der Hundenase und mit speziellen Gerüchen kommen wir im Kapitel „Sucharbeit und Apportieren" Seite 106 zurück.)
Schleppfährte Wir legen die Schleppfährte am besten mit Rückenwind, damit der Hund wirklich die Fährte mit recht tiefer Nase verfolgt und nicht mit Stirnwind und hoher Nase gleich am Abgang Geruch vom Ende bekommt. Die Länge der Fährte und ihre Stehzeit lassen sich steigern,

Ertüftelt sich Mio die Schleppfährte anfangs …

… angeleint, wird später abgeleint ausgearbeitet.

und von geradeaus, über Bögen und Kurven, kommen wir schließlich zu Haken und Winkeln. Legen wir anfangs unsere Schleppfährten auf feuchten Wiesen oder Waldböden, wird es zunehmend trockener. Auch Geländeübergänge bauen wir ein sowie wechselnden Bewuchs. Windstärke/-richtung und Witterungsverhältnisse können die Arbeit des Hundes erschweren oder erleichtern.

Schleppenritual Dort, wo der Hund die Fährte anfangs an Geschirr und langer Leine arbeitet, arbeitet er sie später frei, vertilgt am Ende seinen Pansen und kehrt zu seinem Menschen zurück, oder er sammelt nach freier Arbeit am Ende seinen Futterbeutel o. Ä. ein, bringt ihn zurück und darf dann aus ihm fressen. Achtung: Ableinen geht nur bei Hunden, die sich nicht verkrümeln, anstatt zu arbeiten! Weiß der Hund, was am „Anschuss" zu tun ist, bekommt diese Aufgabe einen Namen, z. B. „Such voran", und erst dann setzen Sie ihn an.

VORZÜGE DES VERFOLGENS

Beim freien Verfolgen von Schleppfährten haben bewegungsfreudige Hunde eine tolle Gelegenheit, Strecke und Tempo zu machen, und am Ende wartet obendrein eine tolle Fress- oder Spielbeute auf sie. Das angeleinte Verfolgen bringt vielleicht nicht ganz so viel Spaß, ist aber dennoch eine gern genommene Belohnungs- und Beschäftigungsmöglichkeit – Ableinen ist eben nicht immer möglich. Achten Sie auch bei der Schleppenarbeit auf einen kleinschrittigen Aufbau, heben Sie immer nur ein Kriterium (Länge, Verlauf, Bewuchs …) als Erschwernis an, denn wir wollen auch mit den Schleppfährten seine Frustrationstoleranz ausbauen und ihn nicht frustrieren.

Den größtmöglichen Nutzen zieht das Gespann aus der Schleppenarbeit, wenn diese in fertigem Zustand als Belohnung hergenommen werden kann: In der Nähe des „Anschusses" gibt der Mensch z. B. ein Umorientierungssignal, der Hund wendet sich seinem Menschen zu, dieser markiert die richtige Reaktion und gibt das „Such voran!" mit einem Deut auf den „Anschuss" und das Ausarbeiten der Schleppfährte als Belohnung. Auch könnte man den Hund, der in Distanz wartet, mit seinem Rückrufsignal heranrufen und vor Ort nach dem Markersignal die Schleppfährte mit dem „Such voran!" als Belohnung freigeben.

Die Große Münsterländerin Birla ist großer Fan des Verfolgens, so verwundert es nicht, dass sie das Hetzspiel liebt.

DAS HETZSPIEL …

… mit Futterbrocken oder kleiner Spielbeute ist vielen Teams bestimmt nicht unbekannt, sicherlich haben Sie Ihrem Vierbeiner auch schon einmal eine Minifrikadelle zum Hetzen über den Boden gerollt, nun muss diese Form des Spiels nur noch mit einem Signal versehen werden. Verfolgen, Packen und im Frikadellenfall auch das Vertilgen bilden eine ideale Kombination dreier Puzzleteile für die hetzfreudigen Exemplare unter den Hunden. Die Bewegung steht bei dieser Belohnungsmöglichkeit im Vordergrund, je nach Objekt, Untergrund und Aktivität des Menschen kann der Hund mit Elan dem Puzzleteil Verfolgen frönen.

VORBEREITUNG

Ein paar Kleinigkeiten gilt es vorzubereiten, bevor es losgeht. Überlegen Sie sich ein schmissiges Signal, das die Ankündigung für das fröhliche Hetzen werden soll, z. B. „Kegeln!“, „Pack’s Dir!“, „Hetz-Hetz!“ …, Knackiges, Mehrsilbiges aktiviert sehr schön. Wählen Sie Futterbrocken aus, die rundlich, gut sichtbar und ausreichend groß sind. Sie sollten nicht kaputtgehen, wenn sie auf dem Boden aufprallen. Es geht um sichtiges Verfolgen, und das sollten die Futterbrocken oder die kleinen Spielbeuten hergeben – muss der Hund nach jedem Wurf umständlich suchen, dann kann es frustrierend werden. Ihr Bewegungsablauf ist der eines Bowling-Wurfes. Natürlich gibt es auch hier Ausnahmefä/elle: Verfolgen und eine kleine Suche im Anschluss kann auch eine mögliche Kombination sein, die Vorlieben des Individuums geben die Kombinationsmöglichkeiten vor. Spielsignal und geeignete Futterbrocken sind ausgewählt, nun sehen Sie sich nach einem geeigneten Untergrund um, übersichtlich, kahl oder nur wenig bewachsen und fest sollte er sein, aber nicht zu hart, denken Sie dabei auch an die Belastungen für den Bewegungsapparat. Vor ausufernden Hetzspielen sollte der Hund gut aufgewärmt sein, und etwaige Baustellen im Bewegungsapparat sollten geklärt sein. Ihre Vorbereitungen sind abgeschlossen, und einer praktischen Umsetzung steht nichts mehr im Wege.

LOS GEHT’S

Sie beginnen mit einer Aufwärm- bzw. Kennenlernrunde, um Ihren Vierbeiner einzustimmen. Nehmen Sie den Brocken gut sichtbar zur Hand, drehen Ihre Körperachse in Wurfrichtung und kegeln den ersten Brocken. Ihr Hund verfolgt ihn, sammelt ihn auf und dreht sich um, ob es nicht vielleicht einen erneuten Wurf seiner Bezugsperson gibt, Sie erfüllen diese Erwartung, nehmen

Mit Hingabe wird jeder gekegelte Futterbrocken …

… verfolgt, geschnappt und genüsslich vertilgt.

den nächsten Brocken, drehen sich in Wurfrichtung vom Hund weg, holen deutlich zum nächsten Wurf aus und kegeln diesen schwungvoll über den Boden. Ein paar Kegelwürfe hin und her oder auch sternförmig folgen, bis der Hund im Thema ist, dann beenden Sie diese Runde mit einer kleinen Futtersuche und machen eine Pause.

Markersignal einbauen

Ist Ihr Hund fit im Hetzen, bauen wir das Markersignal in den Ablauf ein, er soll wissen, dass seine Erwartungshaltung von Ihnen gewünscht ist und mit dem nächsten Wurf belohnt wird. Sie beginnen wie gehabt, Ihr Hund verfolgt seinen ersten gekegelten Brocken, sammelt ihn auf und dreht sich erwartungsvoll zu Ihnen um. Nun markieren Sie, nehmen den nächsten Brocken, richten sich in Wurfrichtung aus und kegeln abermals. Auch hier folgen ein paar Wiederholungswürfe.
Nach einer kleinen Pause binden wir das Spielsignal in das nächste Hetzpaket ein, Ihr Hund ist sich nun sicher, was kommt. Der erste Brocken rollt über den Boden, der Hund verfolgt und sammelt ihn auf. Kurz vor seiner Umorientierung für den nächsten Wurf rufen Sie Ihr Spielsignal, „Kegeln!“, er blickt sich erwartungsvoll zu Ihnen um, Sie markieren und belohnen mit dem nächsten Wurf. Die nun folgenden Würfe werden mit dem Spielsignal angekündigt. Ihre gemeinsamen Kegelpäckchen plus Wurfankündigung praktizieren Sie in wechselndem Umfeld, das Spielsignal und das Hetzspiel sollen sich verknüpfen.

Mehr Distanz und Schwung

Bauen Sie mehr Schwung ein, wenn sich beide Teilnehmer des Hetzspiels ihrer Sache sicher sind, während Ihr Hund den einen Brocken verfolgt, laufen Sie von ihm weg, bringen eine weitere Distanz ins Spiel, von weiter weg erklingt nun das Spielsignal, „Kegeln!“. Ihr Hund kann richtig Anlauf nehmen, um den nächsten Futterbrocken zu verfolgen. Dieser Aufbau ist sehr kleinschrittig, weil für manche Vierbeiner ob der reizvollen Umwelt sogar solch eine vermeintlich hochwertige, einfache Belohnung zu schwer ist, um sich darauf einzulassen. Sind Sie als Team bereits fit im Kegeln, dann schalten Sie nur noch das Spielsignal vor Ihre deutliche Körpersprache und die Kegelwürfe, ein Markersignal ist dabei nicht notwendig. Denken Sie an das Ausklingen ausgiebiger Hetzspiele, schrumpfen Sie das Kegeln bis zum Geben ein (Stichwort: Spiel-und Erregungskurve). Haben sich Spielsignal und Spielart verknüpft, hält diese Belohnungsmöglichkeit schon bald Einzug in Ihr gemeinsames Training an unerwünschtem Jagdverhalten.

DIE BELOHNUNGSSTATION …

… gibt lauffreudigen Hunden die Möglichkeit, mit ihrer Bezugsperson gemeinsam zu rennen, beide rennen anfangs und auch später ab und zu auf ein attraktives Ziel zu, so wird das Rennen mit der Bezugsperson immer mehr aufgewertet und funktioniert im weiteren Spielverlauf auch ohne das begehrte Ziel. Gemeinsam rennen setzt eine gewisse Nähe voraus, achten Sie bei sensiblen Hunden unbedingt auf eine freundliche, parallele Körpersprache, damit Sie Ihren Gefährten mit der „Rennattacke" nicht überfordern. Vielleicht schalten Sie ein paar Renneinheiten zu Übungszwecken vor, bevor es auf die Belohnungsstation zugeht. Als rennfittes Team schreiten Sie mit einem Spielsignal im Gepäck, „Flitzen!", „Action!"…, zur Tat, ein ebener Boden ist der Rennangelegenheit zuträglich, es sollte niemand stolpern.

Bunter Belohnungshaufen

Nehmen Sie alle Belohnungsmöglichkeiten, die Sie am Leib tragen, und türmen sie auf, bilden einen Belohnungshaufen, oder packen Sie alle Belohnungsmöglichkeiten in Ihre Tasche, den Rucksack oder Ihre Weste. Während Sie die Belohnungsstation drapieren, schaut Ihr geparkter Vierbeiner dem bunten Treiben zu, aber er darf sich noch nicht darüber hermachen. Landet alles in einem Behältnis, lassen Sie dieses offen, denn der Hund darf später seine Belohnung auswählen. Sie gehen zum Hund, markieren und belohnen ihn fürs Warten und signalisieren ihm, dass Sie beide nun erst einmal die Belohnungsstation verlassen – angeleint geht das bei den ersten Versuchen am besten, und so ist es für den Hund mit einer sichtbaren Begrenzung einfacher. In einiger oder geringerer Distanz zur Belohnungsstation (Denken Sie daran, Sie rennen mit!) halten Sie an, warten ein erwünschtes Verhalten, z. B. eine Umorientierung zu Ihnen, ab, markieren die Umorientierung, rufen das neue Spielsignal, „Action!", atmen kurz durch und laufen los. Gemeinsam düsen Sie auf die Belohnungsstation zu. Dort angekommen, darf der Hund aus dem bunten Potpourri an Belohnungen auswählen: Futter darf sofort verzehrt werden. Die Futtertube wird vor dem Schlecken von Ihnen geöffnet. Mit ausgewählter Spielbeute folgt ein Spiel, das der Hund entweder allein spielt oder in das Sie involviert sind. Läuft das Gespann mit der Leine verbunden auf die Belohnungsstation zu, dann ist das Leine-Fallenlassen okay, wenn die Bezugsperson ausschließen kann, dass der Hund an der Belohnungsstation vorbeidüst. Das Aussuchen der Belohnung ist ein wichtiger Bestandteil, denn es ist sehr hochwertig, da wir ansonsten die Belohnungen zuteilen. Auch das Auswählen an sich können Sie überraschend dann und wann als Highlight-Belohnung einbauen.

Rennankündigung etablieren

Etablieren Sie die Verknüpfung von Rennankündigung und dem gemeinsamen Laufen auf die Belohnungsstation zu an verschiedenen Stellen der Spaziergänge, dabei darf die Belohnungsstation auch unbemerkt in der Umwelt zurückgelassen werden. Wenn das Gespann nach einem Markersignal für gutes Verhalten auf das „Action!" losdüst, bemerkt der Mensch, ob die Verknüpfung geglückt ist und das Rennen an Wertigkeit gewonnen hat. Auch das fertige Rennen mit dem Menschen auf das Spielsignal hin darf gerne in ein paar Futterwürfen, einem Lauerspiel o. Ä. enden, denn die Belohnungsstation dient in erster Linie dem Aufbau und kann natürlich nicht immer irgendwo drapiert werden. Bei den ausgewiesenen Rennfreunden unter den Hunden reicht das Rennen mit dem Menschen aus, nur an ein Abflachen der Erregungskurve sollten Sie ggf. denken. Sind Sie noch dabei, mit Ihrem Ex-Spielmuffel eine zukünftige Spielbeute aufzuladen, dann können Sie in die Belohnungsstation das Aufladen einbinden: Nach dem Rufen des Spielsignals, „Action!", holen Sie die aufzuwertende Spielbeute heraus, lassen diese seitlich herunterbaumeln und rennen erst dann mit Ihrem Hund auf die Belohnungsstation zu. Ob Ihr Hund dabei etwas mit der Spielbeute macht, ist zweitrangig, wir wollen sie nur aufladen, dennoch sind erste Schnappversuche möglich und erwünscht. Die klassische Konditionierung wertet so das Rennen und die Spielbeute gleichermaßen auf. Kommt Ihnen das Aufwerten von Spielbeute bekannt vor? Genau, vom Attraktivmachen S. 77: Ehemals bedeutungslose Beute wird zur bedeutungsvollen Spielbeute aufgeladen.

FESTHALTEN

Spielbeute kann gesucht, gefunden, belauert, beschlichen und verfolgt werden. Und dann? Dann wird sie gepackt und festgehalten. Gerade Hunde mit einem großen Puzzleteil des Festhaltens schätzen es sehr, wenn am Ende ihrer Bemühungen eine Spielbeute auf sie wartet, die sie herumtragen können und die in ihrer Beschaffenheit die Vorlieben des Vierbeiners aufgreift. Soll diese besonders groß oder besonders schwer sein? Soll sie Haare oder Federn haben, lieber nackt oder plüschig und weich sein? Wird Spielbeute von Geräuschen aufgewertet, Knistern, Quietschen o. Ä., oder vielleicht von Essbarem im Innenleben? Trifft die Bezugsperson ins Schwarze, macht das, was vorher war, zukünftig noch viel mehr Spaß: Die Bemühungen haben sich gelohnt, wenn lange gesucht oder lange verfolgt werden musste. Ist das Tragen wichtig, nehmen wir dem Hund seine Spielbeute nicht sofort ab, längeres Tragen ist durchaus erwünscht. Ich nutze an dieser Stelle bewusst die Begrifflichkeit Tragen, denn was aus Spaß an der Freude getragen wird, darf auch einfach irgendwo abgelegt werden, und die Bezugsperson sammelt es ein.

Mit dem Münden in die Belohnungsstation erhält das Rennen mit ihrem Menschen für Fine eine attraktive Bedeutung.

Die Steirische Rauhhaarbracke Dibo findet als Lohn seiner Bemühungen auf der Rückspur Futter zum Auspacken.

ZIEHEN, ZERREN, ZERGELN

Beim Terrier denken wir an ein riesiges Festhaltepuzzleteil, bei dem es auch ruhig mal etwas handfester zugehen darf. Zerren ist der Hit, wenn der Mensch an einen optimalen Spielverlauf denkt (Stichwort: Spiel- und Erregungskurve). Die Rassebrille einmal mehr abzusetzen, lohnt sich, denn so können auch andere Hundetypen leidenschaftliche Zergler werden, die Hütehundfraktion z. B., da das Zergeln eine schöne Ergänzung zu ihrer bevorzugten Arbeit mit den Augen ist. Wie jede andere Spielart auch kann das Zergeln geformt werden, sollte der Zergelmeister noch nicht vom Himmel gefallen sein. Achten Sie beim Zergeln auf eine freundliche Körpersprache: Man sollte immer seitlich und nicht frontal zum Hund stehen, der Nacken des Hundes sollte weder nach oben und noch zu den Seiten hin und her gerissen werden. Auch das Hochheben des Hundes an seiner Zergelbeute ist dem Bewegungsapparat alles andere als zuträglich.

Das Apportieren mit Regeln kann mit einem freundlichen, kleinschrittigen Aufbau zur hochwertigen Belohnung werden, im Kapitel „Sucharbeit und Apportieren“ Seite 106 beleuchten wir den Aufbau. Muster müssen für unsere Hunde als solche erkennbar sein, darum sollten sich die Gegenstände, die ohne Regeln getragen und abgelegt werden dürfen, von solchen unterscheiden, die formal apportiert werden sollen, gerade wenn die Teams in der Dummy- und/oder der jagdlichen Arbeit aktiv sind.

TÖTEN, ZERLEGEN, VERTILGEN

Das tatsächliche Töten können wir nicht an der Spielbeute nachvollziehen, jedoch den Bewegungsablauf, der zum Töten dazugehört: das Beuteln oder Schütteln. Hier und da wird es uns Menschen Angst und Bange, wenn sich unsere Hunde ihre schlabbrigen Beuten voller Inbrunst um die Ohren schlagen. Ob dem Beuteln die anderen Puzzleteile vorangehen oder ob die zu schüttelnde Beute für sich gereicht wird, ist egal. Manchmal hat man sogar die Möglichkeit, über das Totschütteln einen SEEKING-affinen Hund in Fressstimmung zu bringen. Eine liebe Trainerkollegin hat ein schlackriges Spielzeug für einen Kundenhund gebastelt, das während des Beutelns aus den seitlich herunterhängenden Enden verborgenes Futter freigibt. Nachdem die Spielbeute mit dem Futter durchgeschüttelt wurde, konnte es auch gefressen werden (Danke, Anne, für die witzige Idee!).

IDEEN ZUM ZERREISSEN

Nennen wir einen Schredderer oder Rupfer unser Eigen, dann können ausrangierte Beutestücke mit Hingabe kaputt gemacht werden, z. B. alte Fellreste, alte Kleidungsstücke, alte Pantoffeln und vieles mehr. Futter kann zum Auspacken und Zerfleddern in einer Verpackung angeboten werden: in leeren Klo- und Küchenrollen, Eier- und Camembert-Verpackungen, Papierknäueln, Kartons ..., es sollte nicht zu fest und nicht zu locker sein, stets angemessen an die Frustrationstoleranz des Individuums. Spielbeute lässt sich ebenso vom Menschen ein- und vom Hund wieder auspacken. Vertilgen ist das letzte Puzzleteil der Beutefangsequenz und wegen seiner das SEEKING dämpfenden Endorphinausschüttung im Training ebenso wichtig wie die Puzzleteile zuvor. Mehr zum Puzzleteil Vertilgen am Ende der Beutefangsequenz finden Sie in den Kapiteln „Essbares, mehr als nur Futter“ Seite 71 und „Hobbys, die individuelle Talente aufgreifen“ Seite 61.

SELBSTBELOHNENDES

Belohnen ist gerade zu Beginn des Trainings gar nicht so leicht: Vielleicht kommt der Hund frisch aus dem Tierschutz und kann aufgrund des Stresses draußen von uns noch nichts annehmen. Die umweltaffinen Vierbeiner frönen dem SEEKING am liebsten in der Umwelt, Futterbelohnungen werden in ihren Augen völlig überbewertet, und Sucharbeit nach toter Spielbeute oder Futterbeuteln ist viel zu anstrengend und frustrierend. Sie suchen am liebsten „wilde“ Beute. Da stehen wir nun mit unserem Training und dem Anspruch, erwünschtes Verhalten bedürfnisgerecht verstärken zu wollen. Bis im Freien immer mehr möglich ist, verknüpfen wir das Markersignal mit allem, was der Alltag hergibt, und wenn wir es benutzen, dann gibt es erst einmal nur unsere Stimme und z. B. das Fortsetzen von Umwelterkundung.

BELOHNUNGEN HEGEN UND PFLEGEN

Wir trainieren und belohnen unsere vierbeinigen Gefährten dort, wo das „wilde“ Leben tobt. Immer und immer wieder muss das Hundegehirn Entscheidungen treffen, welcher Reiz nun gerade am besten passt: Hunde- oder Menschenwelt, wer gewinnt? Gleichwertige Reize bereiten Motivationskonflikte, Bedürfnisbefriedigung in der Hunde- oder in der Menschenwelt ist eine schwere Entscheidung. Minderwertige Belohnungen sorgen für Frustration, und das kann aufgrund der immensen Reizlage in Feld, Wald und Flur schnell passieren. All unsere Signale, ob Marker-, Verhaltens- oder Belohnungssignale, stören den Hund in seiner Hundewelt. Leider geht es nicht anders, wenn wir im Training vorankommen wollen. Wir achten jedoch auf ausreichend Pausen und ein Seele-baumeln-Lassen in der Hundewelt und kümmern uns um die Belohnungsmöglichkeiten. Die Futter- und Aktivitätsbelohnungen unserer Begleiter werden durch ein stimulierendes Umfeld schnell abgewertet, sie haben einfach zu viel Konkurrenz. Darum ist es wichtig, dass diese Belohnungen in einem wenig stimulierenden Umfeld wieder aufgeladen werden, denn so erhalten wir ihre Wertigkeit und verstärkende Wirkung. Dann und wann selbstbelohnendes Verhalten als Belohnungsmöglichkeit zu nutzen, schont die essbaren und aktiven Belohnungsmöglichkeiten in stimulierendem Umfeld.

Umwelt ist das richtige Stichwort, denn viele Verhaltensreaktionen, die etwas mit der Umwelt zu tun haben, sind selbstbelohnend. Dieser selbstbelohnende Effekt gilt insbesondere für die Puzzleteile der Beutefangsequenz. Was bedeutet selbstbelohnend für unsere Hunde? Ein „wilder" Auslöser erscheint auf der Bildfläche, das passende Verhalten wird aktiviert, das Verhalten läuft ab, und das Bedürfnis ist befriedigt. Eine Extra-Belohnung durch die Bezugsperson ist nicht notwendig. Ließe sich daraus nicht etwas stricken? Ja, unbedingt, denn nicht nur die Einschränkung über die Leine, sondern auch unsere Verhaltens-, Marker- und Belohnungssignale unterbrechen selbstbelohnendes Verhalten mehr als nur einmal zu viel. Beim Aktivieren der Beutefangsequenz ist noch alles gut, das fühlt sich gut an, aber bleibt die Bedürfnisbefriedigung aus, weil das Verhaltensziel nicht erreicht wird, kommt Frustration auf, die Beutefangsequenz ist unterbrochen. Alternativen zu den Puzzleteilen sind in Arbeit, aber auch die Puzzleteile selbst sollten den Weg in unsere Belohnungskiste antreten. Natürlich nur die akzeptablen Puzzleteile: Orientieren (Schnüffeln, Scannen ...) Fokussieren, Beschleichen und das Mäuseln als Miniaturbeutefangsequenz verdienen dabei unser Hauptaugenmerk.

AUFBAU DER PUZZLETEILE

Der Aufbau ist denkbar einfach, wir müssen das Verhalten, wie z. B. das Abscannen der Umwelt im Stehen, nur mit einem Signal versehen. Bei allen selbstbelohnenden Verhaltensreaktionen rund ums Scannen, Anzeigen und Belauern haben wir den Zusatzeffekt, dass erwünschtes Jagdverhalten vergrößert und gefestigt wird. Stehen beunruhigt kein Wild und den Menschen auch nicht. Geht es hingegen um das Suchen mit hoher oder tiefer Nase nach Witterung, Spuren und Co., dann ist zwar nicht der Ausbau dieser Verhaltensreaktionen unser Anliegen, aber wir klinken uns ein. Das Markersignal ist unsere Eintrittskarte in die Hundewelt, und wir erreichen dadurch eine bessere Ansprechbarkeit und Kooperationsbereitschaft beim Hund, weil das Markersignal Bedürfnisbefriedigung, Interaktion und Kooperation mit dem Menschen vorhersagt. Hat der Vierbeiner das Signal mit dem selbstbelohnenden Verhalten verknüpft, können wir es auslösen, verlängern und ganz ohne zusätzlichen Ballast auf unseren gemeinsamen Streifzügen durch die Natur als Belohnungsmöglichkeit mit uns führen, denn „wild" wird es bestimmt.

Das Erkundungsverhalten von Vorstehhunden ist weit und schnell, diese Hunde wissen noch gar nicht, dass es nicht immer so weit und so schnell sein muss. Das Abscannen der reizvollen Umgebung im Stehen wird von ihnen gerne als Ergänzung ihres Verhaltensrepertoires angenommen. In erster Linie geht es dem Menschen damit besser, und es wird kein Wild beunruhigt. Das Erkundungsverhalten in weiten, schnellen Querschlägen verschwindet nicht, doch hin und wieder wird auch mal gestanden und nicht nur gerannt. Im Kapitel „Rund ums Warten" Seite 181 wenden wir uns dem erwünschten Jagdverhalten (Belauern, Vorstehen und Co.) zu. Das Verknüpfen von Suchverhalten, Schnüffeln und Mäuseln möchten wir uns an dieser Stelle anschauen.

Markieren

Sobald Sie sehen, dass Ihr Gefährte selbstbelohnendes Verhalten zeigt:

- das Suchen mit eher hoher Nase nach frischer, „wilder" Witterung,
- das Suchen mit eher tiefer Nase nach frischen Fährten, Spuren und Geläufen,
- das Beschnüffeln von gefundenen, faszinierenden Gerüchen oder
- die Suche nach attraktiven Mauselöchern oder das Beschleichen, Belauern und Buddeln der/in selbigen,

geben Sie Ihr Markersignal.

Belohnen und benennen

Möchte der Hund eine Extra-Belohnung von Ihnen haben, dann werfen Sie ein paar hochwertige Futterbröckchen in die Umwelt, dorthin, wo Ihr Hund zuvor Interesse gezeigt hat. Zeigt er hingegen das selbstbelohnende Verhalten weiter, dann loben Sie ihn mit freundlicher Stimme und lassen den Hund sein Erkundungsverhalten, Belauern, Buddeln etc. fortsetzen.

Wiederholen Sie das Prozedere Markersignal und Belohnung oder Lob mit In-der-Umwelt-Bleiben für das selbstbelohnende Verhalten ein paar Mal.

Diesmal muss Kara nicht mit dem Pendant des Mäuselns vorliebnehmen, Mäuschenbuddeln steht auf dem Plan.

Nun benennen Sie das Verhalten. Denkbar wäre, dass alles, was großräumiges Suchen ist, „Stöbern“, kleinräumiges Schnüffeln „Schnüffeln“ und alles rund ums Mäuseln „Mäuschen“ heißt.
Ihr Hund setzt also sein Verhalten fort oder beginnt von neuem, und Sie sprechen ganz neutral das Signal für das betreffende Verhalten, „Stöbern“, „Schnüffeln“ oder „Mäuschen“. Anders als sonst soll das Signal ihn hier nicht umorientieren. Ihr Hund stöbert, schnüffelt oder mäuselt weiter, perfekt! Nun wird markiert und mit ein paar Brocken in der Umwelt belohnt oder nur gelobt. Auch diesen Ablauf wiederholen Sie ein paar Mal.

Wie es wirkt

Konnte Ihr Hund zu Beginn nur Ihr Lob annehmen, so ist der häufige Effekt des wiederholten Markierens und Lobens in das selbstbelohnende Verhalten hinein, dass wir es am Ende doch schaffen, dass sich der Hund aus seiner Hundewelt zurückzieht, um seine Belohnung von uns anzunehmen. Das Benennen von selbstbelohnendem Verhalten wirkt also auch als kurzer Aufmerksamkeitsteiler. Festigen Sie das Benennen des oder der Puzzleteile an verschiedenen Stellen. Konzentrieren Sie sich in den Trainingseinheiten immer nur auf ein Verhalten. Als Test, ob die Verknüpfung von Signal und Verhalten geglückt ist, geben Sie an einer Stelle, wo z. B. Mäuse wahrscheinlich sind, ein beliebiges Verhaltenssignal, vielleicht den Namen. Ihr Hund reagiert, Sie geben das Markersignal und als Belohnungsankündigung „Mäuschen“. Nun schwärmt er aus, um das nächstgelegene, bewohnte Mauseloch zu finden.
Diese Umweltbelohnungen sind kein Muss, wenn Ihre Belohnungskiste reichhaltig gefüllt ist und Ihr Hund gerne mit und von Ihnen belohnt wird. Eine pauschale Info, „Lauf!“ oder „Okay“, würde den Hund auch in die Umwelt entlassen, er kann dann auswählen. Bedenken Sie dabei, dass er sich etwas auswählen könnte, das Sie gar nicht als Umweltbelohnung angedacht hatten, zu differenzieren ist daher gar nicht so schlecht.
Bei allem Spaß und aller Freude dürfen wir beim Benennen der akzeptablen Puzzleteile von Anfang an die Unterbrechbarkeit des selbstbelohnenden Verhaltens und die Regulation des Erregungsniveaus nicht aus dem Auge verlieren. Denken Sie also auch an die Entspannungstechniken und die Signale rund ums Unterbrechen.
Dreht Ihr Begleiter gerne irre Kreise, wenn Sie an Flussufern auf Sandstrände treffen, oder springt er Sie liebend gerne an? Was Freude und niemanden in Gefahr bringt, darf verwendet werden, Kreise drehen und Anspringen können also benannt werden.

JOBS: TYPGERECHT UND INDIVIDUELL FÖRDERN

Denken wir an arbeitslose Jagdhunde und/oder jagdlich motivierte Hunde kommen uns unweigerlich Arbeitsbeschaffungsmaßnahmen in den Sinn – wäre ein hündisches Jobcenter nicht die Lösung gegen unerwünschtes Jagdverhalten? Die Idee, unerwünschtes Jagdverhalten durch einen adäquaten Ausgleich einzudämmen, ist nicht schlecht, aber ganz so einfach ist es nicht, wollen wir effektiv an der Baustelle rund ums Jagdverhalten arbeiten. Vorrang haben jene Beschäftigungsideen, die wir uns im Rahmen der Hobbys angeschaut haben, denn sie orientieren sich an den tatsächlichen Bedürfnissen und Defiziten des Hundes. Sie kosten keine mentalen Ressourcen, die wir im Training dringender bräuchten, ganz im Gegenteil, sie befruchten das Training. Das Training befruchten, da gab es doch noch etwas, oder? Verhaltensalternativen zu unerwünschtem Jagdverhalten wollen funktional verstärkt werden, und dafür entwickeln und nutzen wir die bedürfnisgerechten Belohnungsideen. Braucht es da noch mehr? Jein, denn ein Mehr an Beschäftigung in Form hündischer Jobs braucht es nur dann, wenn das Team, insbesondere der Vierbeiner, noch Kapazitäten übrig hat. Hobbys haben nur eine Regel: Sicherheit für den Hund und Dritte. Jobs hingegen können viele Regeln haben, die an den mentalen Ressourcen des Hundegehirns knabbern – klopfen Sie mögliche Jobs gründlich nach Ressourcenjägern ab. Folgen Sie nicht blindlings irgendwelchen Trends, und seien Sie nicht zu ehrgeizig!

SUCHARBEIT UND APPORTIEREN

An dieser Stelle möchte ich nur einen kleinen Ausblick geben, wie man das Vorangegangene aus Hobbys, Belohnungen und Targets zu diffizileren Jobs ausbauen könnte. Sucharbeit und Apportieren wollen wir uns etwas näher anschauen. Apportieren meint, dass ein Apportel, z. B. ein Dummy, nach dem Auffinden mittig aufgenommen, ruhig getragen und sitzend oder stehend in die Hand des Menschen abgegeben wird. Sucharbeit, die Begrifflichkeit ist etwas irreführend, denn sie umfasst sowohl das Suchen nach Gerüchen/Objekten als auch das Verfolgen von Geruchsspuren. Denken Sie sich ein paar Seiten zurück: Die kleine Suche, die große Suche gegen den Wind, die Rückspursuche und die

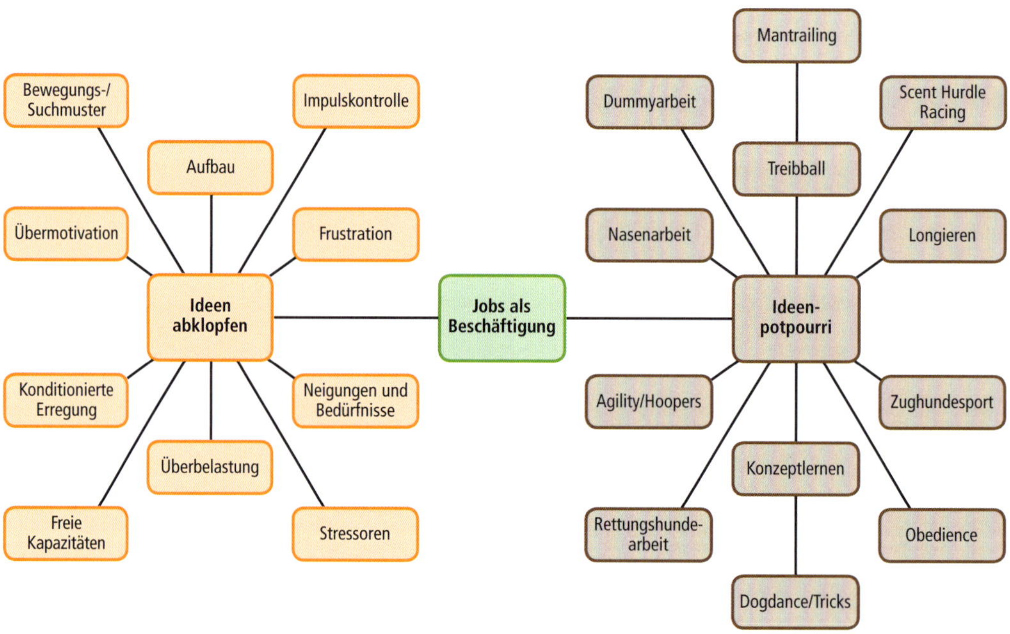

Beschäftigungs-Mindmap: Ideenpotpourri

Hat das Dummy für Tame eine Bedeutung erhalten, kann das kleinschrittige Formen des Haltens beginnen.

Schleppfährte decken die Tatbestände vom Suchen oder Verfolgen ab. Können wir in diese Ideen einhaken? Unbedingt: Ein Target-Geruch ließe sich z. B. in die große Suche und die Schleppfährte einweben, und selbiges gilt für Dummies in allen Formen und Farben, die gesucht, verfolgt und nun auch ordentlich gebracht werden sollen. Wie war das noch? Suchen müssen Hunde nicht lernen, es ist an uns, ihre Motivation zu bilden und zu erhalten, Gerüche und Dummies zu suchen oder zu verfolgen, und damit werden beide zu Targets: Orten mit Bedeutung. Mit dem Suchen und Verfolgen tangieren wir den Geruchssinn des Hundes, seine WAS-, WO- und WIE-VIEL-Systeme helfen ihm dabei, Gerüche mit Bedeutung zu entdecken, zu erkennen und zu unterscheiden, Konzentrationen von Gerüchen (von wenig bis viel) genau auszumachen und im Suchen und Verfolgen gekonnt zu navigieren. Alles, was nicht „wild" ist, muss seine Bedeutung erst erlangen.

Gerüche als Targets

Pawlow hilft uns dabei, Gerüche, z. B. künstliche Wildgerüche aus Fläschchen, mit einer Bedeutung zu versehen. Keine Angst, wir haben es nicht mit dem Geruch echten Wildes zu tun! Viele Hunde empfinden diese Gerüche als neutral bis interessant, und das sind beste Vorrausetzungen für einen zukünftigen Target-Geruch. Präsentieren Sie Ihrem Hund den Geruch mal hier und mal da (in- und outdoor) in verschiedenen Konzentrationen, auf verschiedenen Trägermaterialien und in verschiedenen Gefäßen und lassen etwas Tolles folgen, sobald Sie bemerken, dass seine Nase Notiz von ihm genommen hat (Stichwort: Nasenflügel). In die Verknüpfung à la Pawlow lassen sich auch die Schnüffelkisten, die Sie von den Hobbys kennen, einbinden: Er nimmt den Geruch beim Erkunden wahr, und Sie lassen gleich darauf etwas Tolles in Nachbarschaft zum Geruch folgen. Sie bilden diese Bedeutung nicht nur, Sie erhalten sie auch im Trainingsverlauf – Stichwort: Aufladen. Gerade draußen muss der Target-Geruch seiner „wilden" Geruchsverwandtschaft standhalten. Mit einer aufkeimenden, freudigen Erwartung, sobald der Hund den Geruch wahrnimmt, können wir drinnen und draußen mit dem operanten Lernen beginnen. Das Generalisieren von Konzentrationen, Trägermaterialien und Gefäßen setzen wir auf operanter Ebene fort. Involvieren Sie den Target-Geruch in die große Suche und z. B. in Schleppfährten, indem Sie Schleppobjekte mit ihm beduften. In der Gegenwindsuche, die der Hund mit Futter und Co. bereits sehr gut beherrschen sollte, liegt der Fokus auf dem Markieren der Orientierungsreaktion beim Entdecken des Geruchs, der Ort der Belohnung ist der Fundort (oder die beduftete Spielbeute). Schleppfährten erarbeiten Sie peu à peu – markiert und belohnt wird wiederholt in das Arbeiten der Fährte und/oder das Auffinden der/s bedufteten Spielbeute, Dummies … am Ende. In das Auffinden des Geruchs in einer Suche, wenn der Geruchsträger nicht trag- oder apportierbar ist, ließe sich ein anderes Anzeigeverhalten addieren, z. B. das Bringseln, mehr geht immer! Denken Sie beim Suchen und Verfolgen von Gerüchen an Kleinschrittigkeit und bedenken Sie die Impulskontrolle, die es kostet, sich auf einen Suchauftrag zu konzentrieren.

Dummies als Targets

Aufgeladen wird auch das Dummy mit attraktiven Ereignissen, damit wir es beim Formen des Haltens und Apportierens einfacher haben. In das Formen steigen Sie ein, wenn Sie freudige Erregung beim Hund entdecken können, sobald das Dummy in seinem Wahrnehmungsbereich auftaucht. Geformt wird rückwärts, vom Halten hin zu immer mehr Apportieren. Unser erstes Teilziel ist ein satter Griff im Sitzen oder Stehen, mit dem der Hund das Dummy aus unseren Händen (rechts und links am Dummy) nimmt: Das Markersignal kommt für den Griff und öffnet den Fang für die Belohnung. Haben Sie das erste Teilziel in- und outdoor in der Trainingstasche geht es an das Zeitfenster des Haltens (für etwa 15 – 30 Sekunden) mit Ihren Händen am bzw. in der Nähe des Dummies: Markiert und belohnt wird immer fürs Halten, nicht fürs Ausspucken. Mit dem verlängerten Halten im Sitzen oder Stehen kommen kleinschrittig mehr Hereintragen und Apportieren hinzu, bis das (beduftete) Dummy schließlich in der Suche und im Verfolgen apportiert wird. Nutzen Sie andere Werkzeuge als kleine Helferlein: das aktivierende und dämpfende Warmsignal, das Hand- und Deckentarget, die Entspannungsrequisiten … Mit möglichen Jobs lassen sich spielend leicht weitere Bücher füllen, vielleicht gibt es eine Fortsetzung in epischer Breite.

In einer überschaubaren Gegenwindsuche findet Rudi seinen Target-Geruch und wird am Fundort belohnt.

DER GRÜNE WINK

MIT DEN BEDÜRFNISSEN — *des Jagdhelfers arbeiten*

Fast erscheint die Frage, was der Jagdgebrauchshund für Bedürfnisse hat, überflüssig, die Frage ist vielmehr, wie oft diese befriedigt werden. Werfen wir einen wachen Blick auf das Aufgabenspektrum des Jagdgebrauchshundes, so sind es seine großen Puzzleteile, denen er mit besonderer Hingabe frönt. Doch ist das stets und ständig möglich? Nein, das Hetzen gesunden Wildes z. B. müssen wir nahezu gänzlich streichen, maximal soll Schalenwild bei Bewegungsjagden auf die Läufe gebracht, Fasane, Kanichen und Co. aus der Deckung gedrückt werden, und da hört es auch schon auf. Dennoch bleibt ein üppiges Potpourri an Arbeitsaufträgen übrig, das dem Jagdhelfer ermöglicht werden kann:

- **Arbeiten vor dem Schuss** Quersuche und Buschieren unter der Flinte, Stöbern vom Stand aus oder gemeinsam im Treiben, Vorstehen, Nachziehen, Durchstehen …
- **Arbeiten nach dem Schuss** Apportieren, Freiverlorensuchen, Markierungen, Schleppfährten, Einweisen, Spuren und Geläufe krankgeschossenen Wildes ausarbeiten, Nachsuchen auf der (künstlichen) Rotfährte …

Was kann der Jagdgebrauchshund tun, wenn jagdliche Jobs nicht möglich sind? Ersatzjobs wären denkbar, dafür lassen Sie sich vom Kapitel rund um typgerechte und individuelle Beschäftigungsmöglichkeiten inspirieren. Viele Jagdhelfer erfreuen sich an den Pendants ihrer großen Puzzleteile, die mit Futterbrocken, Spielbeute oder Teilen von Wild nachempfunden werden können, diese werden belauert, beschlichen, verfolgt, gesucht, gefunden, getragen und gebeutelt (mehr dazu im Kapitel rund um die Belohnungen). Arbeitsaufträgen haften Regeln an, und das ist auch gut so! Bei Spielbeute und Co. sehen wir es hingegen nicht so eng. Nahrungserwerb als Hobby ist sehr begehrt: nach Futter stöbern, Futterschleppen arbeiten, Futterpuzzles friemeln, Schnüffelteppiche inspizieren …, es muss nicht immer nur der Napf sein (Mehr Hobbys finden Sie im gleichnamigen Kapitel.). All diese Dinge – jagdliche Jobs, Ersatzjobs, die Pendants der (großen) Puzzleteile und die Hobbys – wandern in das Belohnungspotpourri und werden mit dem Markersignal verknüpft. Offeriert werden sie gratis oder als Belohnungen für erwünschtes Verhalten. Hochmotiviertes Verhalten wie die jagdlichen Jobs als Belohnungsmöglichkeiten zu nutzen ist ein Kniff, der beide Hälften des jagdlichen Gespanns zufrieden zurücklässt – der Jagdhund gelangt zu Bedürfnisbefriedigung und der Jäger zu einem Jagdhelfer, der ihm gerne und freudig folgt.

Tilda frönt ihrem Ersatzjob in der jagdfreien Zeit.

DUMMYARBEIT

— *von Katja Knechtel*

Die Dummyarbeit zählt zu einer der abwechslungsreichsten Beschäftigungsmöglichkeiten für apportierfreudige (Jagd)Hunde. Sie besteht aus drei Grundapportierarten: Markieren, Suchen und Einweisen.

01

02

Beim Markieren hat der Hund die Chance, etwas von einem oder mehreren geworfenen Dummies zu sehen, entweder den ganzen Wurf, die Flugbahn oder den Aufschlagpunkt.

Die Suche stellt eine selbstständige Arbeit des Hundes dar. Trotzdem sollte er auf Signale seines Besitzers zu jeder Zeit reagieren. Bei der Suche soll ein vorher bestimmtes Gebiet unter Berücksichtigung des Geländes und Windes abgearbeitet werden. Die Suchengebiete können in ihrer Größe differieren, von 25 × 25 m bis hin zu 100 × 100 m, auch das sollte er berücksichtigen.

Das Einweisen besteht aus mehreren Puzzleteilen, die zusammengesetzt die Königsdisziplin der Dummyarbeit darstellen. Der Hund sollte hier schnellstmöglich vom Startpunkt in ein ihm nicht bekanntes Suchengebiet geschickt werden. Folgende Dinge müssen dafür erarbeitet werden: In geraden Linien vorangehen, auf ein Signal stoppen mit Kontaktaufnahme, Richtungsänderungen wie rechts oder links, um 180° nach hinten gehen, rechts bzw. links in einem Winkel von 90° und ein Suchensignal, das dem Hund vermittelt, dass er nun im Zielgebiet angekommen ist und dort eine kleinräumige Suche beginnen soll.

03

Die Variationen dieser drei Grundapportierarten sind fast unendlich, und in der Dummyarbeit werden diese vielseitig kombiniert. Geländeübergänge, Wasser, Hindernisse und immer wieder wechselnde Geländearten fordern Koordination und Nasenarbeit immer wieder aufs Neue. Zur Erarbeitung, Erhaltung und zum Ausbau der Grundapportierarten sollte man kleinschrittig und genau vorgehen, vor all dem steht aber eine solide Abrufbarkeit der Grundsignale: eine gute Steadiness (Standruhe), Fußarbeit, ein sicherer Rückruf, idealerweise auf Pfiff, und ein hohes Maß an Teamfähigkeit von Mensch und Hund. Nur so lassen sich die Aufgaben gut und strukturiert zusammenfügen. Für Teams mit Prüfungsambitionen sollte darauf viel Wert gelegt werden.

05

01 In der Line sind geduldiges, ruhiges Warten und Merken etwaiger Fallstellen oberstes Gebot.

02 Der Richter oder der Trainer bestimmen, welcher Hund in die nächste Aufgabe geschickt wird.

03 Die Akustik sagt Craigton anhalten und herschauen, die Gestik sagt ihm, wie es weitergeht.

04 90° von ihm aus rechts lautet die Aufgabe, im Suchengebiet angekommen ertönt der Suchenpfiff.

05 Brame gibt die Dummies zuverlässig ab.

04

Train not try!

JAGDVERHALTEN KONTROLLIEREN — *Die Grundlagen*

BASICS – EINFACH ANFANGEN!

MARKERSIGNALE UND WAS SIE KÖNNEN

Training ist Handwerk, und Markersignale sind das Must-have unserer Handwerkszeuge. Die Konsequenzen der operanten Konditionierung sind beim Lernen immer mit an Bord, und diese konsequent und zuverlässig zu kommunizieren, ist überaus effektiv: Der lernende Vierbeiner zieht aus seinem Verhalten und dessen Konsequenzen die passenden Schlüsse und versteht so viel schneller, was sein Mensch von ihm möchte oder nicht möchte. Auf gewisse Markersignale folgen zuverlässig gewisse Typen von Konsequenzen, die es im Idealfall wirklich nur in Verbindung mit den Markersignalen gibt, also nach Möglichkeit nicht ohne ihre Vorhersager. So bleiben Markersignale frisch und wirkungsvoll. Aufbau und Erhaltung durch kontinuierliches Auffrischen schafft eine ganz besondere „Frischhaltefolie", die klassische Konditionierung, unsere zweite Verbündete der beiden Lernformen, die uns stets und ständig begleiten. Die Vorhersager werden mit Pawlows Hilfe aufs Neue immer und immer wieder mit relevanten – angenehmen und unangenehmen – Ereignissen verknüpft. Wir unterscheiden erlernte Verstärker und erlernte Bestrafer: Durchleuchten wir unsere Werkzeugkiste, so halten wir den Hund im Klaren darüber, wann Belohnungen und Bedürfnisbefriedigung oder Einschränkung und der Entzug von Belohnungsmöglichkeiten anstehen, und er lernt, sein Verhalten entsprechend anzupassen.

VERSTÄRKEN, SCHWÄCHEN …

Verstärkenden Charakter haben z. B. das Markersignal für alle Fä/elle (Clicker, Markerwort oder Zungenschnalzer), mit dem wir erwünschtes Verhalten hervorheben. All unsere Belohnungssignale, die Erwartungssicherheit und Vorfreude schüren. Der Arbeitspfiff, der zuverlässig Bedürfnisbefriedigung aus dem Kontext SEEKING bzw. Sucharbeit ankündigt. Das Warmsignal, das erwünschtes Verhalten unterstützt, und die konditionierten Entspannungssignale, die Entspannung und Bindungsverhalten vorhersagen. Schwächenden Charakter hingegen haben das Leinenende-Signal, denn es prophezeit Einschränkung und den Entzug von Belohnungsmöglichkeiten. Das „Weiter!", um den Hund anfangs über Leinenzug an Reizvollem vorbeizulotsen. Die Geschirrgriffankündigung, die kommuniziert, dass eine begonnene Vorwärtsbewegung gerade nicht fortgesetzt werden kann, und auch das Warmsignal, sobald es verstummt, weil der Hund das erwünschte Verhalten unterbrochen hat. Verstärken, schwächen, aktivieren und dämpfen, all das können Markersignale leisten.

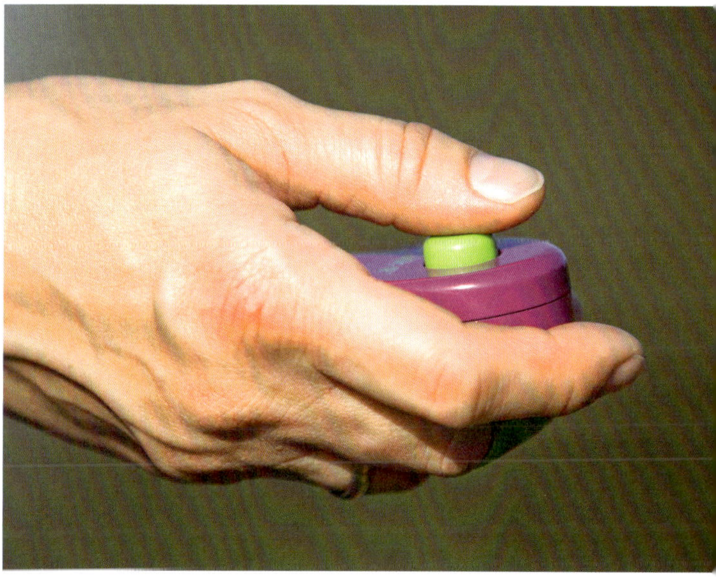

Der Clicker ist die kontrastreichste Variante eines Markersignals.

ERWÜNSCHTES VERHALTEN HERVORHEBEN

Mit dem Wissen um die Bedürfnisse des vierbeinigen Gefährten ist das Markersignal als erlernter Verstärker das perfekte Kommunikationsinstrument, das dem Hund übermittelt, wann Bedürfnisbefriedigung ansteht und warum. Denn nur Belohnungen, die sich am aktuellen Bedürfnis des Hundes orientieren, können den Vierbeiner motivieren, erwünschtes Verhalten auch unter schwierigen Bedingungen zu zeigen. Das Markersignal soll das Training nicht unnötig erschweren oder verkomplizieren, nein, es beschleunigt das Lernen an Konsequenzen, in diesem Fall an lohnenswerten Konsequenzen. Das Markersignal kommuniziert dem Hund, was kommt und was gut war, es sagt dem Hund aber nicht, dass er ein bestimmtes Verhalten zeigen soll. Es ist eine falsche Hoffnung, dass der Hund automatisch eine Umorientierungsreaktion zeigt, wann immer er das Markersignal vernimmt. Der Ort der Belohnung bei, mit oder von der Bezugsperson macht, dass der Hund sich umdreht. Das allein erfüllt nicht den Tatbestand eines Verhaltenssignals, das dem Hund sagt, wenn du das jetzt tust, ist eine Belohnung möglich. Wir warten nicht auf eine Umorientierung. Ist der Hund nach dem Markersignal nicht in der Lage, seine Belohnung beim Menschen abzuholen oder sich dafür umzudrehen, lobt die Bezugsperson mit der Stimme. Wir halten die 3-Sekunden-Regel ein, und hier und da kann sich der Hund unter dem Lobessingsang dann doch aus der Hundewelt lösen.

AUSTAUSCH VON GUTEM VERHALTEN

Auf dem Weg in eine gute Beziehung wollen Mensch und Hund möglichst viele gute Verhaltensweisen austauschen. Für gutes Verhalten vom Hund revanchiert sich der Mensch nach dem Markersignal seinerseits mit gutem Verhalten beim Hund. Verknüpft mit einem facettenreichen Belohnungspotpourri soll das Markersignal Emotionen wecken und SEEKING aktivieren. So wird mit seiner Hilfe neurobiologisch erwünschtes Verhalten mit dem Belohnungssystem im Hundehirn in Verbindung gebracht. Die geweckten Emotionen geben die Richtung vor, sobald der Hund

Pudeldame Kati packt ihr Flauschspieli: Zergeln!

Gekegelte Brocken verfolgen, das geht auch!

Tapsen nach dem Markersignal als Belohnung.

von etwas angezogen oder abgestoßen wird. Mit unserem anziehenden Markersignal lässt sich unerwünschtes Verhalten sogar frühzeitig unterbrechen, z. B. beim Formen vom Stehen und Gucken an Wild. Die erste Orientierungsreaktion hin zu Reh, Hase und Co. wird markiert, der Hund erwartet etwas von seiner Bezugsperson hinter ihm, und er unterbricht die Bewegung nach vorne.

AUFBAU DES MARKERSIGNALS

Die Arbeit mit einem attraktiven Markersignal bedarf keines langen Aufbaus, ein paar wenige, überraschend gute Verknüpfungen zu Beginn reichen aus, um gleich darauf zur Tat zu schreiten. Der Aufbau ist denkbar einfach, wir müssen nur auf jenes kleine Zeitfenster zwischen Markersignal und Belohnung achten, das unseren Zungenschnalzer, das Markerwort oder den Clicker tatsächlich zur Ankündigung angenehmer Konsequenzen aller Couleur macht. Haben Sie sich schon für ein unverwechselbares, knackiges Markersignal entschieden? Hier sind ein paar Anregungen:

— Clicker
— Zungenschnalzer
— Markerwort, z. B. „Top“, „Yes“, „Klick“, „Jep“…

VORTEILE DES MARKERWORTES

Das Markerwort sollte ein Wort sein, das sich aus Ihrem restlichen Signalvorrat gut abhebt. Für geräuschempfindliche Hunde können gerade die lauten Box-Clicker manchmal unangenehm sein. Ein Markerwort oder das Schnalzen sind völlig okay, und beide kurbeln das hündische Gemüt nicht so stark an wie der Clicker. Gerade wenn wir Auge in Auge mit Wild trainieren, wirkt das Klickgeräusch hier und da wie ein Startschuss. Geräusche werden ohne Umschweife im Stammhirn verarbeitet, denn als Fernsinn soll der Hörsinn Überleben sichern. Gewisse Geräusche wirken per se aktivierend oder alarmierend. Probieren Sie aus, was für Sie beide als Team am sinnvollsten ist. Sie müssen immer spontan reagieren können, und das geht am besten mit dem Mund, und der Hund muss mit der Akustik zurechtkommen.

Mios Belohnungshighlight: Verfolgen und Tragen.

LOS GEHT'S

Halten Sie für den Hund, erst einmal in einer Tasche verborgen, ein buntes Belohnungspotpourri parat, und dann geht es an den Aufbau des Markersignals:

— Ihr Hund sollte sich in Ihrer Nähe befinden, damit Sie die Belohnungen zügig an den Hund bringen können. Und er sollte nicht abgelenkt sein, denn er sollte die Belohnungen annehmen können.
— Sie geben das Markersignal gut vernehmbar.
— Atmen Sie kurz durch und holen eine der Belohnungsmöglichkeiten hervor. Ob der Hund Sie nach dem Markersignal anschaut, spielt keine Rolle. Es darf ruhig etwas länger, fröhlicher und ausgelassener belohnt werden. Überraschungen wirken besonders stark.
— Wiederholen Sie den Vorgang gut 5-mal mit abwechselnden Belohnungen.
— Achten Sie penibel darauf, dass vor dem Markersignal die Belohnungen noch nicht sichtbar sind, erst danach. Das gilt für Gequassel und Gezappel, auch damit sollte das Markersignal nicht überschattet werden. In der Belohnungssequenz danach dürfen Sie stimmlich und körperlich aus sich herausgehen.

- Sind rund 5 – 10 richtig gute Verknüpfungen absolviert, können Sie mit dem Markieren beginnen, z. B. selbstständiges Umswitchen von der Hunde- in die Menschenwelt. Schaut Ihr Hund Sie nach dem Markersignal erwartungsvoll an, war die Verknüpfung erfolgreich.
- Haben Sie aufgrund der reizvollen, ablenkenden Umwelt das Gefühl, dass die Verknüpfung von Markersignal und Belohnungen noch nicht gut genug gefestigt ist, dann erarbeiten Sie sich drinnen und draußen die Festigung in 5er-Päckchen mehrmals am Tag über ein paar Tage verteilt.

Markersignale aufladen

Markersignale wirken am stärksten und werden nicht geschwächt, wenn es die lohnenswerten Konsequenzen nur in Verbindung mit ihnen gibt. Das heißt also, wann immer ein Highlight im Hundealltag ansteht, ob nun drinnen oder draußen, geben wir vorher das Markersignal, einfach nur, um es aufzuladen, nicht, um für alle Ressourcen eine Leistung einzufordern. Anfangs fehlen bei den wuseligen, frustrierten, gestressten Vierbeinern draußen oftmals die Belohnungsmöglichkeiten, entweder nahezu gänzlich, oder sie können sich von Zeit zu Zeit einfach nicht darauf einlassen. Bei diesen Exemplaren ist es vernünftig, jedes Highlight des Tages in das Aufladen des Markersignals einzubeziehen. Auch versehentlich leer gegebene Markersignale können so wieder aufgefrischt werden.

DIE VIELFÄLTIGEN FUNKTIONEN DES MARKERSIGNALS

Das Markieren Der Mensch geht auf die Pirsch und bringt das erwünschte Verhalten mit dem Markersignal zur Strecke. Wie mit einem Textmarker, der wichtige Textteile hervorhebt, hebt er damit erwünschtes Verhalten aus der Fülle von Verhalten hervor, just in dem Moment, in dem der Hund es zeigt. Gut gemacht!

Der Brückenschlag In seiner Funktion als Brückensignal ordnet es dem adressierten Verhalten die dazugehörige Konsequenz zu, also die Belohnung. Das Zeitfenster ist klein, und es gilt die Regel: Innerhalb von drei Sekunden nach dem Markersignal beginnt die Belohnungssequenz. Es wird niemals leer markiert, vergessen Sie dabei Ihre Stimme nicht.

Drahthaar Vizsla Nelly im Paradies: Nach dem Markersignal darf sie mit ihrem Lieblingsfelli ausgelassen zergeln.

Die Erwartungshaltung Die Verknüpfung des Markersignals mit vielfältigen, attraktiven Ereignissen führt zu einer vielfältigen, erwartungsvollen Vorfreude. Dopamin wird ausgeschüttet, SEEKING aktiviert, und der Hund ist in freudiger Erwartung, was nun kommen mag – Überraschungen inklusive! Was zaubert die Bezugsperson aus der Belohnungslostrommel hervor?
Die Wichtigkeit Es ist der Mensch, der das Markersignal gibt und bedürfnisbefriedigende Belohnungen folgen lässt. So wird er wichtig, die Aufmerksamkeit des Hundes wächst. Durch die Verwaltung wertvoller Ressourcen steigt die Bedeutung des Menschen im Kontext Bedürfnisbefriedigung enorm. Ein menschlicher Beitrag für eine gute Beziehung ist erfüllt.
Die Kooperationsbereitschaft An das Markersignal ist Interaktion mit dem Menschen geknüpft, Interaktion, die zu Bedürfnisbefriedigung führt. Die Motivation, mit dem Menschen zu kooperieren, steigt. Das bemerken wir deutlich, wenn wir uns mit dem Markersignal in die erwünschten Puzzleteile der Beutefangsequenz einklinken, um z. B. das Belauern zu vergrößern, wir sind mittendrin statt nur dabei.

DAS WARMSIGNAL

Wo trainieren wir mit unseren jagdlich passionierten Vierbeinern? Wir trainieren in Umfeldern, in denen sich jagdliche Auslöser stets und ständig, ungefragt und unkontrolliert zur sofortigen Verköstigung in Teilen oder in voller Pracht anbieten. Hier ist es eine frische Hasenspur, die den Weg kreuzt und die der Hund „nur" mit der Nase wahrnimmt. Dort ist es ein Fasanenhahn, der unmittelbar am Wegesrand gockelnd davonfliegt. Ein richtiges Reizbündel: hörbar, sichtbar und riechbar! Kurz und knapp, das Gros der Trainingszeit arbeiten wir unter erschwerten Bedingungen. Wenn wir wollen, dass der Hund alle Verhaltenssignale immer und überall flüssig umsetzt, dann müssen wir uns kleinschrittig immer tiefer in die „wilde" Materie hineinarbeiten. Eine Art Coaching-Signal wäre perfekt, ein Signal, das den Hund unterstützt, Klippen zu überwinden. Das Warmsignal, auch intermediäre Brücke genannt, ist genau das, was der Mensch sucht und der Hund draußen dann und wann dringend braucht. Gegeben wird es als Dauersignal, als Silbenstrom, z. B. „Go, go, go, go, go …", „Tik, tik, tik, tik, tik …".

Das Hetzspiel ist die Belohnung für alle Fe/älle!

Miniaturdummies verfolgt, trägt und bringt Nelly besonders gern.

DAS WARMSIGNAL ALS ALLROUNDTALENT

Es kann richtige Ansätze von gutem Verhalten verbessern, um den Hund in das Endverhalten zu führen. So konnte er z. B. seinen Stopp-Sitz-Pfiff nur unvollständig umsetzen, er stoppt nur. An diesem Punkt setzt das Warmsignal ein, und der Hund senkt sein Hinterteil, bis der Po den Boden berührt: Markersignal und Belohnung.

Es kann die Dauer von Verhalten und das Warten auf die Belohnung unterstützen. Nehmen wir wieder den Stopp-Sitz-Pfiff. Diesmal konnten wir den Hund an einer Ablenkung ins Stoppen und Sitzen bringen, wir sind aber gute 50 – 100 Meter vom Hund entfernt. Und uns ist nicht wohl dabei, ihn dort alleine sitzen zu sehen, da die Ablenkung doch noch wahrnehmbar oder zumindest gedanklich präsent ist. Er muss sitzen, bis wir bei ihm sind, und die Belohnung gibt es auch erst dann, wenn wir vor Ort sind. Doch nun erklingt das Warmsignal ab dem Stoppen und Sitzen, es wird erst von unserem Markersignal unterbrochen, und dann wird der Hund belohnt.

Es kann das Formen von Verhalten unterstützen. Das bringt weniger Frust, davon gibt es unterwegs schon mehr als genug.

Es begünstigt insgesamt eine gute Lernatmosphäre. Es gibt aktiv Hilfestellung unter erschwerten Bedingungen und verhindert oder reduziert Frustration genau in den schweren Situationen, so hängt der Hund nicht in der Luft und bricht uns nicht weg, und Belohnungen werden durch das Warten nicht abgewertet.

Es spornt den Vierbeiner an, z. B. beim Verfolgen der Rückspur oder einer Schleppfährte seine Wohlfühldistanz zu überwinden oder an einer Suchaufgabe dranzubleiben.

AUFBAU DES WARMSIGNALS

Bewährt hat sich der Aufbau eines aktivierenden und eines dämpfenden Warmsignals. Ob wir aktivieren oder dämpfen wollen, orientiert sich an der Verhaltensreaktion, auf die wir aus sind. Möchten wir das Vorstehen unterstützen und verlängern, macht Dämpfen Sinn, den Hund

„Go, go, go, go, go …": Auf geht es zum Futter.

durch knackige Silben anzukurbeln, wäre kontraproduktiv. Geht es um das Beschleunigen einer Umorientierungsreaktion, dann kann der abwesende Begleiter einen knackigen Ansporn sehr gut gebrauchen. Die aktivierende Variante bauen wir in zwei Richtungen mit derselben Silbe auf, zum Menschen hin und vom Menschen weg, sie soll universell einsetzbar sein.

ANSPORN VOM MENSCHEN WEG

- Sie setzen Ihren Hund ab oder halten ihn fest.
- Nun tragen oder werfen Sie ein gut sicht-/riechbares Bröckchen Futter von ihm weg. Der Hund sollte von seiner Startposition den Aufprall oder das Auslegen gut sehen können. Das gilt auch für Sie, wenn Sie die Position neben Ihrem Hund einnehmen. Haben Sie das Futterbröckchen von ihm weggetragen, kehren Sie zum Hund zurück.
- Ihr Hund bekommt ein „Lauf!", ein „Okay", oder Sie lassen ihn einfach los.
- Sobald er sich in Bewegung setzt und auf das Bröckchen zuläuft, beginnt Ihr Silbenstrom, „Go, go, go, go, go …". Je näher Ihr Hund der Aufprall-/Auslegestelle kommt, desto schneller wiederholen Sie die Silben.
- Ist er da, kommt das Markersignal, und das Futterbröckchen wird vertilgt.

Rhodesian Ridgeback Johanna ist Handtarget-Profi: Ihr Warmsignal kann beim Anlaufen verknüpft werden.

- Biegt der Hund auf dem Weg zum Futter ab und macht etwas anderes, verstummt der Silbenstrom und setzt erst wieder ein, wenn er sich erneut um den Futterbrocken bemüht.
- Haben Sie und Ihr Hund bereits das sichere Anlaufen eines Bodentargets im Verhaltensrepertoire, dann kann auch das Anlaufen von Ihnen weg mit dem Warmsignal untermalt werden. Im Aufbau soll der Hund lernen, dass diese lustigen Silben Verhalten begleiten, Verhalten, die ihm gut von der Pfote gehen.

ANSPORN AUF DEN MENSCHEN ZU

- Der Hund befindet sich in Ihrer Nähe.
- Sie nehmen ein Futterbröckchen zur Hand und klemmen es zwischen Daumen, Zeige- und Mittelfinger ein, Ihr Hund schaut zu.
- Nun führen Sie die Hand auf Hundeschnauzenhöhe und ziehen sie von ihm weg.
- Sobald der Hund beginnt, Ihrer Hand zu folgen, beginnt der Silbenstrom, „Go, go, go, go, go …", lassen Sie ihn ein paar Meter folgen und erhöhen dabei den Takt der Silben, aber nicht zu lange. Bekommt der Angespornte das Gefühl, seine Bemühungen seien vergebens, bricht er vielleicht frustriert ab.
- Hat er die Hand schließlich erreicht, geben Sie das Markersignal und den Futterbrocken frei.

DÄMPFENDES WARMSIGNAL

Für den Aufbau eines dämpfenden Warmsignals, z. B. „Keep, keep, keep, keep, keep …", „Tack, tack, tack, tack, tack …", „Dong, dong, dong, dong, dong …", durchforsten Sie Ihr gemeinsames Verhaltensrepertoire nach ruhigen Verhaltensreaktionen, die Ihr Hund sicher und länger ausführt: Auf der Decke bleiben, im Sitz oder Platz bleiben, Körpertargets beim isometrischen Anfassen halten, im „Down" liegen …, all das können Sie in den Aufbau integrieren. Sie geben eines der Verhaltenssignale, z. B. „Decke". Sobald der Hund die Decke erreicht, untermalen Sie den Verbleib auf der Decke mit dem Warmsignal, das wir immer gleichbleibend dämpfend aussprechen, „Keep, keep, keep, keep, keep …". Nach einer gewissen Dauer kommt das Markersignal, und Sie reichen ihm eine Belohnung. Verlasst er die Decke vorzeitig, verstummt der Silbenstrom. Kehrt der Hund auf die Decke zurück, setzt er wieder ein.
Sind das aktivierende und das dämpfende Warmsignal drinnen und draußen gut verknüpft, dürfen beide ihren Weg in die Hilfestellung antreten. Hilfestellungen geben wir nicht pauschal, wir geben sie so oft wie nötig, aber so selten wie möglich. Wägen Sie ab, wo Ihr Gefährte in „wilder" Umwelt von Ihrem Ansporn profitiert: Aufbau, Distanzen, Zeitfenster, Ablenkungen …

NICHT DIE BESTEN VORAUSSETZUNGEN …

Eine lange Wiederholungs- und Lerngeschichte, in deren Verlauf das Gespann eine Fernbeziehung pflegte: Der Hund ward ab dem Auto nicht mehr gesehen, mit viel Glück und den immer selben Wegen trafen sich Hund und Mensch am Ende des Spaziergangs am Auto wieder. Das bringt wenig bis kein verwertbares Alternativverhalten hervor. Der Hund ist Profi im Jagen und der Mensch im Monologehalten, Telefonieren, Mit-anderen-ein-Schwätzchen-Halten oder im Nachstellen des Hundes, um ihn wieder einzufangen. Noch weiß der Fernaufklärer nicht, dass es in „wilder“ Umwelt auch Verhaltensalternativen zum Stöbern, Belauern und Verfolgen gibt und diese sich sogar lohnen können. Schludrig aufgebaute Verhaltenssignale, die typische Eigentlich-klappt-es-immer-nur-nicht-wenn …-Signale sind, lohnen ein Aufpolieren nicht, eben weil sie eine zweifelhafte, schludrige Trainingsgeschichte haben. Existieren Verhaltenssignale mit einer ordentlichen Trainingsgeschichte, es fehlte jedoch einfach nur an den passenden Verstärkern, dann ist Aufpolieren durchaus erwünscht, denn eine fehlende Verstärkungsgeschichte lässt sich nachholen. Nur auf Management über die lange Leine zu setzen, ist auch nicht zielführend, wenigstens wird der Hund so nicht zum Profi im „Wie-Hund-es-nicht-machen-Sollte“. Ins Training an unerwünschtem Jagdverhalten zu starten, ist ein frommer Wunsch, aber erwünschtes Verhalten fällt nicht einfach vom Himmel. Auch Welpen und Hunde aus zweiter Hand müssen erst einmal lernen, was sich ihre Bezugsperson im gemeinsamen Umfeld und im gemeinsamen Alltag wünscht.

DIE IDEE, DIE DAHINTERSTECKT

Sich mit dem Markersignal bewaffnet auf die Jagd nach gutem Verhalten zu machen und es damit zur Strecke zu bringen, ist die simpelste Variante, unseren jagdlich motivierten Vierbeinern mitzuteilen, welche Verhaltensweisen wir gut finden, und unerwünschtes Verhalten frühzeitig zu unterbrechen.

AUF DER JAGD NACH ERWÜNSCHTEM VERHALTEN

So weit, so gut. Wir haben, wenn nötig, die lange Leine am Hund und das Markersignal mit einem vielfältigen Belohnungspotpourri im Gepäck. Und nun? Sie wissen genau, wie sich Ihr Hund zukünftig in jagdlich reizvoller Umwelt verhalten soll, er soll warten, wenn Sie das möchten, er soll herankommen, wenn Sie ihn rufen, er soll stoppen und sich absetzen, wenn Sie ihn dazu anhalten. Bis all das jedoch zuverlässig sitzt, geht Zeit ins Land und dazwischen? Zudem wäre es doch auch für Sie ungemein entspannt, würde der Hund nicht nur dann erwünschtes Verhalten zeigen, wenn Sie ihn dazu ermahnen, sondern sich in einem Verhaltensrahmen bewegen, innerhalb dessen er ganz viel Alternativverhalten aus freien Stücken zeigt. Sie müssen nur noch eingreifen, wenn Not am Hund ist. Die Lösung ist ganz einfach, Sie gehen auf die Jagd nach gutem Verhalten und bringen es mit dem Markersignal zur Strecke.

LOHNENDE BEUTE

Um auf der Jagd fette Beute zu machen, seien Sie großzügig. Alles, was nicht in die Kategorie unerwünscht fällt, wird erlegt:

- Alles rund ums Stehenbleiben und Warten: einfach so, an Geländeübergängen, an Wegkreuzungen …
- Alles rund ums Langsamerwerden: zum Schnüffeln am Wegrand, um Ihnen kurz Hallo zu sagen …
- Lebende, „wilde“ Kreaturen beobachten und noch nicht losdonnern
- Gerüche lebender Kreaturen entdecken und noch nicht austüfteln
- In Ihrem Lieblingsradius bleiben
- Kurzes Einchecken in die Menschenwelt (Rückblicke zu Ihnen)
- Kontaktaufnahme mit Ihnen
- An lockerer Leine laufen
- Sich von Ablenkungen abwenden …

Die Beute erwünschten Verhaltens als solche zu erkennen, ist essenziell, was der Hund nicht tun soll, weiß der Mensch oft besser. Beobachten Sie

Füge schaut bei ihrer Bezugsperson vorbei: Click!

Füge und Nelly im menschlichen Wohlfühlradius.

Gutes Verhalten von beiden Seiten macht Spaß!

Ihren vierbeinigen Gefährten genau, und wenn das Umfeld es zulässt, wird es Ihnen nicht schwerfallen, schon bald eine verwertbare Verhaltensreaktion zu erkennen. Geben Sie Ihr Markersignal und belohnen Sie ihn mit Futter, Aktivität oder selbstbelohnendem Verhalten, was gerade am besten in seine Bedürfnislage passt. Werfen wir noch einen letzten Blick auf das unerwünschte Verhalten, genauer gesagt auf dessen Vereitelung (Stichworte: Verstärkung und Konkurrenz).

Wünschenswertes einfangen

Bevor Ihr Hund in unerwünschtes Verhalten kippt, gibt es davor immer einen, wenn auch noch so kurzen Moment, den Sie noch als erwünscht markieren und belohnen können. Über die Technik des Einfangens erarbeitet sich das Gespann Alternativverhalten ohne Frustration. Je mehr Alternativen zu unerwünschtem Verhalten wir einfangen können, desto effizienter und frustfreier. Aus einer Trichterschale, in die oben ein vielfältiges Allerlei an akzeptablen Verhaltensreaktionen hineingeworfen wird, ergibt sich als Ausbeute, die im Trainingsverlauf unten aus der Trichtertülle herauskommt, oftmals ein spezielles Alternativverhalten, wie z. B. Stehen und Gucken. Wir legen uns nicht von vorherein auf ein Verhalten fest, wir fangen jedes akzeptable Verhalten ein, und am Ende haben wir das, was wir am liebsten wollten, ganz ohne Frustration.
Die Bezugsperson hat je nach Umfeld und Trainingsziel immer die Wahl, sich auf ein spezifisches Verhalten zu konzentrieren, das es einzufangen gilt, oder aber ganz viele beliebige Verhaltensreaktionen zu verstärken, die nichts mit unerwünschtem Verhalten zu tun haben. Immer so viel Hilfe wie nötig, aber so wenig wie möglich: Je wildreicher und schwerer das Umfeld ist, desto mehr forcieren wir unsere Jagd nach gutem Verhalten. Ist es hingegen wildarm und einfach, halten wir uns zurück. Bitte denken Sie an ausreichend Seele-baumeln-Lassen in der Hundewelt über das Pause-von-Interaktion-Signal und an die 10-mal-Markersignal-Regel aus dem Kapitel „Pause in der Hundewelt“ Seite 170. Verbrauchte mentale Ressourcen wollen und müssen in „wilder“ Umwelt aufgefangen werden.

AUFMERKSAMKEITS-WECHSEL

Irgendetwas in Feld, Wald und Flur erregt die Aufmerksamkeit unserer Gefährten: köstliche Gerüche, vielversprechende Geräusche oder anziehende „wilde“ Kreaturen. Dafür sind Umwelt und Sinnesorgane ja da: Augen, Ohren und Nase erkunden Feld, Wald und Flur. Die Aufmerksamkeit kann gestreut sein, um möglichst viele Informationen aus der Umwelt aufzusaugen. Oder ein herausragender, besonders wichtiger Reiz bündelt die Aufmerksamkeit des Hundes, wenn er z. B. das äsende Reh auf einer Lichtung fokussiert. Im Hundehirn läuft der Verrechnungsprozess: Was ist relevant, und was passt in die aktuelle Bedürfnislage? Was wir an seiner Oberfläche sehen, ist die Orientierungsreaktion hin zum Reh. Gleichzeitig gegebene Signale von uns Menschen versuchen, diese Aufmerksamkeit zu teilen, ihn erst mental und dann körperlich aus der Hundewelt abzuziehen. Langfristige Aufmerksamkeitsteilung schadet dem Training mehr als ihm dienlich zu sein, sie zehrt an den mentalen Energiereserven des Hundegehirns. Dennoch sind wir auf die so wichtigen, kurzen Aufmerksamkeitswechsel dringend angewiesen – ohne Aufmerksamkeit kein Verhalten, jedenfalls kein Alternativverhalten. Beim Einchecken von der Hunde- in die Menschenwelt zählt die erste richtige Reaktion, nicht seine Dauer. Dieses kurze Einchecken ist die Grundlage für einen aufmerksamen Hund. Also lernt der Vierbeiner, von Zeit zu Zeit selbstständig kurz in die Menschenwelt einzuchecken und immer zuverlässiger auf spezielle Signale hin eine Umorientierungsreaktion von der Hunde- hin zur Menschenwelt zu zeigen. Im Kapitel „Der doppelte Rückruf“ Seite 206 werden wir das Umorientierungssignal für den so essenziellen Aufmerksamkeitswechsel als ersten Teil des doppelten Rückrufs noch einmal genauer unter die Lupe nehmen.

AUS FREIEN STÜCKEN

Auf der Pirsch nach gutem Verhalten lassen sich Aufmerksamkeitswechsel als Rückblicke mit dem Markersignal einfangen und bunt gemischt belohnen. Sie beginnen, sich zu lohnen, und werden häufiger gezeigt. Das ist jedoch manchmal leichter gesagt als getan, da die Umwelt schlichtweg zu spannend ist. Wir laufen minutenlang hinter dem Hund her, und es passiert nichts Verwertbares. So mancher Zweibeiner hatte zuvor vielleicht sogar einen vierbeinigen Begleiter, der sich immer mal

Charlotte beschnüffelt im Lockere-Leine-Radius einen Geruch.

Ihre Bezugsperson wartet die Umorientierung ab.

wieder umdrehte und ihm einen Blick zuwarf. Werden diese Blicke nicht verstärkt, lassen sie wieder nach, denn sie lohnen sich nicht. Reizvolle Umwelt hingegen vermag es in vielerlei Hinsicht, hündische Bedürfnisse zu befriedigen, Umwelterkundung lohnt sich. Was können wir tun, wenn wir partout keine Blicke ernten? Denken Sie an den Trichter: Wir werfen viele gute Verhaltensreaktionen hinein, die vielleicht nur entfernt etwas mit Umorientierung zu tun haben. Werfen Sie noch einmal einen Blick auf die Liste zu erbeutender Verhalten: Je fleißiger Sie markieren und belohnen, desto eher wird Ihr Hund dann und wann das Markersignal erwarten und sich zu Ihnen umdrehen, wenn es nicht zügig für „Nur-mal-kurz-Stehenbleiben" von Ihnen gegeben wird, und schwups, da ist er, der erste Rückblick.

ALTERNATIVE

Ein anderer Ansatz wäre, dass sich das Gespann, verbunden durch eine lockere Leine, einen ruhigen Bereich im Umfeld sucht und dort verweilt. Der Hund ist an einer ca. 1,5 – 2 m Leine, je mehr Leine desto mehr Informationen können im Umfeld gesammelt werden. Wenn Sie Ihren Hund aufmerksam beobachten, erkennen Sie auch nur den kleinsten, ersten Ansatz eines Rückblicks.

Diese erfolgt an lockerer Leine und wird belohnt.

Markieren Sie sofort und belohnen ihn mit Futter, Aktivität oder etwas Selbstbelohnendem. Futterbrocken werden idealerweise in der Umwelt platziert, zunächst in Ihrem direkten Umfeld auf dem Boden, denn so muss der Hund für den nächsten Versuch wieder zu Ihnen hochschauen oder zurückblicken. Machen Sie an dieser Stelle noch 3 – 5 Wiederholungen. Die erste richtige Reaktion zählt, nicht der direkte Blick in die Augen, denn das fällt vielen Hunden schwer. Als grobe Richtlinie, wenn Sie die Umorientierungsreaktion sukzessive deutlicher haben möchten, hangeln Sie sich an diesen Kriterien entlang: Eines oder beide Ohren zucken in Ihre Richtung. Der Hundekopf dreht sich weg von der Stelle, die aktuell seine Aufmerksamkeit erregt. Sein Blick trifft die grobe Silhouette Mensch. Ihr Gefährte schaut Sie ab der Hüfte aufwärts an. Wie viel Sie erwarten, bemessen Sie am Anspruch in der Umwelt. Auf den gemeinsamen Spaziergängen in Feld, Wald und Flur nimmt sich das Gespann immer mal wieder die Zeit für ein kleines 3- bis 5er-Päckchen, um das selbstständige Einchecken von der Hunde- in die Menschenwelt zu üben. Dabei darf der Leinenradius ruhig erweitert und die Belohnungen auch mal weiter vom Menschen weg platziert werden. Dort, wo es anfangs noch leicht war, steigt der Ablenkungsgrad in der Umwelt, wir erarbeiten uns den Aufmerksamkeitswechsel entlang steigender Ablenkungen. Das selbstständige Abwenden von Ablenkungen ist Impulskontrolle, meist mit Stehenbleiben verbunden und unsere Basis, den Hund in diesen Situationen mit Verhaltenssignalen ansprechen zu können. Die Leine ist ein gutes Indiz dafür, ob unsere Erwartungen zu groß waren. Ist sie locker, dann ist alles im grünen Bereich, spannt sie sich, sollten wir im Umfeld einen Schritt zurückgehen. Es zählen die Umorientierungsreaktionen an der lockeren Leine, nur so bereiten wir unseren Begleiter auf erwünschtes Verhalten im Freilauf vor. Kleine Hilfen, wenn der Hund sich mal in der Umwelt festgeguckt hat, sind erlaubt: Rascheln, Schnalzen, eine Hand oder den gesamten Menschenleib ins Sichtfeld bewegen ... Aber es sind kleine Hilfen, und diese dürfen nicht zur Gewohnheit werden, sonst gehören sie zukünftig dazu.

IN DER 10-LECKERCHEN-ÜBUNG

Auf den ersten Blick mag die 10-Leckerchen-Übung simpel anmuten, und das ist sie auch! Sie ist einfach, aber gleichzeitig effektiv und vielseitig einsetzbar. Unterwegs in „wilder" Umwelt schult sie so vieles, was das Gespann für ein gelasseneres Miteinander in Feld, Wald und Flur dringend braucht. Der Hund lernt, dass er auf Belohnungen warten kann, so wird seine Frustrationstoleranz ausgebaut. Sie beinhaltet Impulskontrolle in Form von Warten, ohne dass die Bezugsperson sie ihm aufträgt. Zudem wertet die Übung über ihren Spannungsbogen die Futterbelohnungen auf. Nach einer guten Wiederholungsgeschichte entfaltet die 10-Leckerchen-Übung eine Sogwirkung und vermag es, den Vierbeiner aus der Hundewelt zu lösen, fast so wie eine Art Rückruf. Die Aufmerksamkeit seiner Bezugsperson und das fröhliche Miteinander färben nicht nur auf die Wertigkeit der Belohnungen ab, sie fördern zudem den Aufmerksamkeitswechsel zwischen Hunde- und Menschenwelt. Das Gespann übt sich zunächst im Einchecken aus freien Stücken, im Trainingsverlauf können mögliche Umorientierungs- und Rückrufsignale die Übung zielführend bereichern. Dem menschlichen Part des Gespanns bietet diese Übung die Gelegenheit, seine eigene Beobachtungsgabe und sein Timing zu schulen, und der Mensch etabliert sich selbst als attraktiven Ort der Belohnung. Diese kleine Übung drosselt die Geschwindigkeit und Erregung seines Gefährten und gibt vorher wuseligen Situationen ein gelassenes Tempo. So gelingt es dem Menschen, wieder in den hündischen Fokus zu gelangen.

ABLAUF DER 10-LECKERCHEN-ÜBUNG

- Der Hund ist an- oder abgeleint bei Ihnen, je nach Umfeld und Trainingsgeschichte.
- Seine Futterbelohnungen tragen Sie in einer Tasche am Körper, und das Markersignal (Markerwort, Clicker) ist mit an Bord.
- Ihr Hund sollte nicht zu abgelenkt sein. Sie dürfen ihm gerne signalisieren, dass Sie etwas mit ihm vorhaben. Ein „Bleib", „Warte" o. Ä. geben Sie ihm nicht, er soll schonend lernen, dass es sich lohnt, von sich aus zu warten.

Hazel lauscht dem Abzählen der Futterbrocken.

- Sie beginnen zu zählen, betont deutlich und langsam und von eins bis zehn, entnehmen Ihrer Tasche dabei für jede Zahl ein Futterbröckchen und legen es in Ihre geöffnete Hand. Wird Ihr vierbeiniger Zuschauer unruhig und beginnt, zu bellen oder an Ihnen hochzuspringen, geben Sie ihm die Info, dass er seine Belohnungsmöglichkeiten gerade verspielt hat: „Upps", „Oh je", „Schade" ... Sie packen die bereits abgezählten Leckerlis wieder ein und machen eine Pause, in der nichts Besonderes passiert. Nach der Pause beginnen Sie einen neuen Durchgang. Zählen Sie diesmal nur bis fünf, damit Ihre Bemühungen nicht wiederholt ins Leere laufen.
- Achtung: Der Entzug von Belohnungsmöglichkeiten wirkt extrem frustrierend. Vor diesem Hintergrund wäre es geschickter, die 10-Leckerchen-Übung kleinschrittiger zu erarbeiten, von eins bis ... ist alles möglich, Sie wollen Ihren Vierbeiner fördern, aber nicht überfordern und frustrieren.
- Sind die 1 bis ... Futterbröckchen unter Zählen in der Hand gelandet, werfen Sie den ersten Brocken so zu Boden, dass der Hund das Herabfallen sehen kann.
- Er darf ihn sofort fressen. Überlegt er, ob der Brocken wirklich zum Verzehr freigegeben ist, ermutigen Sie ihn dazu.

Für andächtiges Warten fliegt der erste Brocken.

Einchecken in die Menschenwelt wird verstärkt.

- Nun ist Ihre Beobachtungsgabe gefragt, das erste Anzeichen, dass er sich vom Boden abwendet oder gar zu Ihnen umorientiert, wird markiert und mit dem nächsten Leckerli aus Ihrer Hand auf dem Boden belohnt. Vergessen Sie die Nuancen zwischen Abwenden von der Ablenkung und der vollkommenen Umorientierung nicht. Die Umwelt gibt den Maßstab der Kriterien vor.
- Sie wiederholen das Markieren der Nuancen von Umorientierung und der Belohnungen auf dem Boden, bis Ihre Hand leer ist.
- Geben Sie dem emsigen Vierbeiner eine Info, dass die Übung nun beendet ist. Sich weiterhin anzustrengen und dafür keine Resonanz zu erhalten, wäre frustrierend. Läuten Sie eine Pause in der Hundewelt ein.

ERHÖHTE SCHWIERIGKEITEN

Der Ablauf der 10-Leckerchen-Übung lässt sich vielseitig anpassen. Erschweren Sie den Untergrund bzw. den Bewuchs, auf dem die Futterbröckchen aufprallen. Das Futter ist nur Mittel zum Zweck, um das Abwenden aus der Umwelt unter kontrollierten Bedingungen zu üben. Praktizieren Sie den Ablauf in Anwesenheit von jagdlichen Auslösern und ihren Vorboten oder an Stellen, die der Hund als Örtlichkeiten, an denen Wild wahrscheinlich ist, verknüpft hat, also z. B. vor oder auf der Kaninchenwiese, in der Nähe oder im direkten Dunstkreis einer Hasensasse, an einem frischen Wildwechsel oder vor Getreideschlägen, die zum Stöbern einladen. Natürlich gilt auch hier: Aufmerksamkeitswechsel an gespannter Leine sind Fehlversuche. Schaffen Sie etwas Distanz und starten einen lockeren Versuch. Das Zählen entwickelt eine Vorhersehbarkeit, es rahmt ein, und das Danach gibt die Struktur. Das zusammen ist die ideale Grundlage für das Einchecken von der Hunde- in die Menschenwelt. Testen Sie die 10-Leckerchen-Übung, wenn Ihr Hund sich gerade mit einer interessanten Schnüffelstelle beschäftigt: Eins, zwei, drei ..., bei fünf merken Sie, wie es ihn in Ihre Richtung zieht, und Sie zählen weiter. Ist er da, fällt der erste Brocken zu Boden ..., Sie wissen, wie es weitergeht.

TEMPO DROSSELN

Wie sieht das Verhalten Ihres Hundes aus, wenn er im Spaziergehgebiet aus dem Auto springt oder Sie ihn ableinen? Ist er der „Ich-geh-schon-mal-vor,-ich-habe-es-eilig-Typ“? Nutzen Sie in diesen temporeichen Situationen die 10-Leckerchen-Übung als festes Ritual, um Tempo herauszunehmen. Das Dämpfen dieser wuseligen Situationen bringt einen Hund hervor, der das Ritual erwartet: Er wartet anstatt gleich über alle Berge zu sein. Erinnern Sie sich an das Pendeln (Seite 168), um

den Drive herauszunehmen, wenn die „wilde“ Umwelt am Hund und an seiner Aufmerksamkeit zieht? Die 10-Leckerchen-Übung wäre das ideale Einstiegsritual in eine gemeinsame Pendeletappe, so werden Kooperationsbereitschaft und das Laufen an lockerer Leine begünstigt.
Wildsichtungen und dergleichen lassen jagdlich motivierte Hunde schnell aus ihrem Fell springen, unsere Entspannungstechniken helfen ihnen in selbiges zurück. Unsere abgezählten Futterbröckchen mit dem bekannten Nachhinein können die Kontrollinstanz sein, ob ein Aufmerksamkeitswechsel wieder möglich ist, oder das Einchecken fördern. Bringen Sie mehr Vielfalt in das, was Sie in Ihre Hand zählen: Leckerlis in verschiedenen Wertigkeiten, gespickt mit Highlights, die Sie überraschend aus der Tasche zaubern. Vielfalt lässt sich auch in die Darreichungsform der Belohnungen bringen, sie können belauert, gehetzt oder gesucht werden. Ist Ihr Hund ein Anleinmuffel? Mit Ihrem fröhlichen Zählspiel werten Sie es auf: Sie kündigen das Anleinen mit „Leine“ an, leinen ihn an, markieren und beginnen das 10-Leckerchen-Spiel mit bewegten – geschnappten, geplumpsten, gekegelten – Futterbrocken.

Aufmerksamkeitswechsel in die Menschenwelt über Antippen.

AUF EIN SIGNAL HIN: VERBAL, TAKTIL …

Immer auf eine selbstständige Umorientierung des Hundes zu warten, reicht auf Dauer nicht aus, auch Signale sollten das Einchecken von der Hunde- in die Menschenwelt bald zuwege bringen. Optische Signale machen hier wenig Sinn, denn der in die Umwelt versunkene Vierbeiner würde sie nicht sehen, ebenso würden geruchliche Signale nur mit ganz viel Glück, wenn uns der Wind gewogen ist, in den Wahrnehmungsbereich des Hundes gelangen. Es bleiben uns akustische Signale, die in ihrer Lautstärke an die Witterungsbedingungen und die Distanz zwischen Mensch und Hund angepasst werden können, und taktile Signale, sobald sich der Hund in unserem Nahbereich befindet oder wir an ihn herantreten können. Auf gut Glück einfach anzufangen, das vermeintliche Signal zu testen und zu gucken, was passiert, ist nicht der richtige Weg. Hier und da gäbe es Zufallstreffer, aber auf den Zufall möchten wir uns bei der Arbeit mit und an der Emotion SEEKING nicht verlassen. Signale haben die Funktion, das Verhalten anderer zu beeinflussen, in unserem Fall das Verhalten des Hundes, und für beide Hälften des Gespanns sind lohnenswerte Konsequenzen die Folge. Der Mensch freut sich über die Umorientierung seines Hundes, und der Hund freut sich über die Belohnung seiner Bezugsperson. Es ist immer eine gute Idee, das zukünftige Umorientierungssignal zuerst mit attraktiven Ereignissen aufzuladen, das weckt Emotionen, und die Emotionen geben die richtige Richtung vor, die Bezugsperson als Ort der Belohnung. Die gewünschte Umorientierungsreaktion wird höchstwahrscheinlich, und der Mensch hat wieder etwas, das er markieren und belohnen kann.

UMORIENTIERUNG ÜBER DEN NAMEN: WIE HEISST DU?

Das erste Signal für einen Aufmerksamkeitswechsel, das jeder Vierbeiner kennen sollte, ist sein Name. Kennt der Hund seinen Namen bevorzugt aus dem Meckermodus seines Menschen, als Randgeräusch, das in jedem zweiten Satz mitklingt, oder als Universalsignal, das mal alles und mal nichts bedeutet, dann nehmen wir lieber den Spitznamen

Die Namen von Hunter und Grace werden im Duett mit dem Markersignal und Futterbelohnungen verknüpft.

oder ein gänzlich anderes Signal. Meine semmelgelben Gefährtinnen kennen ihre Namen sehr gut, und sie reagieren auf deren Nennung sehr zuverlässig. Damit das so bleibt, hege und pflege ich diese Reaktion sehr gewissenhaft: Ich verstärke sie immer, aber nicht immer gleich gut, und ich sage ihre Namen nur, wenn ich die zwei auch tatsächlich ansprechen möchte. Für Larifari haben sie unzählige Spitznamen.

Zwei Varianten des Aufladens

Variante 1 Für Variante eins benötigen wir den Namen, den Hund und verschiedene Belohnungen. (Das Markersignal benötigen wir nicht.) Wir beginnen in einem Umfeld, in dem der Hund die Belohnungen gut annehmen kann. Der Hund hält sich im Dunstkreis seiner Bezugsperson auf. Sagen Sie den Namen Ihres Vierbeiners, atmen kurz durch und belohnen ihn dann richtig gut. Er muss nichts dafür tun. Zwischen den nachfolgenden 3 – 5 Wiederholungen lassen Sie etwas Zeit verstreichen, in der nichts oder nicht viel passiert. Überall dort, wo Ihnen der Name wichtig ist, streuen Sie immer mal wieder eine überraschende und richtig gute Verknüpfung von Namen und Belohnung ein. Das emotionale Aufladen ebnet den Weg in die Umorientierungsreaktion.

Variante 2 Für Variante zwei braucht es ein Potpourri unterschiedlich wertiger Futterbröckchen, den Hund, seinen Namen, diesmal auch das Markersignal und natürlich ein angemessenes Umfeld. Mit Ihrem Hund im Nahbereich geht es los. Sie sagen seinen Namen, und egal, ob er eine Reaktion in Ihre Richtung zeigt oder nicht, geben Sie das Markersignal und ihm danach eines der Belohnungsbröckchen. Hiervon folgen 10 – 15 Wiederholungen. Wundern Sie sich nicht, wir möchten durch das Aufladen den Namen in diesem Fall doppelt gut verknüpfen, mit dem Markersignal und der Belohnung. Außerhalb dieser Aufladeübung wird natürlich nur dann markiert, wenn wir Anzeichen einer Umorientierung ausmachen können.

Den Namen festigen

Nach simpler klassischer Konditionierung folgen das Üben und Festigen des Aufmerksamkeitswechsels über den Namen auf operanter Ebene. Ihr Hund ist anfangs wenig, dann mittel und später stark abgelenkt, Sie sprechen ihn mit seinem Namen an, er zeigt die gewünschte Umorientierung, Sie markieren und belohnen ihn bedürfnisgerecht. Denken Sie bei der Nennung des Namens nicht nur an die Perfektion der Reaktion, bedenken Sie gleichermaßen die Nuancen davor. Routine bildet der Hund durch eine sehr gute Wiederholungsgeschichte unter steigender Ablenkung und eine sehr gute Verstärkungsgeschichte mit bedürfnisgerechter Belohnungsvielfalt. Wir betrachten den Namen als eine unserer Eintrittskarten in die Hundewelt, und genauso sorgfältig müssen wir ihn behandeln.

Dibo kennt das Antippen bereits, aber begonnen wird von rechts.

UMORIENTIERUNG ÜBER ANTIPPEN

Nun fehlt uns noch der Aufmerksamkeitswechsel über ein taktiles Signal, über das Antippen. Antippen meint, dass wir nur leicht tippen und nicht pieken. Der Flankenbereich eignet sich gut, denn meist stehen wir hinter dem Hund oder seitlich von ihm. So wäre auch die Schulter erreichbar oder der Bereich zwischen Flanke und Schulter. Taktile Signale dringen oftmals besser in das abwesende Hundegehirn durch, sie sind näher und direkter am Hund. Das bedeutet aber auch, dass wir fürs Antippen nah genug am Hund dran sein müssen oder an ihn herantreten können.

Die Ausgangssituation ist die gleiche wie beim Aufladen des Namens, Sie tippen Ihren Hund im Flankenbereich an und lassen eine richtig gute Belohnung folgen. Tun muss er dafür nichts. Achten Sie beim Antippen unbedingt auf eine freundliche Körpersprache, nicht, dass Sie ihn ungewollt erschrecken. Sie lassen 3 – 5 Wiederholungen mit recht langweiligen Pausen dazwischen folgen. Ganz überraschend streuen Sie das Aufladen auch im Trainingsverlauf immer mal wieder ein, so bleibt die emotionale Verknüpfung stark, auch wenn das Antippen in der Anwendung mal versagt hat.

Antippen unter Ablenkung

Zur Festigung bzw. zur Anwendung schreiten Sie, indem Sie Ihren Hund anfangs unter wenig, dann unter mittlerer und später unter schwerer Ablenkung an der Flanke antippen, seine Umorientierung abwarten, diese und ihre Nuancen markieren, wenn er sie zeigt, und ihn passend zur aktuellen Bedürfnislage belohnen: mit Futter, Action oder selbstbelohnendem Verhalten. Über eine gehaltvolle Wiederholungs- und Verstärkungsgeschichte bilden Sie vierbeinige Routine. Probieren Sie aus, wo das Antippen für Sie ein Gewinn ist: Steht Ihr Vierbeiner voller Spannung vor (geruchlich/sichtig), oder hat er sich an irgendetwas in der Umwelt festgeguckt?

TARGETS UND WO SIE DRINSTECKEN

Gedankenverloren streifen Mensch und Hund durch die Natur, der Zweibeiner lässt den Tag Revue passieren, und der Vierbeiner tingelt von einem Geruch zum anderen. Plötzlich macht die Hundenase einen Geruch aus, der anders ist, stärker als die anderen, sein Verursacher scheint noch ganz nah, und da ist er auch schon, ein Hase springt aus seiner Sasse ab. Der Mensch ist hellwach. Die Leine oder ein gut funktionierendes Stoppsignal können Schlimmeres verhindern. Aufgeregt wird die Sasse beschnuppert, und immer wieder schaut der Hund dem Flüchtling mit den langen Löffeln hinterher: Was ist besser, schnüffeln oder gucken? Entspannung wäre nun das Mittel der Wahl, um die Ortsverknüpfung des flüchtigen Hasen mit diesem Fleckchen Brachfläche bestmöglich abzufangen. Ortskonditionierungen gehen extrem schnell und wirken nachhaltig, Pawlow und seine klassische Konditionierung leisten ganze Arbeit. Ein „wildes" Target ist das Ergebnis: Es wirkt extrem anziehend auf den Vierbeiner, immer wieder wird er genau überprüfen, ob sich dort vielleicht nicht doch wieder ein Langohr duckt. Im Kapitel „Kleine Rituale mit großer Wirkung" Seite 168 im Entspannungsteil besprechen wir das Training an solch „wilden" Targets.

ORTSANGABE MIT BEDEUTUNG

Targets geben dem Hund immer eine Ortsangabe, und dieser Ort ist attraktiv, er sucht ihn gerne auf, und mit diesen Ortsangaben können wir an vielen Stellen das gemeinsame Training bereichern: als Helfer, um ein anderes Verhalten schneller zu lernen, als Alternativverhalten, um unerwünschtes Verhalten abzulösen, als Aufmerksamkeitsteiler oder einfach als abwechslungsreiche Beschäftigungsmöglichkeit. Fällt Ihnen noch etwas ein? Ja, auch als Belohnungsmöglichkeit für Augenhunde sind sie denkbar. In den Targets steckt neben der Ortsangabe auch ein spezifisches Targetverhalten: mit der Nase anstupsen, mit einer oder mehreren Pfoten darauftapsen, mit einem Körperteil dagegendrücken, sich drauflegen, apportieren, herankommen ..., Targets sind facettenreich.

SENSORISCHER FACETTENREICHTUM VON TARGETS

Fühlen/Tasten Dummies, Bodentargets mit Struktur, Körpertargets, z. B. das Kinntarget, der Hand-Touch mit der Nase oder das isometrische Anfassen von Schulter & Co., die Decke ...
Sehen Dummies, kontrastreiche Targets, z. B. blaue Läppchen, schwarz-weiße Fähnchen, die Hand als Look-Target ...
Riechen Dummies, Gerüche innerhalb der Sucharbeit, Menschengeruch beim Mantrailing oder in der Rettungshundearbeit, Exkremente seltener Tierarten, Gerüche, die Entspannung auslösen ...
Hören Ententröte beim Fallen von Dummies, Tierstimmen als Belohnungs- oder Umorientierungssignale, Rückrufsignale, Rascheln und Knistern von Dingen zum Auspacken ...
Multisensorisch Entspannungs- und SEEKING-Inseln, Barrieren, die Warten auslösen ...

DAS TARGET AUFLADEN

Das Wissen um das Prinzip „Target" ist wichtig für unser Training in Feld, Wald und Flur. Es steckt in so vielen Übungen, und wir können Targets auf vielfältige Weise in unser Training einbinden. Der erste Schritt ist immer, dass wir das zukünftige Target mit attraktiven Ereignissen aufladen. Dafür stöbern Sie im Belohnungsrepertoire Ihres Vierbeiners und halten eine bunte Auswahl im Verborgenen bereit. Die Verknüpfung geht nicht in einem Rutsch wie bei den „wilden" Targets, dennoch geht es zügig, wenn die Belohnungen hochwertig und überraschend sind. Der Hund ist bei Ihnen, und auch das Target halten Sie zwar griffbereit, aber im Verborgenen. Sie holen das Target so hervor, dass Sie den Hund nicht erschrecken, er soll es trotzdem gut wahrnehmen können. Atmen Sie kurz durch und starten die Belohnungssequenz. Die Belohnungen tauchen erst nach der Präsentation des Targets auf. Währenddessen darf das Target ruhig noch anwesend sein. Endet die Belohnungssequenz, verschwindet auch das Target. 2 – 3 Wiederholungen mit Pausen folgen, die nächsten Verknüpfungen verteilen Sie großzügig, dann und wann mal eine tolle Verknüpfung zum Auffrischen oder als Einstieg in die nächsten Schritte, so hat der Hund immer eine Idee und wird nicht frustriert.

Nach dem Anlaufen des blauen Bodentargets könnte Tapsen mit den Vorderpfoten das Targetverhalten werden.

TARGETVERHALTEN ERARBEITEN

Der Ort soll zum Vorhersager der attraktiven Ereignisse werden. Ist das geschehen, können wir den Ansatz des zweiten Schrittes deutlich sehen, der Hund zeigt eine emotionale Reaktion, sobald die Örtlichkeit in seinem Wahrnehmungsbereich auftaucht. Von ihr angezogen, steuert er sie an. Aus dem ersten Ansatz des Hingehens formen Sie das sichere Anlaufen, bis der Hund, egal wann und wo das Target auftaucht, erwartungsvoll hinläuft. Mit diesem Ergebnis geht es geradewegs zu Schritt drei, wir erarbeiten uns das Targetverhalten: Sie können es formen, locken oder mit einem Signal auslösen, je nachdem, was am besten zu Ihrem Hund und dem Umfeld passt. Über den Ort der Belohnung können Sie nach dem Markersignal immer noch ein zweites Mal das Verhalten am oder auf dem Target verstärken und die Anziehungskraft der Örtlichkeit aufrechterhalten. In den Trainingsverlauf lässt sich für die Anziehungskraft das Aufladen immer mal wieder überraschend einstreuen. Im vierten Schritt können Sie weiter am Targetverhalten feilen, z. B. an seiner Dauer oder der Distanz zum Target. Das Signalwort schalten Sie vor, wenn Target und Targetverhalten keine Wünsche mehr offen lassen.

Frustarm und in Ruhe

Gerade weil wir viele der Targets auch in reizvollem Umfeld nutzen, ist es wichtig, dass sie im Aufbau auf Frustrationsarmut und Ruhe achten, schnell wird sonst Targetarbeit zur Frust- und Erregungsfalle. Ausreichend Pausen, die als solche gekennzeichnet und nicht langweilig sind, tragen dazu bei. Die Verstärkung ruhigen Verhaltens auch abseits vom Target, z. B. zwischen den Durchgängen auf einer Decke zu warten, ist eine gute Idee, frustrierender Leerlauf bleibt aus. Sie sollten einen guten Trainingsplan haben: Wie wollen Sie das Targetverhalten angehen? Ist der Bewegungsablauf klar? Welche Teiletappen könnten sich beim Formen ergeben? Möchten Sie locken und wenn ja, wie? Vielleicht können Sie bevorzugte Bewegungsabläufe nutzen, z. B. gerne mit den Pfoten arbeiten. Möglicherweise scheiden ja manche Targets von vornherein aus, z. B. wenn der Hund besonders gerne Dinge in den Fang nimmt und sich am Target sehr stark hemmen muss. Wird das Verhalten nicht belohnt, weil er es aufnimmt, besteht Frustgefahr. Achten Sie auf eine gute Wahrnehmbarkeit. An dieser Stelle werfen wir einen Blick auf den Hand-Touch, das Kinn- und das Bodentarget.

„TOUCH", MIT DER NASE DIE HAND ANSTUPSEN

Das Handtarget ist ein weiteres Must-have in unserer Werkzeugkiste: Mit ihm ist die Umorientierung an Ablenkungen möglich, um kurz die Aufmerksamkeit des Vierbeiners zu teilen. So kann es auch immer Gradmesser sein, ob ein Aufmerksamkeitswechsel überhaupt noch oder wieder möglich ist. In gleicher Weise wie ein Rückrufsignal können wir den Hand-Touch nutzen, wenn wir den Hund nah bei uns haben wollen. Er vermag das Pendeln zu unterstützen, gerade in den so kniffeligen Kurven. Spielbeute, Dummies und Co. können in das Handtarget abgeliefert werden. Wird es gerade eng auf Wald- oder Feldwegen, können wir den Hund positionieren: „Touch", und er steht am Wegrand. Durchstöbert der ambitionierte Vierbeiner gerade Bewuchs zu weit abseits des Weges, so können wir ihn mit dem Handtarget auf den Weg zurückholen. Auch wenn Sie jetzt denken, das ist doch gar nicht so schwer, bedarf es einer richtig guten Wiederholungs- und Verstärkungsgeschichte, bis der Hund sein „Touch" auch unter schweren Bedingungen zeigt. Seien Sie von Anfang an gewissenhaft, denn dann lassen sich auch in „wilder" Umwelt reife Trainingsfrüchte ernten.

ERST KLASSISCH ...

Sie beginnen mit klassischer Konditionierung. Wie war noch gleich die Reihenfolge? Erst die noch recht neutrale Hand als Örtlichkeit, und dann passiert etwas Tolles. Gesagt, getan. Immer dann, wenn Ihnen etwas besonders Köstliches zum Vertilgen in die Hände fällt, verknüpfen Sie es überraschend mit der Handfläche. Dafür nehmen Sie die Köstlichkeit in den Pinzettengriff der einen Hand und füttern den Hund von hinten zwischen Ring- und Mittelfinger durch die flache andere Hand, sodass dabei die Nase des Hundes die Handfläche berührt. Dies wiederholen Sie mit kleinen oder größeren Pausen, wechseln den Trainingsort und binden dabei beide Hände ein.

STUPSEN FORMEN

Ist Ihr Gefährte in der Nähe, halten Sie eine Ihrer beiden Hände deutlich seitlich heraus, schauen auf die flache Handfläche und behalten ihn im Auge. Bewegt er sich auf Ihre Hand zu, markieren Sie in diese Bewegung hinein, holen ein Belohnungsbröckchen hervor und belohnen ihn wie gehabt mit Nasenkontakt durch Ihre Handfläche. Achten Sie bei der Präsentation der Hand auf eine unverwechselbare Gestik, die sich nicht mit Sichtzeichen für Suchaufgaben o. Ä. überschneidet. Für beide Hände formen Sie die Bewegung zur Hand bis zum Stupsen, das Markersignal fängt am Ende genau den Zusammenstoß zwischen Nase und Handfläche ein. Festigen Sie das Anstupsen Ihrer Hand drinnen und draußen unter steigender Ablenkung, die Belohnung wird auch im späteren Trainingsverlauf von Zeit zu Zeit durch die Hand gegeben, aber es sind auch andere Belohnungen möglich: mit Futter, Aktivität, oder Sie ermöglichen selbstbelohnendes Verhalten.

Die junge Weimaraner Hündin Franzi stupst und ...

... wird am Handtarget in der Position belohnt.

SIGNALWORT EINFÜHREN

Wenn Sie den Eindruck haben, dass das Verhalten recht zuverlässig funktioniert und Ihr Hund seinen Auftrag verstanden hat, schalten Sie ein Signalwort vor: „Touch“, erst dann präsentieren Sie die Hand, er stupst, Sie markieren und belohnen. Das Signalwort ist notwendig, wenn wir den Hund zum Hand-Touch anhalten wollen, seine Aufmerksamkeit jedoch in die Umwelt gerichtet ist. Der Ablauf Signalwort, Geste, Markersignal und Belohnung wird weiter gefestigt. Sie werden bemerken, dass er irgendwann auf „Touch“ reagiert, ohne die Geste zu sehen, weil er von Ihnen abgewandt ist. Feilen Sie zudem an der Distanz des Anlaufens und an der Dauer, über die Sie Ihren Vierbeiner mit dem Handtarget führen möchten. Hege und Pflege sind wichtig, hin und wieder gibt es etwas Gutes durch die Hand, und Sie markieren in erschwerten Situationen auch mal etwas früher in die erste richtige Bewegung hinein.

DAS KINN ALS KÖRPERTARGET

Locken ist ein probates Mittel für den Verhaltensaufbau. Wir dürfen nur das Ausschleichen des Lockmittels nicht vergessen und bald nur noch die Lockgeste nutzen, um den Hund in das gewünschte Verhalten zu führen. Sukzessive reduziert sich auch diese oder verschwindet ganz. Das Kinntarget bringt Ruhe in den Hund und nimmt Bewegung heraus, im Verlauf des Buches werden Sie noch über die aktive Entspannung stolpern, die dem Vierbeiner die Option einräumt, sich in wuseligen Situation selbst herunterzufahren. Zudem vermag es, Aufmerksamkeit zu teilen, Kreischen bei Wildsichtung zu unterbrechen, die Nackenmuskulatur nach dem SEEKING entspannend zu dehnen, (Spiel)Beute nach Belohnungen/Jobs ruhig abzugeben, das „Down“ als Entspannungsmoment zu erarbeiten …

„Gesprächigen“ Hunden bietet das Kinntarget eine sinnvolle Alternative und der Situation eine Portion Ruhe.

AUFBAU

1. Schritt Starten wir mit dem Aufbau. Auch hier reservieren Sie ein paar besondere Leckerchen, die Sie so füttern, dass das Hundekinn dabei Ihre Handfläche berührt. Eine Hand füttert und eine Hand dient als Auflagefläche. Bei dieser Übung gibt es keine zahlreichen Wiederholungen, nutzen Sie sie lieber als punktuelles Highlight. Achten Sie auf eine freundliche Körpersprache: Seitlich ist immer angenehmer als frontal, und schauen Sie seitlich am Hund vorbei beziehungsweise auf Ihre Hände.

Im 2. Schritt führen Sie die Lockgeste ein. Präsentieren Sie eine Hand als Auflage, nehmen Sie ein normales Leckerli im Pinzettengriff in die andere und führen den Hund auf Ihre Handfläche. Markieren Sie den Kinnkontakt und geben dann das Leckerli zum Verzehr frei. 3 – 5 Wiederholungen folgen mit Futter im Pinzettengriff.

3. Schritt Als Nächstes deuten Sie nur noch an, Sie würden Futter in den Pinzettengriff nehmen, die Handhaltung bleibt aber wie gehabt, Sie führen den Hund mit der leeren Lockgeste auf Ihre Handfläche, markieren den Kinnkontakt, holen ein Leckerli heraus und füttern den Hund in der Kinn-Hand-Position. Das Andeuten schleichen Sie aus, sodass die Handhaltung und die Geste genügen, um den Hund in das Verhalten zu führen – Sie markieren das Verhalten und belohnen in der Position.

4. Schritt Versuchen Sie die Lockgeste bei den Wiederholungen etwas zu reduzieren, sie wandert kleinschrittig vom Fang des Hundes weg. Der Ablauf ist und bleibt gleich: Sie präsentieren die Auflagehand, erst dann kommt die Lockgeste ins Spiel, danach das Markersignal und die Belohnung für den Kinn-Hand-Kontakt.

5. Schritt An diesem Punkt kommt das Signalwort hinzu: „Kinn“, die Präsentation der Auflagehand, danach die geschrumpfte Lockgeste, und dann markieren Sie das gewünschte Verhalten und belohnen es wie gehabt in der Kinn-Hand-Position. Ziel ist auch hier, dass wir das Signalwort und/oder die Auflagehand nutzen können, um das Verhalten auszulösen. Dafür schleichen Sie die Lockgeste aus. Festigen Sie das Kinntarget, und dann darf es Ihrem Gefährten in wuseligen Situationen eine Stütze sein.

Pawlow nimmt auf der Decke Platz: Für Donal regnet es Futter.

DECKE, LEINE, HUT UND CO. ALS WARTE-TARGET

Warten ist ein nützliches Verhalten, sowohl drinnen als auch draußen. Doch gerade im Freien ist es oft gar nicht so leicht für unsere Vierbeiner, sich aufgrund der reizvollen Umgebung an ihren Warteauftrag zu erinnern. Sie bestücken gerade eine spannende Suchaufgabe, und ehe Sie sich versehen, ist der Hund im nächsten Gebüsch verschwunden, obwohl er eigentlich warten sollte. Den Hund immer wieder zum Warten anzuhalten, ist anstrengend, da es eine Aufmerksamkeitsteilung fordert, Aufmerksamkeit, die Ihnen beim Strukturieren der Suchaufgabe fehlt. In solchen Situationen wäre eine Art Dauersignal gut, etwas, das sich im Nahbereich des Hundes befindet und ihn fortwährend an seinen Warteauftrag erinnert. Wählen Sie einen Gegenstand aus, den Sie immer bei sich tragen: Ihren Hut, die kürzere, zusammengeknüllte Führleine, den Rucksack mit dem Trainingsequipment oder gar eine mit Futter gefüllte Tupperdose. Anschauen wollen wir uns den Aufbau mit dem Hut.

AUFBAU DES WARTE-TARGETS

Zu Beginn bitten wir wieder Pawlow zu Hilfe. Sie legen den Hut in der Nähe des Hundes auf den Boden, lassen einen kurzen Moment verstreichen (21, 22) und drapieren darauf oder dicht daneben eine hochwertige Futterbelohnung. Diese darf er natürlich sofort vertilgen. Hat er aufgefressen,

Der Jagdhut ist immer mit an Bord und kann dem Jagdhelfer beim Warten im Revier eine wertvolle Stütze sein.

verschwindet der Hut. Mit Pausen zwischen den Wiederholungen, in denen Umwelterkundung möglich ist, üben Sie diese Verknüpfung an verschiedenen Stellen im Gelände. Wir wollen den Weg der Attraktion ebnen, Ihr Hut soll eine Anziehungskraft entwickeln. Denken Sie daran, auch im Aufbau und im Festigen des Warteverhaltens überraschen Sie Ihren Hund hin und wieder mit einer Leckerei auf/an dem Hut.

Alle Wege führen zum Hut

Ist der emotionale Grundstein gelegt, arbeiten Sie auf operanter Ebene weiter. Sie legen den Hut in der Nähe des Hundes aus, er geht hin, Sie markieren und belohnen ihn an/auf dem Hut. Zwischen den Durchgängen verschwindet der Hut, denn Anlaufversuche, die wir übersehen, bringen Frust. Das Anlaufen des Hutes wird geformt und gefestigt, das gewünschte Verhalten wird immer markiert und der Hund in der Position an oder auf dem Hut belohnt. Richten Sie Ihre Körperachse und Ihren Blick in Richtung Hut aus, um selbst das Ziel anzuvisieren.

Ablegen am Hut

Zuverlässiges Anlaufen, egal wann und wo der Hut auftaucht, ist die Voraussetzung für das Erarbeiten des Targetverhaltens. Was soll der Hund am Hut tun, sich ablegen? Das Ablegen wird geformt, gelockt oder mit einem bekannten Signal, z. B. „Ablegen", ausgelöst: Der Hut wird drapiert, der Hund geht hin, „Ablegen". Er legt sich, Sie markieren und belohnen ihn im Liegen am Hut. Das Hilfssignal „Ablegen" schleichen Sie wieder aus, wenn Sie bemerken, dass er es immer öfter vorwegnimmt. Und wieder folgt das Festigen an verschiedenen Stellen in Feld, Wald und Flur. Nun feilen Sie mit Ihrem Gefährten an der Distanz des Anlaufens, der Dauer des Ablegens und der Distanz zwischen Ihnen und Ihrem Hund. Erarbeiten Sie diese Kriterien getrennt voneinander und fügen Sie sie erst später zu einem großen Ganzen zusammen. Ablenkungen kommen auch noch ins Spiel, wenn Sie z. B. das Suchobjekt von ihm wegtragen und/oder es in seiner Nähe recht reizvoll ist.

Heben Sie ein Kriterium an, wird es an anderer Stelle vorübergehend leichter – Kleinschrittigkeit ist der Schlüssel zu einem zuverlässigen Verhalten! Nur so wird Ihr Hut zu einem Dauersignal, zu einem Target, das Ablegen und Warten zuverlässig auslöst. Warten und damit auch das Warten auf Belohnungen wird zusätzlich mit einem dämpfenden Warmsignal und/oder der mit Futter gefüllten Tupperdose als Wartestation unterstützt, beides erinnert die besonders hibbeligen Exemplare unter den Hunden daran, dass Belohnungen höchstwahrscheinlich sind.

DER GRÜNE WINK

MARKERSIGNALE, TARGETS UND CO.
— *im Jagdgebrauch*

Gibt es einen Unterschied im Training mit Hunden für den Jagdgebrauch und Familienhunden? Nein, denn Lernen funktioniert immer gleich. Operante und klassische Konditionierung machen zwischen jagdlicher Arbeit, Beschäftigung, Alltagstraining ... keinen Unterschied. Inhaber des „grünen Abiturs" trainieren in erster Linie mit Hunden, die lebendige Organismen sind, Säugetiere mit Säugetiergehirnen, und sie haben Emotionen und Bedürfnisse, so wie alle anderen Hunde auch: Die Verhaltensbiologie und Lerntheorie im Schlepptau erarbeiten wir uns mit kleinschrittigem und bedürfnisorientiertem Training zuverlässiges Verhalten – zwanglos, aber nicht minder zielführend.

NÄHER AM WILD

Gibt es da nicht doch einen Einwand? Ja, den gibt es, denn das jagdliche Gespann arbeitet oft unter erschwerten Bedingungen, viel näher am und mit Wild. Das heißt, dass das Erregungsniveau steigt. Dies gilt es von Anfang an zu regulieren – mehr dazu siehe Seite 150. Als Ausgleich zu den erschwerten Bedingungen gibt es durch die gemeinsame jagdliche Arbeit einen Batzen richtig guter Belohnungsmöglichkeiten. Bis auf wenige Ausnahmen sollte auch für den Jagdgebrauchshund gesundes Wild tabu sein, seine Stunde schlägt erst nach dem Schuss. Vor dem Schuss wird Wild gesucht, gefunden und angezeigt. Verfolgt wird gesundes Wild nur, wenn Bewuchs oder Jagdart es erforderlich machen.
Werfen wir einen Blick auf die Basiswerkzeuge, so lassen sich diese gut in den Jagdgebrauch integrieren. Als Markersignal eignen sich ein Markerwort oder Zungenschnalzer, denn mit dem Hund an der Leine und der Waffe über der Schulter ist ein Clicker eher ein Hindernis als ein Zugewinn. Ob wir nun mit einem jungen oder einem älteren Vierbeiner durchs Revier streifen, gutes Verhalten ist wichtig. Wild und dessen Revierzeichen sollen angezeigt werden, und nicht immer zum Gehorsam angehalten werden zu müssen, ist äußerst angenehm. Probieren Sie es aus und gehen auf die Pirsch nach gutem Verhalten: Waidmannsheil!
Das Warmsignal kann ein effektives Werkzeug zum Erarbeiten eines freudigen Apports sein, dämpfend, wenn es um ruhiges Halten geht, aktivierend, wenn das Herantragen unterstützt werden soll. Auch wenn jagdlich geführte Vierbeiner auf Prüfungen das Wild im Sitzen abgeben sollen, so kann auf dem Weg dahin auch das Handtarget das vorübergehende Abgabeziel sein. Den Jagdhut oder den Jagdrucksack als Warte-Target aufzubauen ist sowohl im Revier als auch auf Prüfungen gleichermaßen nützlich.

Ein brauchbarer Jagdhund dank Clicker und Co.

AN DER LEINE DURCH FELD, WALD UND FLUR

DIE LEINE – EIN SEGEN UND EIN FLUCH

Aus oder besser gesagt trotz unerwünschtem Jagdverhalten erwünschtes (Jagd)Verhalten zu entwickeln, ist unser Ziel! Im Fokus steht dabei der Aufbau alternativer Verhaltensreaktionen: Stehenbleiben, wenn Wild sichtig, geruchlich oder akustisch wahrgenommen wird, und Herankommen oder Stoppen, wenn Wild sichtig oder geruchlich verfolgt wird.
Doch was passiert auf dem Weg ans Trainingsziel mit jenem Verhalten, das der Mensch gar nicht oder nur noch reduziert sehen möchte? Wir müssen ein ebenso großes Augenmerk auf das unerwünschte Verhalten richten. Wegsehen wäre hier nicht zielführend, denn die Umwelt ruft, in diesem Fall die jagdlichen Auslöser und ihre Vorboten. Das Dopamin antwortet, die Emotion SEEKING wird aktiviert, der Mensch sieht an der Oberfläche selbstbelohnende Puzzleteile aus der Jagdsequenz, und das Bedürfnis im Inneren des Hundes wird befriedigt, ganz ohne das Zutun des Menschen.

MANAGEMENT

Unerwünschtes Jagdverhalten und seine Verstärkung müssen verhindert oder zumindest eingeschränkt werden, der Hund kommt an die lange Leine. Orientierungsverhalten und das Beobachten von Wild sind im Radius der Schleppleine weiterhin möglich, und das ist auch gut so, denn die Sinnesorgane des Hundes sind zum Orientieren in der Umwelt da. Weiträumiges Stöbern und Verfolgen, also Hetzen von Wild oder Ausarbeiten von Spuren, Fährten und Geläufen, wird verhindert, wenn der Mensch die Leine gut festhält. Noch ein wichtiger Aspekt spricht für das Anleinen. Unerwünschtes Jagdverhalten konkurriert mit erwünschtem Alternativverhalten. Es fühlt sich nicht nur unglaublich gut an, es ist selektionsbedingt auch noch robust gegen Ablenkung. Für trainiertes Verhalten, insbesondere zu Beginn des Trainingsweges, gilt das nicht, der Hund lässt sich durch jagdlich Reizvolles leicht ablenken, erst durch effektives Training wird es immer robuster. Wie jede Medaille hat auch diese zwei Seiten, denn das, was wir managen, macht ja eigentlich Spaß, es euphorisiert, aber Einschränkung macht, dass Jagdverhalten nicht vollendet werden kann und Bedürfnisbefriedigung ausbleibt. SEEKING wird beendet, die Dopamin-Ausschüttung bleibt aus, kurzum, Einschränkung erzeugt Frust! Mit einem frustrierten Hund zu trainieren, macht keinen Spaß, weder dem Hund noch dem Menschen, und führt das Team auch nicht ans Ziel.

Buntes Leinenpotpourri: Gurtband, gummiert …

Hunde, die eine lange Wiederholungsgeschichte haben, ohne ihre Bezugspersonen ihrer Jagdleidenschaft zu frönen, sollten erst einmal an der langen Leine geführt werden, so auch Hunde, die bereits auf schwache Auslöser stark reagieren. Ohne Hund kein Training, und ein abwesender Hund kann natürlich ein erhebliches Sicherheitsrisiko darstellen, für sich selbst und andere. Manche Vierbeiner müssen nicht dauerhaft gesichert sein, der Anspruch in der Umwelt bestimmt, ob es an- oder abgeleint weitergeht.

FAKTOREN, OB AB- ODER ANGELEINT

Viele Faktoren tragen zur Entscheidung bei, ob vielleicht das gemeinsame Training oder Seelebaumeln-Lassen aktuell im Freilauf möglich ist oder nicht. Steht gerade Verhalten aus dem Potpourri rund ums Warten auf dem Trainingsplan, dann leistet die Leine gute Dienste, weil sie ein Durchstarten verhindert. Der Mensch schafft es vielleicht gerade noch, den ersten Ansatz von Stehenbleiben einzufangen, aber gleich darauf ist der Hund über alle Berge – so lässt sich keine Impulskontrolle ausbilden! Anleinen ist dabei aber nicht alles, ergänzend sollten wir auf die Reize in der Umwelt achten. Startet der Hund durch, springt in die Leine oder aus dem Fell ..., dann wissen wir, dass die Umwelt zu reizvoll war. Die Leine ist ein reines Managementutensil, anfangs im Aufbau und später im Festigen, wenn das Team beginnt, in immer reizvollerem Umfeld zu trainieren. Das heißt aber auch, dass alle alternativen Verhaltensreaktionen, die erst am Ende der Leine umgesetzt werden, Fehlversuche sind. Fehlversuche geben keine Auskunft darüber, ob es mit der Umsetzung auch im Freilauf klappen würde. Im Verlauf des Trainings sollte das Management mehr und mehr durch das Können des Hundes aufgeweicht werden, und das Können des Hundes gibt der Bezugsperson die Sicherheit, ihren Begleiter in den Freilauf zu entlassen. Management über die Leine ist wichtig, und frustarmes Leinenhandling will gelernt sein, damit beide Enden der Leine Spaß am Training haben!

Die Umfeld-Checkliste

AN- ODER ABGELEINT?

- ☐ Trainings- und Lerngeschichte im Umfeld
- ☐ Tagesform und Verfassung des Hundes
- ☐ Neues Umfeld
- ☐ Sehr gut bekanntes Umfeld
- ☐ Stimulierendes Umfeld mit vielen Auslösern und vielen Vorboten
- ☐ Andere Hunde, die aktivierend auf den eigenen Hund wirken
- ☐ Tageszeiten
- ☐ Jahreszeiten
- ☐ Witterungsverhältnisse
- ☐ Geländebeschaffenheit: offen und weit (Feld, Wiese ...) oder geschlossen (Wald und Co.)
- ☐ Jugendentwicklung
- ☐ Mehrhundehaltung
- ☐ ..., jeder Hund ist anders.

FRUSTARMES LEINENHANDLING

Domestizierte Tiere wie unsere Hunde können aufgrund ihrer sehr langen Vergangenheit des Zusammenlebens und Arbeitens mit dem Menschen besser mit Einschränkungen umgehen als wildlebende Tiere. Sie leben mit uns in Häusern, auf Höfen, hinter Zäunen ..., in Städten oder auf dem Land. Sie erkunden unsere gemeinsame Umwelt im Freilauf oder an der Leine. Hunde werden beschäftigt, und sie unterstützen z. B. Jäger und Schäfer bei ihrer Arbeit an Nutz- oder Wildtieren. Auch wenn unsere Vierbeiner es besser tolerieren, nicht immer so zu können, wie sie gerade wollen, so bringt doch jedes Individuum seine eigene Frustrationstoleranz in unseren Alltag mit. Wie und ob es in einem jagdlich reizvollen Umfeld mit dem Führen an langer Leine zurechtkommt, ist so individuell wie die Hundepersönlichkeit selbst. Hat Verhalten eine genetische Grundlage, dann bildet diese die optimale Basis für das Erlernen ähnlicher oder das Verfeinern vorhandener Fertigkeiten – Jäger und Schäfer profitieren in der Arbeit mit Hüte- und Jagdgebrauchshunden extrem von deren Selektionsgeschichte: Sie müssen das, was den Hunden leicht von der Pfote geht, nur noch in geregelte Bahnen lenken. Als Belohnungen dienen häufig die Arbeitsaufträge selbst. Für Leinenführigkeit, ob nun an der kurzen oder an der langen

Die Mission lockere Leine ist gerade in offenem Gelände für viele Vorstehhunde ein schweres Unterfangen.

Leine, gilt das nicht – was man als kleinen, angeborenen Anteil geltend machen könnte, wäre die Kooperationsbereitschaft mit dem Menschen, aber auch da gibt es individuell und selektionsbedingt wieder große Unterschiede.

NICHT AUF LEINENFÜHRIGKEIT SELEKTIERT

Blicken wir auf die Selektionsgeschichte der Hundetypen zurück, so wird schnell klar, dass viele der exponierten Puzzleteile das Laufen an lockerer Leine eher erschweren als begünstigen. Nehmen wir den Vorstehhund, hier insbesondere Pointer und Setter, und seine Art der Suche: In weiten Querschlägen soll sie sein, systematisch unter Ausnutzung des Windes, ausdauernd und schnell. Die Bezugspersonen dieser Hunde könnten meinen, die Gangart Schritt sei bei ihnen gar nicht vorgesehen. Eine „kleine" Quersuche ist immer drin, mag der Vorstehhund denken. Dort, wo der Mensch an genüssliches Schlendern denkt, versetzen die Reize in der Umwelt das hündische Erregungsniveau in Wallung und den Hund ins ICE-Tempo. Unterschiedliche Bedürfnisse schaffen unterschiedliche Geschwindigkeiten, und schnell ist das Ende der Leine erreicht. Oftmals werden aktive Hunde so noch aktiver und arbeiten frustriert gegen die Einschränkung an.

FRUSTRIERTE MENSCHEN

Ständig dafür sorgen zu müssen, nicht aus dem Tritt zu geraten oder gar hinzufallen, argwöhnischen Blicken Dritter standzuhalten, die das aus dem Gleichgewicht geratene Team beobachten und kommentieren, kann für das menschliche Leinenende zur nervlichen Zerreißprobe werden. Für beide Leinenenden gilt: Frustration ist nicht selten ein Vorbote von Aggression! Schlechte Emotionen machen eine schlechte Lernatmosphäre, und das Team entfernt sich voneinander. Den Weg vom Zuggespann zum Gespann an lockerer Leine sollten Mensch und Hund rasch auf sich nehmen, denn er erleichtert das Training immens. „Locker bleiben" lautet die Devise!

ZUTATENLISTE FÜR EINE LOCKERE LEINE

- Gut sitzendes Brustgeschirr
- Verschiedene, griffige Leinen: kürzer in 3–5 m, länger in 5–20 m oder mehr, gerne ohne Handschlaufe, ggf. eine Flexi-Leine
- Ruckdämpfer
- Buntes Belohnungspotpourri
- Markersignal
- Ankündigung fürs An- und Ableinen
- Ankündigung, dass Ziehen in Maßen erlaubt ist
- Einfangen und Formen als Wege zum Verhalten
- Ort der Belohnung neben oder hinter dem Menschen
- Leinenende-Signal
- Pendeln, um den Vorwärts-Drive zu drosseln
- Stimmiges Umfeld
- Sicheres Leinenhandling

ANGELEINT, ABER WIE?

Neben einem gut sitzenden Brustgeschirr haben sich eine kürzere Leine, eine lange Leine und ggf. eine Flexi-Leine bewährt. An der kürzeren Leine pendelt es sich besser – das Gespann läuft rechts und links, Achten oder vor und zurück, um den Vorwärtsdrang zu drosseln. An der langen Leine genießt der Hund mehr Bewegungsfreiheit, sie sollte dem Gewichts- und Tempoverhältnis von Mensch und Hund angemessen sein und im Idealfall das Aktivitätsniveau des Hundes aufgreifen. Die Flexi-Leine kann die Freizeitleine sein, wenn man gerade nur auf das Leinenende achten kann. Zwei- und Vierbeiner können ihren Gedanken nachhängen, und bei Bedarf gibt es kurz vorm Leinenende oder dem Drücken des Stoppknopfes die Info: „Reicht!“ Ungebremst in das Ende der Flexi-Leine zu kacheln, ist für beide Seiten unbequem und ungesund.

ANKÜNDIGEN

Ankündigungen bringen Erwartungssicherheit, und diese ist sowohl für den menschlichen als auch für den hundlichen Part des Gespanns ein Zugewinn. Wenn wir das An- und das Ableinen mit einer Ankündigung, z. B. „Leine“, versehen – weiß der Hund, was der Mensch vorhat, und der Mensch kann in aller Ruhe den Karabiner befestigen oder lösen, weil der Hund anhält und/oder still steht. Muss es einmal schnell gehen oder geht an beiden Leinenenden gar nichts mehr, dann kommunizieren wir unser Motto: Augen zu und durch! In Maßen an der Leine zu ziehen, ist dann erlaubt. Wir raffen die Leine auf etwa drei Meter zusammen, geben das Egal-Signal, z. B. „Larifari“, „Egal“..., und trotten hinter dem schludrig laufenden Hund her. Durch dieses Schlupfloch sollten wir nur dann gehen, wenn es gar nicht anders machbar ist. Ein kompletter Spaziergang an straffer Leine ist nicht zielführend, und wir lassen uns auch nicht widerstandslos hinterherschleifen.

Die Bezugsperson kündigt das Ab-/Anleinen an, ...

... und leint den Vierbeiner in Ruhe ab oder an.

Richtig: die Leine aufwickeln oder durchreichen.

Falsch: nur das Ende der langen Leine festhalten.

AUF DER JAGD NACH LOCKERER LEINE

Oberste Priorität haben das Einfangen und das Formen von erwünschtem Verhalten. Zu Trainingsbeginn jagen wir mit dem Markersignal möglichst viele Verhaltensreaktionen, die an lockerer Leine stattfinden, im Verlauf des Trainings nur noch jene, die wir besonders gut finden, z. B. innerhalb des Lieblingsradius. Je nach Umfeld ist auch auf fortgeschrittenem Trainingsniveau das Einfangen eine gute Idee, es gibt einen Rahmen vor und lässt den Hund nicht hängen.
Die Einschränkung der Bewegungsfreiheit lässt sich über Belohnungen, die Bewegung und aktuelle Bedürfnisse aufgreifen, wunderbar ausgleichen. Hunde ziehen nach vorne – und denken wir über den Ort der Belohnungen nach, so sollte sich dieser neben, besser noch ein Stückchen hinter dem Menschen befinden.

STRAFFE LEINE VERMEIDEN

Das Erreichen des Leinenendes sollte nach Möglichkeit vermieden werden, zu schnell wird sonst jagdlich Reizvolles mit der straffen Leine, steigender Erregung und Frustration verknüpft. Was wir im Training nicht brauchen, ist das Leinenende als Vorhersager von Frust und Erregung. Bevor die Leine sich strafft, kann ein Leinenende-Signal das Ziehen vereiteln oder aber jedes andere Signal, mit dem wir die Aufmerksamkeit des Hundes gewinnen können. Sollte sich die Leine doch einmal spannen, geht der Mensch nicht einfach hinterher, denn wenn Ziehen oft ans Ziel führt, arbeiten wir am Ziehen, nicht an einer lockeren Leine.
Der Hund hat zum Erkunden der Umwelt immer nur so viel Leine, wie er braucht, der Mensch gibt stetig nach oder nimmt wieder auf, so werden von Hundeseite die Rucke minimiert. Nur das Leinenende in der Hand zu halten, birgt die Gefahr, dass der Hund mit einem guten Beschleunigungsweg in die Leine kracht – das ist ungesund, für alle Beteiligten. Alle Leinenrucke sind ungesund, auch die von Menschenseite.
Viele Auslöser machen viel Verhalten, viel unerwünschtes Verhalten, und eine Leine am Hund macht kein neues Umfeld. Die Reize verschwinden nicht plötzlich von der Bildfläche, sie buhlen weiter um die Aufmerksamkeit des Vierbeiners. Ist das Umfeld stimmig, dann wird erwünschtes Verhalten wahrscheinlicher, der Hund, die Leine und der Mensch bleiben „locker".

DAS LEINENENDE-SIGNAL

Sich auf erwünschtes Verhalten zu fokussieren und alles rund um eine entspannte Leine zu markieren und zu belohnen, ist ein wichtiger Teil unserer Mission: Laufen an lockerer Leine in lebendiger Umwelt. Eine Umwelt zu finden, in der jagdlich motivierte Hunde nicht durch irgendeinen noch so kleinen oder großen Reiz angeschaltet oder durch die eingeschränkte Umwelterkundung aktiviert werden, ist schier unmöglich und das Leinenende unausweichlich. Das Leben ist kein Labor, also machen wir das Beste daraus!
Für beide Enden der Leine birgt die Information, dass das Leinenende gleich erreicht ist, Vorteile. Das vierbeinige Ende bekommt ein Zeitfenster eingeräumt, sein Verhalten zu verändern und der Einschränkung vorzubeugen, und dem zweibeinigen Ende gibt sie die Sicherheit, nicht aus dem Gleichgewicht zu geraten.

LOS GEHT'S

Das Gespann sucht sich ein Umfeld, das für den Hund nicht zu stimulierend ist. Der Start sollte dabei weniger reizvoll sein als das Ziel, z. B. vielleicht dort starten, wo das Auto parkt. Nehmen Sie eine Leine zur Hand, die Ihnen ausreichend Zeit gibt, das Leinenende anzukündigen und dieses nach rund zwei Sekunden tatsächlich festzuhalten. Sie überlegen sich ein neues Signalwort, das sich gut von den bestehenden Signalen abhebt, z. B. „Reicht!", „Schluss!", „Ende!" oder „Genug!", und los geht`s.
Vergessen Sie bitte nicht, dass die Leine durch die Hand gleitet. Sie geben Leine nach oder nehmen Leine auf – aufwickeln oder nach hinten durchreichen. Gleich am Start lediglich das Leinenende in der Hand zu halten, kann schnell ungemütlich und ungesund werden.

DER AUFBAU

Mensch und Hund setzen sich in Bewegung, wir behalten die Leine dabei gut im Auge, denn ein gutes Timing ist der Knackpunkt dieser Übung. Bevor der Hund das Ende der Leine erreicht, ertönt laut und deutlich unser Signalwort. Überläuft der Hund die Ankündigung und gelangt ans Leinenende, stemmt der Mensch seine Ellenbogen in die Hüften und schlägt mit stetigem Zug die andere, langweiligere Richtung ein – nicht rucken! Diese ödere Richtung sollten Sie so lange beibehalten, bis der Hund wieder Kontakt zu Ihnen aufnimmt. Dafür gibt es ein freundliches Gesicht, ein nettes Wort, und die ursprüngliche, interessantere Richtung wird fortgesetzt.
Ganz wichtig: Das Zeitfenster zwischen Ankündigung und Konsequenz – Leinenende plus umdrehen – muss ca. zwei Sekunden betragen.
Bei einer Überlappung wird das akustische Signal vom taktilen Signal verschluckt, dem Hund fehlt die Reaktionszeit, und der Lerneffekt bleibt aus. Ist das Zeitfenster zu klein bis gar nicht vorhanden, das Leinenende spürbar schon erreicht, dann beißt sich der Mensch auf die Zunge, gibt z. B. das Signal für das lose Warten, schließt auf, und das Gespann startet einen neuen Versuch.
Auf den Lerneffekt wirkt gleichermaßen der Entzug von Belohnungsmöglichkeiten in der Umwelt, entweder wir können dafür immer die deutlich ödere Richtung einschlagen, oder wir schrumpfen den Bewegungsradius deutlich ein (Mit stetigem Zug holen wir den Hund heran.). Zum Einschrumpfen des Radius gehört, dass wir mit dem

Alles, was lockere Leine ist, muss sich lohnen.

herangeholten Hund im Nahbereich warten, bis er wieder Kontakt zu uns aufnimmt, das wird mit einem freundlichen Gesicht und netten Worten quittiert, erst dann geht es weiter.
Für den Fall, dass der Hund auf das Leinenende-Signal reagiert – er stoppt, wird langsamer, dreht sich um oder kommt heran –, machen Sie ein freundliches Gesicht und gehen zügig weiter. Dorthin zu gelangen, wo der Hund gern hin möchte, ist die Belohnung.

Festigen

Nach dem Aufbau muss das Leinenende-Signal gefestigt werden. Überläuft der Hund im Stadium des Festigens die Ankündigung zweimal, dann sollte etwas am Lernumfeld verändert werden, offensichtlich ist der aktuelle Übungsstandort zu schwer, und wiederholtes Einschränken frustriert. Das Markersignal kommt in dieser Übung nicht unmittelbar zum Einsatz, für das Laufen an der lockeren Leine erhält der Hund auf der Jagd nach gutem Verhalten von Ihnen ausreichend Rückmeldung. So auch, wenn Sie das zügige Weitergehen als Belohnung für das Befolgen des Leinenende-Signals nutzen. Hier dürfen Sie nach ein paar Metern in der Vorwärtsbewegung wieder markieren und belohnen. Das Markersignal als Vorhersager attraktiver Ereignisse in die Einschränkung zu platzieren, würde die Schwächung über Entzug von Belohnungsmöglichkeiten verwässern und einer Verhaltenskette Vorschub leisten.

Nur eine Ankündigung

Kurz-, mittel- und langfristig ist und bleibt das Leinenende-Signal, was es ist, die Ankündigung des kurz bevorstehenden Endes der Leine und der Konsequenz des Entzugs von Belohnungsmöglichkeiten in der Umwelt, nicht mehr und nicht weniger. Es wird nicht auf einen festen Radius im Freilauf übertragen – die vielen Bausteine des Trainings ergeben am Ende einen facettenreichen Verhaltensrahmen, innerhalb dessen sich der Hund um seine Bezugsperson herumbewegt: Er zeigt „wilde" Kreaturen durch Stehen und Gucken an, wartet an Geländeübergängen, schaut ab und an nach seinem Menschen, lässt sich abrufen und stoppen …, eine permanente Aufmerksamkeitsteilung, ja nicht den vorgegebenen Radius zu überschreiten, tut nicht Not und ist unnötig anstrengend.

So werden die Lockere-Leine-Momente vermehrt.

Setter Rudi meistert seine Mission „lockere Leine" mit Bravour.

WARTEN …
LOSE INTERPRETIERT

Wir wissen, dass Einschränkung auf aktive Hunde sehr frustrierend wirkt. Nicht nur die Leine trägt zum hündischen Unmut bei, auch Signale, die mit statischem Verhalten verknüpft sind. Warten ist hierfür ein gutes Beispiel. Warten ist wichtig, ob an der Leine oder im Freilauf: Der Hund läuft im Erkundungsmodus voraus und soll auf ein Signal hin in Distanz verharren, bis seine Bezugsperson aufgeschlossen hat, so die Idealvorstellung von uns Menschen. Der Idealvorstellung des Hundes – einer ungehinderten Umwelterkundung – müssen wir trotz allem ab und zu Einhalt gebieten. Ein Mittelweg, der beiden Leinenenden entgegenkommt, muss her, das lose Warten. Die Idee hinter dem losen Warten ist, dass nach dem Erklingen des Signalwortes der Weg von uns weg nicht fortgesetzt werden darf. Wohl aber darf der Hund Verhalten zeigen, das auf uns zu oder bis zu einem gewissen Grad auch seitwärts zum Wegesrand hin gerichtet ist: Schnüffeln, Scannen, Wittern, Beobachten, die Pfoten vertreten …, vieles ist möglich. So kann der Mensch in aller Ruhe aufschließen, und für den Vierbeiner bleiben viele Verhaltensoptionen übrig, mit denen er die Wartezeit überbrücken kann.

AUFBAU

Das Team startet in einem angemessenen Umfeld mit Geschirr und langer Leine. Hat der Hund Sie überholt und läuft ein paar Meter voraus, rufen Sie das neue Signalwort, z. B. „Aufschließen“, „Moment“ o. Ä., es sollte noch nicht anderweitig in Benutzung sein. Atmen Sie einmal tief durch (21, 22) und beginnen im zeitlichen Versatz, sich an der Leine zum Hund hinzuhangeln. Sobald Sie beim Aufschließen bemerken, dass der Hund die Leine lockert, weil er vielleicht in Ihre Richtung eine leckere Schnüffelstelle inspiziert, dann geben Sie das Markersignal und lassen den Hund als Belohnung weiterlaufen. Sicher kennt Ihr Hund dafür schon ein „Lauf!“ oder ein „Okay“. Schritt für Schritt rückt das Markersignal näher an den Hund heran, wir schließen dichter auf, lassen den Hund länger lose warten und wagen uns in kleinen Schritten in schwereres Umfeld.

Ist das Verhalten an der langen Leine aufgebaut und gefestigt, lässt es sich ohne Weiteres in den Freilauf übertragen. Nur der Anspruch in der Umwelt sollte von leicht bis schwer ohne die sichernde Leine nachgearbeitet werden.

WEITER ODER REIZVOLLES LINKS LIEGEN LASSEN

Viele Hundehalter kennen das Phänomen, dass alles, was dem Hund Freude bereitet, am liebsten nie enden möge. Der vierbeinige Begleiter schnüffelt oder guckt sich fest, denn er hat gerade den interessantesten Geruch entdeckt oder den attraktivsten Hasen schlechthin gesehen. Wo es möglich und die Zeit dafür da ist, kann man dem Hund

„Moment“, die Bezugsperson schließt auf und …

… verstärkt das lose Warten an lockerer Leine.

gerne die Zeit geben, sich im Leinenradius oder im Freilauf sein Umfeld und dessen Bewohner in Ruhe anzuschauen und „wilde" Hinterlassenschaften zu beriechen, wenn dadurch kein Wild beunruhigt wird. Uns bleibt nur, geduldig zu warten oder den in seine Welt versunkenen Hund anzuleinen und mitzunehmen.

In gleicher Weise wie das Leinenende-Signal lässt sich das Mitnehmen so gestalten, dass es einen Lerneffekt in sich birgt und Hund und Mensch etwas davon haben. Mitnehmen meint, der Mensch strafft die Leine, nimmt den Hund unter stetigem Zug mit (Nicht rucken!). Dieser lockert irgendwann die Leine und folgt. Das passiert ab und zu einfach, Sie wollen weiter und schleppen den Hund ab. Wann und ob seine Bezugsperson weiterlaufen möchte, kann der Hund nicht absehen, er spürt es, wenn sich die Leine spannt. Versehen wir das Ganze mit einer Ankündigung, kann der Hund einschätzen, was wir als Nächstes tun, und kann uns leichter folgen.

AUFBAU

Geführt wird der Vierbeiner im Aufbau am besten an der etwas kürzeren Leine (3 – 5 m), so ist es einfacher, diese zu straffen. Entweder bauen wir die Umwelt in unser Training ein, und das sollte bei Hunden, die von optischen, geruchlichen und akustischen Reizen magisch angezogen werden, nicht allzu schwer sein, oder wir legen selbst etwas aus (Futter, Spielzeug ...), was der Hund gerne haben möchte. Bei Variante zwei ist es wichtig, dass Sie ungeplantes, vorzeitiges Mopsen des ausgelegten Futters oder Spielzeugs mit einer angepassten Leinenlänge abwenden.

Hat sich Ihr Hund nun an etwas festgeschnuppert, -geguckt oder möchte zu der von Ihnen ausgelegten Ablenkung, sprechen Sie gut vernehmbar das noch unbekannte Signalwort, z. B. „Weiter!", „Komm mit!", „Los jetzt!", und warten die obligatorischen zwei Sekunden ab. Erinnern Sie sich? Das Zeitfenster benötigt Ihr Hund, um die Ankündigung mit der dazugehörigen Konsequenz zu verknüpfen. Auf diesen Vorhersager hin reagiert er zukünftig frühzeitig, und die Konsequenz des Abschleppens bleibt aus. Mit dessen Ausbleiben gelangen wir zu einem Signal, das auch abgeleint tauglich ist.

Einfach mitnehmen

Nach der Ankündigung straffen Sie die Leine, stemmen Ihre Ellenboden an den Körper und nehmen den Hund unter stetigem Zug mit. Es bleibt nicht aus, dass Sie ihn dabei etwas aus dem Gleichgewicht bringen. Das ist so gewollt, denn wir wollen stören, es ihm ein wenig ungemütlich machen. Nehmen Sie Ihren Hund seitlich oder nach hinten mit, somit an der Ablenkung vorbei oder von ihr weg.

Achten Sie darauf, dass Sie ihm nicht versehentlich das Geschirr überstülpen! Sobald Sie bemerken, dass die Leine sich von Hundeseite aus lockert, geben Sie das Markersignal und belohnen Ihren Hund bedürfnisgerecht von der Ablenkung weg. In seltenen Fällen, wenn wir damit kein Wild beunruhigen, darf die Ablenkung die Belohnung

Birla vernimmt das „Weiter!", bevor ihre Bezugsperson sie an ...

... gestraffter Leine mitnimmt. Sie lockert, folgt und wird belohnt.

sein, ein attraktives Mauseloch würde sich dafür eignen. Die Ablenkung zur Belohnung zu machen, darf kein Muster werden, sonst nimmt der Hund seine Belohnung ganz schnell vorweg. Sukzessive markieren wir immer später, also nicht gleich nach dem Überwinden des Oppositionsreflexes, sondern immer ein kleines Stück des Mitkommens an lockerer Leine später. Lässt es die Intensität des Umweltreizes zu, dann bemerken wir im Trainingsverlauf, dass sich der Hund bereits nach unserer Ankündigung aus der Umwelt verabschiedet und uns an lockerer Leine folgt. Geben Sie das Markersignal und belohnen Ihren Hund so, dass es sich für ihn lohnt. Das Trainingsziel ist erreicht, wenn der Hund bereits auf unsere Ankündigung reagiert und der Konsequenz vorbeugt – kleinschrittig festigen wir auch diese Übung im Freilauf und an attraktiveren Ablenkungen. Wird es kniffelig, verstärken wir die erste richtige Reaktion.

Strafft sich die Leine zwischen Wolke und ihrer Bezugsperson …,

… bringt die Straffung keinen Frust, sie bringt die Umorientierung.

UMORIENTIERUNG ÜBER DEN ZUG AN DER LEINE

Zug erzeugt Gegenzug, der Oppositionsreflex wird im Kapitel „Weiter oder Reizvolles links liegen lassen“ bereits kurz thematisiert. Diesen zu überwinden, ist nicht leicht, denn erst einmal treibt er das Gespann auseinander. Umlernen bewegt das Gespann wieder aufeinander zu. Leinenzug, der bei aktiven Hunden schnell zum Vorhersager von Frust und Erregung wird, ist ein weiterer Grund zum Umlernen. Das, was sich hierbei nicht gut anfühlt, gilt es, durch die Verknüpfung mit attraktiven Ereignissen umzukehren, emotional aufzuwerten. Dafür braucht es nicht viel, nur den Hund, die Leine und das Belohnungspotpourri. Haben Sie keine Scheu, was wir hier nicht trainieren, ist die straffe Leine, lockere Momente wollen wir schaffen!

LOS GEHT'S

Das Gespann steht recht nah beieinander, die Leine ist locker, der Hund ist in die Umwelt gerichtet, aber nicht zu stark abgelenkt. Dies ist der richtige Moment, Zug auf die Leine zu bringen (Nicht rucken!). In die gespannte Leine platzieren Sie das Markersignal und belohnen den Hund u-förmig weg aus der Umwelt auf sich zu. Während der Belohnungssequenz ist die Leine wieder locker. Diesen Ablauf üben Sie mit Ihrem Hund in verschiedenen Umfeldern mit unterschiedlich schwerem Anspruch.
Den nächsten Schritt wagen wir nach einer ausreichenden Wiederholungsgeschichte. Sie richtet sich nach der ursprünglichen Vorhersagekraft des Leinenzuges: Je mehr alter Ballast, desto mehr neue Verknüpfungen sind nötig. Aus derselben Ausgangsposition bringen Sie wieder Zug auf die Leine und warten auf eine erste, richtige Reaktion: den Körperschwerpunkt nach hinten verlagern, die Leine lockern, eine subtile oder deutliche Umorientierung weg von der Umwelt hin zu Ihnen zeigen. Diese wird markiert und belohnt. Was nun folgt, ist das Wiederholen unter steigender Ablenkung. Gut gefestigt wird es Ihrem Begleiter immer leichter von der Pfote gehen, dem Oppositionsreflex nachzugeben und auf den Zug mit einer Umorientierung zu reagieren.

DER GRÜNE WINK

AN DER LEINE *– durchs Revier*

Junge Jagdgebrauchshunde müssen die Regeln, die im Revier herrschen, erst einmal lernen. Stoppsignale, das Heranrufen, der Apport, das Vorstehen, das Nicht-immer-den-Bewuchs-auf-links-Krempeln ... wollen gefestigt werden, und unerwünschtes Verhalten sollte sich keinesfalls etablieren. Denn wenn der Vierbeiner erst einmal Routine im Hetzen, Einspringen und Nachprellen, Wegtragen von Apporteln, Quersuchen, Buschieren und Stöbern auf eigene Kappe ... gewinnt, dann müssen wir diese Dinge mühsam ausbügeln. So oft Leine wie nötig, aber so selten wie möglich ist das Gebot. Trainiert das jagdliche Gespann in schweren, reizvollen Situationen, dann sollte die lange Leine im Revier nicht fehlen, um Fehlern Einhalt zu gebieten. Mit fortschreitenden Fertigkeiten in Sachen Gehorsam, Apport und Co. verlässt die lange Leine die gemeinsame Arbeit im Revier wieder – das funktioniert aber nur, wenn nicht die Leine selbst dem Befolgen der Signale den Weg geebnet hat.

Das lockere Laufen Seite an Seite bringt Freude.

DIE LOCKERE LEINE

Neben der punktuell eingesetzten langen Leine ist die vorbildliche Leinenführigkeit an der umgehängten Führleine eine unentbehrliche Fertigkeit des jagdlich geführten Vierbeiners – auf Prüfungen, auf der Jagd ..., der Halbkreis rund um das Bein des Menschen sollte auch in kniffeligen, heiklen Situationen nicht verlassen werden. Oftmals hängt über die andere Schulter die Waffe, oder es wird gar ein Schuss angetragen – ruhiges Verhalten an der Seite des Menschen ist dann Pflicht. Nun liegt es den Jagdhelfern nicht in den Genen, sich in einem Miniaturradius um ihren Menschen herum zu bewegen, ihre exponierten Puzzleteile aktivieren völlig gegenläufiges Verhalten. Kleinschrittiges und bedürfnisgerechtes Training ist auch hier der Schlüssel zum Erfolg und führt das „grüne" Gespann Seite an Seite durchs Revier.

ENTSPANNT UNTERWEGS, WO'S JAGDLICH REIZVOLL IST

JAGDLICHE ERREGUNG REGULIEREN

Jagdverhalten und das Ansteigen des hündischen Erregungsniveaus sind untrennbar miteinander verbunden, und die Puzzleteile der Beutefangsequenz bedingen einander. So ist jeweils die Erregung des vorhergehenden Puzzleteils die Prämisse für den Start des nachfolgenden Puzzleteils. Auf diese Weise liefert das Fortschreiten des hündischen Erregungsniveaus von Puzzleteil zu Puzzleteil die erforderliche Erregung für das nächste jagdliche Manöver: Das Stellen, Packen, Niederziehen und Töten gerade großen und/oder wehrhaften Wildes wird möglich, weil das vormalige Hetzen die nötige Erregung bereitstellt.
Konnte der Zweibeiner mit seinem Markersignal erwünschtes, hündisches Verhalten bestätigen, z. B. das Herankommen auf das Rückrufsignal aus begonnener Hatz, ist es wichtig, das aktuelle Erregungsniveau aus dem Puzzleteil Verfolgen aufzugreifen, um einen funktionalen Verstärker zu schaffen. Nur bedürfnisgerechtes Belohnen vermag es, Wiederholungen erwünschten Verhaltens hervorzubringen. Es ist eben alles eine Frage der Motivation. Durfte der Hund seiner Hetzbelohnung ausgiebig und ausgelassen frönen, lassen wir das SEEKING ausklingen, bis er sich dem Vertilgen, dem finalen Puzzleteil der Beutefangsequenz, widmen kann: Die Endorphine dämpfen das Dopamin. Reicht das Ausklingenlassen durch Verlangsamung und Futter auspacken, streuen, suchen, fressen ... nicht aus, ergänzen wir den Ausklang um die Entspannungstechniken. Wir greifen das Erregungsniveau im Belohnungsfall bewusst auf, doch für unser Training ist es ebenfalls von Bedeutung, seine Wogen im Bedarfsfall glätten zu können, wenn wir wollen, dass Kommunikation fließen kann, Impulskontrolle und Alternativverhalten gezeigt werden können und Unterbrechbarkeit aufrechterhalten wird. Lange Rede kurzer Sinn: Eine mentale Basis zum Denken und Lernen ist unentbehrlich.

AUF SPARFLAMME?

Das hündische Erregungsniveau konstant auf Sparflamme köcheln zu lassen, mag vielleicht eine verlockende Vorstellung sein, aber damit würden wir am Ziel vorbeitrainieren. Denn es ist unser Ziel, die Erregungsspitzen sanft zu kappen. In „wilder" Umwelt, wo Wild, dessen Vorboten und Hinterlassenschaften permanent um die hündische Aufmerksamkeit werben, möchte es auch der Mensch sein, der die Aufmerksamkeit seines Hundes erregt. Dort, wo angeborene Auslöser SEEKING, angeborenes Verhalten und Distanzverringerung aktivieren, möchte auch der Mensch Emotionen wecken. Emotionen sind mit Erregung verbunden, und sie geben die Richtung vor. Daher sollen attraktive Markersignale, erwartungssichere Belohnungs- und Verhaltenssignale mit einer gehaltvollen Verstärkungsgeschichte die Distanzverringerung zwischen Mensch und Hund aktivieren. Die Emotion SEEKING bringt die Erregung und das Dopamin die Bewegung, beides braucht es für impulsive Reaktionen in beide Richtungen: Hunde- oder Menschenwelt. Für jedes Verhalten im Hundeleben gibt es das passende Erregungsniveau, und das ist es, was es im Training an unerwünschtem Jagdverhalten auszutarieren gilt.

DAS DREIEINIGE GEHIRN

Werfen wir nochmals einen kurzen Blick auf das dreieinige Gehirn nach Paul MacLean: das Gehirn der Reptilien, das der alten und der modernen Säuger (siehe Seite 34).
Diese drei stammesgeschichtlich unterschiedlich alten Schichten lassen sich in puncto Regulation des Erregungsniveaus in Hinter- und Vorderhirn unterteilen: Das Hinterhirn (Stammhirn und Mittelhirn) handelt emotional, reflexiv und impulsiv, das Vorderhirn hingegen denkend, hemmend und besonnen. Es herrscht demnach Arbeitsteilung im Hundehirn, und das retikuläre Aktivierungssystem ist der Umschalter, der Hinter- und Vorderhirn hintereinanderschaltet, der das Erregungsniveau beeinflusst. Die Erregung steigt an oder sinkt ab, und wir sehen z. B. unerwünschtes Jagdverhalten oder erwünschtes Alternativverhalten in „wilder" Nachbarschaft.

ENTSPANNUNGSWERKZEUGE UND IHR EINSATZ

Die Entspannungstechniken geben uns von außen die Möglichkeit, dämpfend auf das hündische Erregungsniveau im Inneren einzuwirken und den Umschalter zugunsten zielführenden Trainings zu kippen. Direkte, konditionierte und aktive Entspannungstechniken greifen in ganz unterschiedlichen Situationen und unter vielfältigen Bedingungen, die das Erregungsniveau zu Ungunsten unseres Trainings tangieren.
Sie greifen, wenn:

— das SEEKING den Stirnlappen überrollt,
— die Emotion SEEKING ausklingen soll,
— der Hund wehrhaftes Wild aufgespürt hat,
— zu viel Impulskontrolle in „wilder" Umwelt geleistet werden musste,
— die Frustrationslast zu schwer wird,
— Aufmerksamkeitsteilung und Motivationskonflikte überhandnehmen,
— jagdliche Erregung und körperliche Anstrengung zusammen auftreten,
— …,

… schlichtweg, wenn wir erregtes und/oder gestresstes Verhalten in „wilder" Umwelt beobachten können (Stichwort: Umschalter).

OXYTOCINAUSSCHÜTTUNG

Die Entspannungsreaktion ist das passende Pendant zur Stressreaktion, die Ausschüttung von Oxytocin, dem Kuschelhormon, das passende Gegenstück zur Ausschüttung von Cortisol, dem Stresshormon. Im Umkehrschluss heißt das, je höher der Cortisolspiegel, desto wirkungsvoller wird die konditionierte Entspannung, die eine Oxytocinausschüttung anstrebt, um den Hund kurz- oder langfristig mit Entspannung zu bestäuben, sollte der Umschalter in Richtung Hinterhirn bereits gekippt sein oder zu kippen drohen. Nun ist die Emotion SEEKING weit entfernt von Stress und negativen Emotionen. Dennoch treten mit ihr stressende Komponenten auf: Wenn SEEKING unterbrochen wird, erwartete Belohnungen ausbleiben und sich Frust breitmacht, Motivationskonflikte aufkommen, weil sich der Vierbeiner zwischen Hunde- und Menschenwelt nicht entscheiden kann …, dann ist Entspannung eine gute Idee! Wurde das konditionierte Entspannungssignal im Aufbau mit Körperkontakt verknüpft, dann wirkt es im SEEKING-Taumel zudem als Kontakt- und Berührungssignal, und holt den Hund zu uns in die Menschenwelt ab.

DIREKT ODER MITEINANDER ENTSPANNEN

In lebendiger Umwelt sind gerade jagdlich motivierte Hunde ungemein lebendig, die Emotion SEEKING ist aktiviert und der Hund widmet sich seiner Umwelt. Das ist auch gut so, denn Umwelterkundung ist ein wichtiges Bedürfnis, ein Grundbedürfnis aller Säugetiere, und biologisch ist dafür ein festes Zeitbudget vorgesehen. Nun steht aber auch das Training rund um die Kontrolle von Jagdverhalten auf unserer Agenda, und dafür ist es essenziell, dass das Hundegehirn an das Denken denken kann. Umschalten von der Hunde- in die Menschenwelt muss möglich sein, Kommunikation muss fließen können.

UNTRÜGLICHE INDIZIENLAGE

Sie kennen Ihren Hund am besten, beobachten Sie ihn gut: Verändert sich etwas an seiner Körpersprache, z. B. eine schnellere, intensivere

Hat das SEEKING Friedas Gemüt in jagdliche Wallung versetzt, wird es Zeit für eine entspannende Abkühlung.

Ihre Bezugsperson lädt sie zum Kuscheln ein, ...

... und Frieda genießt das kuschelige Stelldichein.

Rutenbewegung, eine zackigere Bewegung der Hundenase ...? Schauen Sie sich seine Augen an, wirken sie sehr dunkel, weil die Pupillen vergrößert sind? Hat sich die Konsistenz seines Speichels verändert, und kann man ihn sehen – zäher, weißer „Jagdschnodder", der sich durch intensive Bewegungen des Hundes um seinen Fang geschlungen hat? Bei meinen Ungarinnen sind untertassengroße Pupillen und „Jagdschnodder" untrügliche Zeichen für ein Erregungsniveau, mit dem ich nicht mehr arbeiten kann, jedenfalls nicht mehr lange.
Schlechte oder verzögerte Ansprechbarkeit bestätigt auf der Verhaltensebene, was das Geschehen an der Körperoberfläche bereits vermuten lässt. Wir müssen etwas tun! Den umtriebigen Begleiter heranrufen, wenn das noch möglich ist, ihn anleinen und absammeln, wenn er das Herankommen nicht mehr leisten kann, in jedem Fall aber das Erregungsniveau senken. Das Gegenstück muss her, die Entspannung! Doch Entspannung fällt nicht einfach so vom Himmel, gerade dort, wo SEEKING aktiviert wird, ist Entspanntsein eigentlich keine Option. Entspannung können Hunde lernen, sie können lernen, auch in reizvollem Umfeld immer schneller herunterzufahren und ihr Jagdfieber zu senken.

ENTSPANNEN LERNEN

Hat das Gespann Zeit, sich gemeinsam zu entspannen, dann geht das über Berührungen wunderbar. In kleinen Schritten geht es an das entspannte Ziel, auch dort, wo's „wild" wird. Runterfahren über Berührungen beginnen wir in einer Umgebung, wo Entspannung wahrscheinlich ist, z. B. zu Hause in vertrauter Atmosphäre. Die Nervenendigungen in der Haut unserer Hunde unterscheiden sehr genau, ob Berührungen als angenehm und vertraut eingestuft werden, ob sie frustrieren oder als hemmend und bedrohlich empfunden werden. Das ist eine wichtige Information, denn nur weil der Hund an der Oberfläche ruhig erscheint, muss das nicht heißen, dass er entspannt ist. Es gilt also, herauszufinden, wie Berühren Ihren Vierbeiner tatsächlich entspannt.

Das Wie kann ausschlaggebend sein – Massieren, Streicheln oder Bürsten? Kurzhaarige Hunde schätzen oftmals das Bürsten mit gummiartigen Striegeln oder Handschuhen. Ist das Haar hingegen lang und fluffig, ziept es, und dann ist Bürsten nicht im Sinne der Entspannung. Kreisen die Handflächen oder nur die Fingerspitzen mit dem oder gegen den Uhrzeigersinn, massieren wir nur mit den Handknöcheln, indem wir die Finger gegen die Handfläche pressen, probieren Sie es aus. Arbeiten Sie sich am Hund von vorne nach hinten durch, lassen Sie nach Möglichkeit immer eine Hand am Hund, damit er nicht erschrickt, wenn ihn die Hände plötzlich wieder anfassen. Etwas Druck ist gut, aber angepasst an das Gebäude des Hundes: kleiner Hund, wenig Druck, großer Hund, mehr Druck.

WAS IM HUNDELEIB PASSIERT

Wirken wir mit angenehmen, vertrauten und entspannenden Berührungen auf den Hund ein, dann wird das Bindungshormon Oxytocin ausgeschüttet, und die Bezugsperson bringt sich direkt in das Geschehen unter der Körperoberfläche ein. Der Parasympathikus ist das Ziel unserer Ent-

Füge hat entspannende Berührungen draußen ...

... schätzen gelernt, und so kann ihr Mensch ...

... entspannend eingreifen, wenn es „wild" wird.

spannungsreise. Als Teil des vegetativen Nervensystems ist er an Balance im Körper, an Ruhe und Regeneration maßgeblich beteiligt, er sorgt dafür, dass sich der Hund wohlfühlt und entspannt.
Er dämpft das an Wallung, was der sympathische Teil des vegetativen Nervensystems freigesetzt und aktiviert hat, Energie, Durchblutung der Muskeln, die Herzfrequenz, das SEEKING ..., die Wogen der Erregung glätten sich.
Betrachtet man das Individuum oder den Hundetyp, so gibt es unter ihnen wahre Entspannungswunder und Exemplare, die bereits bei Kleinigkeiten aus dem Fell springen. Ob parasympathisch oder sympathisch dominant, dafür gibt es eine genetische Grundlage, Emotionen, so auch das SEEKING, sind schwerer oder leichter auslösbar. Der SEEKING-betonte Hundetyp zu sein, ist auch Ergebnis der langen Selektionsgeschichte – sinnvoll für den Jagdgebrauch oder die Hütearbeit, hinderlich für unser Training, aber wir nehmen die Herausforderung an!
Kommen wir auf den entspannenden Punkt zurück, auch das Wo entscheidet über den Wohlfühlfaktor. Während Sie sich von vorne nach hinten über den gesamten Hundeleib hinwegarbeiten, legen Sie eine Landkarte des hündischen Körpers an – wo entspannt Ihr Hund, wo wird er aktiviert, wo weicht er aus?

LANDKARTE DES HUNDEKÖRPERS

Sollten Sie von schmerzhaften Bereichen Ihres Hundes Kenntnis haben, so werden diese von vornherein ausgespart. Gibt es Bereiche, die für den Hund einfach nur ungewohnt sind, lassen diese sich erarbeiten – das Berühren solch ungewohnter Regionen kündigt z. B. das Berühren bevorzugter Körperteile oder Körperregionen an, so werten wir sie auf (Stichwort: Pawlow).
Die Landkarte des Hundekörpers gibt Ihnen Auskunft darüber, was Sie in den Entspannungsprozess einbinden können und was nicht. Ein Etappenziel ist erreicht, wenn der Hund zu Hause beim Abarbeiten seiner Landkarte immer schneller entspannt und wir den Prozess der Entspannung auf andere Umfelder übertragen können. Achtung: Dort, wo es die Umwelt dem Hund schwerer macht, sich zu entspannen, erwarten wir weniger und machen kleinere Entspannungsschritte. In „wilder" Umwelt müssen die Anzeichen für einen entspannten Hund gar nicht so deutlich sein, subtile Veränderungen können ausreichen: Die Pupillen schrumpfen, die Atemfrequenz verändert sich, die Körpersprache wird weicher ... Wir sind nicht zu Hause, ein eingerollter, schlafender, schnarchender Vierbeiner am Waldrand wäre eine falsche Erwartungshaltung.
Trotz aller Bemühungen gibt es Hundeindividuen, die mit Berührungen dieser Art nicht klarkommen oder gar entspannen, diese mögen vielleicht Kontaktliegen oder liegen einfach so für sich allein wohlig eingerollt auf gemütlichen Liegeplätzen oder räkeln sich hier und da genüsslich. Auch damit können Entspannungssignale verknüpft und Entspannung nach draußen übertragen werden. Isometrisches Anfassen kann über ein kleinschrittiges Annäherungstraining erarbeitet werden, und der Hund kann über diese Art des Berührens lernen, herunterzufahren.

STATIONEN AUF DER REISE ÜBER DEN HUNDEKÖRPER

- Fangoberseite und Kinn
- Augenbrauen und Stirn
- Ohrlappen und Ohrmuscheln
- Nackenbereich gleich hinter den Ohren
- Nacken
- Schultern
- Rücken
- Kruppe und Rute
- Vorder- und Hinterbeine inklusive Pfoten
- Brust
- Bauch

DAS ISOMETRISCHE ANFASSEN

Je stimulierender und attraktiver das Umfeld, desto schwerer fällt es unseren wuseligen Gefährten, sich auf Berührungen einzulassen. Manchmal will es partout nicht passen. Ein Übergangsritual wäre gut, eine Art Ersatz für Wusel-Notfä/elle, etwas, das Aktivität einschränkt, ohne zu hemmen, das es vielleicht sogar zulässt, dass sich der Wusel dabei noch mit den Reizen in der Umwelt auseinandersetzen kann. All das leistet das isometrische Anfassen: Der Hund drückt sich bzw. einen Körperteil aktiv in die Hand des Menschen. Es ebnet den Übergang vom SEEKING-Modus in den Entspannungsmodus, die Überleitung vom Training mit Markersignalen und Co. hin zum Entspannungstraining. Bewegung wird reduziert, Warten und Stehenbleiben werden unterstützt, und wenn sich der Hund gerade mit einem jagdlichen Auslöser oder einem seiner Vorboten konfrontiert sieht, an dem das Duo gerade noch das Stehen und Gucken bzw. Anzeigen erarbeitet, erreicht die isometrische Übung eine Aufmerksamkeitsteilung. Hunde- und Menschenwelt sind gleichermaßen präsent, der Hund driftet nicht in die Hundewelt ab, weil er parallel eine Aufgabe aus der Menschenwelt zu bewältigen hat, dem Kippen des Umschalters vom Vorder- in den Hinterhirn-Modus wird Vorschub geleistet.

WAS ZU BEDENKEN IST

Doch nun zur eigentlichen Übung, die zwar leicht anmutet, aber auf einen angepassten ggf. kleinschrittigeren Aufbau sollte großen Wert gelegt werden, insbesondere bei berührungsempfindlichen Hunden. Die fertige Übung soll den Hund unterstützen, wenn er kurz davor ist, aus dem Fell zu springen, bzw. dieses bereits verlassen hat, und das gelingt nur mit einem gewissenhaften Aufbau. Es gibt bei Übungen, die per se etwas mit Anfassen, Nähe oder Einschränkung zu tun haben, eine

Rhodesian Ridgeback Henry hält dem isometrischen Anfassen gerne Stand und lehnt sich aktiv gegen die Hand.

kleine Regel, die man sich gerade zu Trainingsbeginn merken sollte: Das Gehirn unserer Hunde arbeitet arbeitsteilig, die rechte Hälfte kümmert sich um Bedrohliches, die Linke um Vertrautes. Nun kommt hinzu, dass optische, akustische und taktile Reize diagonal verarbeitet werden – was von rechts reinkommt, landet links und umgekehrt. Auf unsere Übungen übertragen, sollten Sie einfach nur beachten, dass Sie sich auf der rechten Körperseite des Hundes befinden bzw. die Hand von rechts kommt, wenn Sie ihn rechts berühren oder einschränken möchten, so landet der taktile Reiz in der linken Hirnregion und wird von vornherein als vertrauter eingestuft.

Sie helfen Ihrem Hund immens, wenn das Umfeld im Aufbau recht reizarm ist und er vor Beginn der eigentlichen Übung von Ihnen über das Markersignal und Belohnungen eine Rückmeldung für eine vernünftige Ausgangsposition bekommt, z. B. neben Ihnen stehen oder sitzen. Das macht das Training ruhiger und frustarm.

Dafür wird markiert und in der Position belohnt.

LOS GEHT'S

Stehen oder sitzen Sie beide in der idealen Ausgangsposition, kann es losgehen. Als Vorhersager für den Hund, was nun gleich auf ihn zukommt, sagen Sie gut hörbar eine Ankündigung für das Anfassen, pauschal für das Anfassen selbst, „Anfassen", oder bezogen auf den anzufassenden Körperteil, „Schulter", „Po" o. Ä. Atmen Sie tief durch (21, 22) und bewegen danach erst einmal von rechts Ihre Hand auf den Hundeleib, z. B. die rechte Schulter, zu. Beugen Sie sich dabei nicht über Ihren Hund und starren ihn auch nicht an, behalten ihn aber vorsichtig im Auge, damit Sie aufkommendes Unwohlsein gleich erkennen können. Erreichen Sie im ersten Rutsch die Schulter, legen Sie Handfläche oder Handrücken vorsichtig auf, geben das Markersignal, lassen dabei die Hand am Hund, holen mit der anderen Hand ein Belohnungsbröckchen heraus und geben es ihm, dabei bleibt die Hand noch immer am Hund. Hat er aufgegessen, nehmen Sie die Hand wieder weg und wiederholen den Ablauf.

Der nächste Schritt

Klappt das Annähern und Handauflegen ohne Probleme, wagen Sie sich einen Schritt weiter. Die Ausgangsposition behalten Sie bei, geben wieder die Ankündigung „Schulter" plus zwei Sekunden zeitlichen Versatz. Erst dann bewegt sich Ihre Hand auf die Schulter zu, Sie legen sie auf und bringen mit der flachen Hand einen ganz leichten Druck auf die Hundeschulter. Wenn der Hund nicht ausweicht oder gar schon einen leichten Gegendruck (Oppositionsreflex) anbietet, kommt das Markersignal mit der Hand am Hund, die Belohnung mit der Hand am Hund, und erst nach dem Schlucken wird die Hand entfernt.

Das isometrische Anfassen muss gut aufgebaut und gefestigt werden, das Umfeld wird schwerer, die Dauer des Gegendrucks länger und dessen Intensität stärker. Denken Sie bitte daran, immer nur ein Kriterium anzuheben, Dauer oder Intensität. Klappt beides einzeln gut, fügen Sie es zusammen. Natürlich dürfen auch andere Körperregionen einbezogen werden: beide Schultern, beide Hüften, die Brust, die Kniekehlen, beide Rippenbögen ..., auch hier gilt, schmerzhafte oder unliebsame Stellen müssen ausgespart werden.

Bretonen-Setter-Mix Mitch kann sich auch dort entspannen, wo völlig gegenläufiges Verhalten aktiviert wird.

Beide Seiten erarbeiten

Als eine Übung, die aus der Physiotherapie kommt, die also Muskelgruppen kräftigt, sind ein beidseitiger Aufbau und eine beidseitige Praxis wichtig. Mit berührungsempfindlichen Hunden erarbeiten wir das Anfassen über ein Annäherungstraining, dabei stoppt Ihre Hand, bevor der Hund Unwohlsein zeigt. Diese Position wird markiert und auch belohnt. Hat der Hund seine Belohnung vertilgt, verlässt die Hand die Position. Auf diese Weise nähern Sie sich dem Hund, und erarbeiten sich dann Dauer und Intensität des Gegendrucks. War das Duo fleißig und ist die isometrische Übung aufgebaut und gefestigt, wird sie benutzt: beim Stehen und Gucken an Wild, beim Warten in der Dummyarbeit, als Einstiegsritual in eine Entspannungsmassage, zum Ausklingenlassen von SEEKING-Verhalten … Zudem auch immer wieder in neutralen Situationen, damit keine ungewollte Erregungsverknüpfung entsteht.

ENTSPANNUNGS-AKKUS „TO GO"

Im Laufe unserer Forschungsreise in Sachen Entspannung haben wir herausgefunden, wie und wo wir den Hund berühren müssen, um eine Entspannungsreaktion auszulösen. Den Entspannungsprozess haben wir gefestigt, sodass es dem Entspannungsprobanden auch außerhalb der vertrauten und reizarmen vier Wände immer leichter von der Pfote geht, herunterzufahren. Isometrisches Anfassen schlägt vielleicht eine Brücke hin zu Massagen, Bürstenstrichen …, und bei den berührungsempfindlichen Hundeexemplaren wissen wir, wann sie sich ohne unser Zutun oder einfach nur in unserer Nähe von selbst entspannen. Das ist schon richtig gut, aber da geht noch mehr. Auf Spaziergängen, wo das Gespann oftmals ungeplant über z. B. Reh, Hase, Fasan oder deren Fährten, Spuren und Geläufe oder ihre sonstigen Revierzeichen stolpert, wäre es hilfreich, wenn man den angeschalteten Gefährten mit Entspannung „bestäuben" könnte. Es müsste also möglich sein, akustische, taktile, geruchliche oder optische Signale zu haben, denen die Entspannungskomponente anhaftet: Vorhersager, die unter der hündischen Körperoberfläche Entspannung auslösen. Denkbar wären ein konditioniertes Entspannungswort, das, gut wahrnehmbar ausgesprochen, einen kurzen Knick in der Erregungskurve schafft, indem wir ein sinnbringendes Signal an den Hund bringen können, oder ein Geruch, den der Hund am Leib trägt, der das Hundehirn langfristig im Vorderhirnmodus hält. Auch eine spezielle Decke wäre denkbar, die, wann immer sie im Wahrnehmungsbereich des Hundes auftaucht, die Erwartungssicherheit bringt, dass es nun vom SEEKING in die Entspannung gehen soll.

Inseln der Entspannung machen es möglich.

AUFBAU DER ENTSPANNUNGSSIGNALE

Hier haben wir wieder ein anschauliches Beispiel dafür, wie Pawlow es sich auf unserer Schulter gemütlich macht, denn das Verknüpfen von Signalen mit Entspannung hat nichts mit Räucherstäbchenromantik zu tun. Denn es ist simple Lerntheorie, und die klassische Konditionierung greift immer, uralt und tausendfach bewährt.

Für den Aufbau und das Aufladen unserer Entspannungsgehilfen ziehen wir uns in hündischer Begleitung an einen Ort zurück, wo Entspannung eine gehaltvolle Wiederholungsgeschichte hat, z. B. zu Hause auf dem Sofa.

Das Berieseln des Hundes mit den ausgewählten Entspannungssignalen ist die Lösung für alle Fä/elle, denn irgendwann entspannt jeder Hund, für sich allein oder in unserer Nähe. Zufrieden schmatzend, sich wohlig räkelnd, finden wir den Hund auf seinem Lieblingsplätzchen oder im Kontaktliegen mit uns vor, und alles, was wir nun tun müssen, ist das Ausbringen des Entspannungsgeruchs auf einem kleinen Läppchen in Schnüffeldistanz zur Hundenase, nicht zu nah und nicht zu fern, das Einlegen der Klaviermusik, das Hinlegen der Entspannungsdecke oder das wiederholte, gut vernehmbare Säuseln unseres Entspannungswortes „Eeeeeasyyyyy …", nach einer Pause abermals „Eeeeeasyyyyy …". Das Gehirn verknüpft den entspannten Zustand mit den gesetzten Signalen. Ist der Hund wieder aktiv, verstummt die Akustik, verschwindet Geruch oder Decke.

MÖGLICHE KONDITIONIERTE ENTSPANNUNGSSIGNALE

— **Olfaktorische Signale** über ätherische Öle wie Kamille, Lavendel, Zitrone, Koriander …
Info: Viele ätherische Öle haben per se eine entspannende oder stimmungsaufhellende Wirkung. Sie sollten anfangs gut verdünnt werden, 1 Tropfen des ätherischen Öls auf z. B. 10 Tropfen Mandelöl, damit der Hund es nicht als abstoßend empfindet, und der Hund sollte seinen Abstand dazu selbst wählen können. Aufgeladen werden müssen sie trotzdem, sonst käme es über kurz oder lang zu einem gegenläufigen Ergebnis.

— **Taktile Signale** über das Berühren eines Körperteils, z. B. des Brustkorbs, oder ein umgelegtes Halstuch
Idee: Der Entspannungsgeruch könnte auf das Halstuch auf- und am Hund angebracht werden, jedoch erst, wenn klar ist, dass der Hund den Geruch als angenehm empfindet.

— **Optische Signale** über eine Decke oder ein Handtuch in blau oder weiß
Info: Weiß und Blau heben sich aus dem optischen Wahrnehmungsspektrum des Hundes sehr gut ab und haben so einen hohen Wiedererkennungswert.

— **Akustische Signale** über ein Wortsignal wie „Eeeeeasyyyyy …", Coooool … ", „Ruuuuheeeee …" oder klassische Klaviermusik
Anregung: Das Entspannungswort sollte in Aufbau, Aufladen und Anwendung in gut hörbarer, normaler Lautstärke und dämpfend gesprochen werden. Die Musik wäre als Begleitung im Auto geeignet, wenn es zum Spaziergang geht.

Vielfellige Möglichkeiten

Die Voraussetzung ist, dass Sie wissen, über welche Berührungen sich Ihr Hund in kurzer Zeit, innerhalb von ein paar Minuten, in einen entspannten Zustand bringen lässt. Sie setzen das gewünschte Signal – Musik, Decke, Geruch, Wort … –, atmen tief durch (21, 22) und starten Ihre entspannenden Maßnahmen, kraulen, streicheln, massieren oder bürsten Ihren Hund so, wie er es am liebsten mag. Für das konditionierte Entspannungswort, das Sie zuvor gegeben haben, gilt: Wiederholtes, dämpfendes Aussprechen ist möglich, aber halten Sie vor den Wiederholungen kurz inne, sprechen und beginnen nach ca. zwei Sekunden wieder mit den Berührungen. Ihre Entspannungsmaßnahmen sollten langsam ausklingen. Tingelt der Hund wieder durch die Bude, verschwinden die Entspannungsutensilien. Auch für die Vergesslichen unter uns gibt es eine Lösung, und das gilt ganz besonders für meine Vizsla-Mädels und mich. Wenn wir es uns schon auf der Couch vor dem Fernseher gemütlich gemacht haben, meine Hände das semmelgelbe Fell durchkneten und die zwei gelassen grunzen – das oder die Entspannungssignal/e vorabzusetzen, habe ich verschludert – halte ich kurz inne und raune mein „Eeeeeasyyyy…“.

Verknüpfungsdauer und Einsatzbereitschaft

Was eine ausreichende Verknüpfungsgeschichte ist, hängt natürlich vom Entspannungsfleiß des Teams ab, klassische Konditionierung an sich funktioniert sehr schnell, demnach wären ca. zwei Wochen, innerhalb derer die Verknüpfung von Signal und Entspannung mehrmals über den Tag verteilt geübt wird, ausreichend, um den ersten entspannenden Einsatz zu proben.
Wie kommt das konditionierte Entspannungswort zum Einsatz? Eine frische Hasenspur, Ihr Hund und Sie befinden sich in freier Wildbahn und er beginnt mit dem Austüfteln des Geruchs: Sie rufen Ihr „Eeeeeasyyyyy…“, und erst dann ertönt das Rückrufsignal. So schaffen Sie eine kurze Lücke im SEEKING, das Rückrufsignal füllt diese Lücke, und der Hund reagiert wie gewünscht. Noch einmal die frische Hasenspur, der Hund und Sie, und Ihr Hund hat sich bereits an der Hasenspur festgesaugt und verfolgt sie hoch motiviert, Sie rufen ihn ab, er kommt heran, wird passend zur Motivation ausgelassen belohnt, das Erregungsniveau ist und bleibt hoch. Sie lassen ihn noch etwas Futter am Boden suchen, „Eeeeeasyyyyy…“ plus isometrisches Anfassen, die Pupillen verkleinern sich, Ihr Hund wird ruhiger, und Sie beide setzen den gemeinsamen Weg fort.

Die Entspannungsdecke

Wie verhält es sich nun mit der blauen Decke, die Sie zuvor mit hündischer Entspannung verknüpft haben? Wann immer Sie draußen mit Ihrem Hund entspannen möchten, taucht vorher die besagte Decke auf. Ihr haftet nicht nur durch den Aufbau und das Aufladen Entspannung an, sie gibt über die Wiederholung eine Erwartungssicherheit, dass für diesen Moment die Umwelterkundung vorerst abgeschlossen ist und Entspannung folgt.

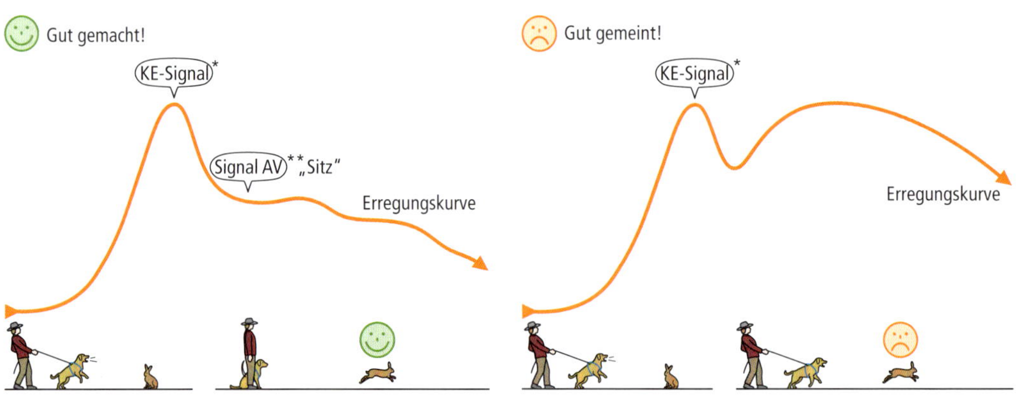

Entspannungssignale und wie sie wirken

* KE – konditionierte Entspannung ** AV – Alternativverhalten

Rudis blaues Entspannungsdeckchen gibt ihm die Erwartungssicherheit, dass Entspannung das SEEKING ablöst.

Auf die Ladestation

In der Überschrift steht Entspannungs-Akkus „to go", die Mitnahmeoption haben wir geklärt. Das entscheidende Merkmal eines Akkus ist, dass er nach Gebrauch wieder aufgeladen werden muss. Aufbau und Aufladen sind identisch, man muss es nur machen. Sie profitieren in der Anwendung davon, wenn Aufbau und Aufladen nicht nur drinnen stattfinden, sondern auch draußen, wo die konditionierten Entspannungssignale entladen werden. Auch an dieser Stelle noch einmal der Hinweis, draußen in „wilder" Umwelt braucht es keinen schnarchenden Hund. Verminderte Aktivität, Veränderungen im Klein- und/oder Großgedruckten seiner Körpersprache sind als Entspannungsausbeute völlig angemessen. Wie wäre es zuvor mit Beobachtungsübungen möglicher Entspannungsausbeute?

Achtung Konditionierte Entspannungssignale, die als Dauersignale gegeben werden und im Wahrnehmungsbereich des Hundes verbleiben, wie die Musik auf der Fahrt zum Spaziergang oder das beduftete Tuch am Hals des Hundes in jagdlich reizvoller Umwelt, geben einen langfristigen Effekt von Entspannung oder besserer Ansprechbarkeit, das Hundegehirn wird mit dem Dauersignal berieselt. Das konditionierte Entspannungswort erzeugt einen kurzfristigen Effekt, einen Moment der Ansprechbarkeit, es wird gehört, verarbeitet, bewirkt ein kurzes Absinken der Erregungskurve, und in diese Senke gehören das Alternativverhalten oder die Entspannungsmaßnahme, ansonsten würde das Erregungsniveau gleich darauf wieder in die Höhe schnellen und das unerwünschte Verhalten erneut beginnen oder es würde nach einer aufregenden Belohnungssession stark begünstigt.

HILFE ZUR SELBSTHILFE

Noch denken zu können, ist die Grundlage, soll der Vierbeiner aktiv in das Entspannungsgeschehen eingebunden werden – der Schalter darf noch nicht gekippt sein. Wenn wir uns doch verschätzt, haben, helfen vor der Aktivität entspannende Berührungen oder das Entspannungswort. Die Idee hinter der aktiven Entspannung ist es, das Runterfahren über Dehnung und Entspannung von Muskulatur zu fördern – ihre Funktion als Aufmerksamkeitsteiler bekommen wir frei Haus geliefert. Das isometrische Anfassen geht in diese Richtung, der Mensch initiiert den Oppositionsreflex, und der Hund reagiert mit Gegendruck, es hat von beidem etwas, Aktivität von beiden Hälften des Gespanns. Unter Hunden gibt es Exemplare, denen das Sich-an-die-Bezugsperson-Drücken besonders gut von der Pfote geht, sie suchen engen Kontakt, finden das Oxytocin, und das tut ihnen gut. Mit diesen Exemplaren lässt sich das isometrische Anfassen ausbauen: Sie können lernen, aktiv die Hand aufzusuchen und sich hineinzudrücken, erst dann natürlich, wenn diese Übung gut gefestigt ist und ihnen Dauer und Intensität des Gegendrückens keine Probleme bereiten.

HERANGEDRÜCKT

Das Gespann startet in einer guten Ausgangsposition nebeneinander, die gerne ein paar Mal markiert und belohnt werden darf, Sie sprechen gut vernehmbar die Ankündigung, z. B. „Schulter", bewegen Ihre Hand auf die Ihnen zugewandte Hundeschulter zu, diesmal aber nur so weit, dass Sie nur die Haarspitzen berühren. Kommt Ihnen der Hund auch nur ein klitzekleines Stückchen entgegen, markieren Sie sofort mit der Hand am Hundeleib, belohnen ihn mit der Hand am Leib, lassen ihn aufessen und nehmen dann Ihre Hand wieder weg. Aus einem klitzekleinen Stückchen des Entgegenkommens wird ein kleiner Druck, aus dem sich immer mehr ein sattes In-die-Hand-Hineindrücken entwickelt. So formen Sie Stück für Stück mehr Initiative und Aktivität von Hundeseite, er bewegt sich auf Ihre Ankündigung hin aus immer größerer Distanz auf Ihre Hand zu, um seine Schulter hineinzudrücken. Wie viel Aktivität Sie in den verschiedenen Situationen erwarten, hängt vom Anspruch in der Umwelt ab. Möchten Sie gerade das Stehen und Gucken an Wild unterstützen, dann sind Sie die zuerst drückende Kraft: Viel Aktivität in „wilder" Nachbarschaft hilft nicht viel!

Katis Diener ist beliebter Trick und aktive Entspannungsübung zugleich, dehnend kann sie sich selbst entwuseln.

DEHNEN MIT DIENER UND „DOWN"

Der Diener und das gute, alte „Jäger-Down" helfen dem Hund gleichermaßen in die Muskeldehnung und Muskelentspannung, einen freundlichen Aufbau vorausgesetzt, denn wir wollen ihn ja entspannen und nicht hemmen. Mein aktives Entspannungsrepertoire, aus dem ich im Bedarfsfall für meine beiden Vizsla-Mädels schöpfe, umfasst das isometrische Anfassen im Schulterbereich sowie den Diener und das „Down".

Der Diener mit seiner Dehnung von Bauchmuskulatur, Schultern, Ellenbogen, Lende ... war etwas, was die zwei hier und da von selbst anboten, ich musste ihn nur noch mit dem Markersignal einfangen und belohnen. Nun sah ich ihn öfter, so auch in Situationen, in denen gerade Wuseligkeit, Erregung, Frust oder Stress aufkamen. Es tat den beiden gut, sie halfen sich selbst dabei, etwas runterzukommen. Unter Signal habe ich den Diener bis heute nicht gestellt, wir profitieren alle drei davon, dass er in gewissen Situationen in Eigeninitiative gezeigt und von mir belohnt wird.

Das „Down", das die Nackenmuskulatur dehnt, haben wir wie einen Trick, der ja auch nichts anderes als ein beliebiges Verhalten ist, geformt. Es steht unter Signal, so kann ich das Verhalten gezielt abfragen, wenn ich erkenne, dass unter der Körperoberfläche etwas im Gange ist, was Ungewolltes begünstigen könnte.

Neben dem Einfangen und dem Formen von Verhalten bleibt uns z. B. das Locken: Wir etablieren eine Lockgeste, die anfangs mit Futter bestückt wird, mit der wir das Verhalten bald sicher auslösen können. Später wird es mit einem Signalwort versehen. Schauen wir uns den Aufbau des „Jäger-Downs" an, bei dem der Hund mit dem Kopf zwischen den Vorderpfoten flach auf dem Boden abliegt, über den Weg des Lockens an.

DAS „DOWN" IM AUFBAU

Umfeld Wir brauchen ein Umfeld, in dem der Hund lernen kann, einen geeigneten Untergrund, auf den er sich gerne legt, ein paar Belohnungsbröckchen, ein Signal fürs Ablegen oder eine Decke, die der Hund zuvor mit Ablegen verknüpft hat, und schon kann es losgehen.

Rudi lernt den Bewegungsablauf ins „Down" über die Locktechnik.

Kleinschrittig werden Lockmittel und Geste durch ein Wort ersetzt.

Die geeignete Ausgangsposition ist bei dieser Übung das Liegen, ausgelöst durch ein bekanntes Signal, z. B. „Platz" oder die Decke, auf der das Ablegen zügig gezeigt wird. Das „Platz" darf von Ihnen gerne einige Male markiert und belohnt werden. Einen kleinen Hinweis, auf welches Verhalten Sie aus sind, können Sie Ihrer zukünftigen Flunder hier schon geben: Nach dem Markersignal füttern Sie die Belohnung so bodennah, dass das Hundekinn den Boden berührt.

Schritt 1 Doch nun kommen wir zum eigentlichen Etablieren der Lockgeste. Dafür nehmen Sie zwischen Daumen, Zeige- und Mittelfinger ein Belohnungsbröckchen zur Hand und führen dieses zwischen den Vorderbeinen des liegenden Hundes so zu Boden, dass sein Kinn auf dem Boden auftippt, diesen Moment markieren Sie und geben in dieser bodennahen Position das Bröckchen frei. 3 – 5 Wiederholungen folgen.

Schritt 2 Im nächsten Trainingsschritt deuten Sie das Zur-Hand-Nehmen des Belohnungsbröckchens an, vollziehen die gleiche Lockbewegung, markieren den Kinn-Boden-Kontakt, holen erst dann das Bröckchen heraus und geben es wieder mit Kinn-Boden-Kontakt. Wir markieren und belohnen in der gewünschten Position, so kann Ihr Hund das Wunschverhalten doppelt mit positiver Resonanz verknüpfen. Beide Schritte wiederholen Sie drinnen und draußen. Wann immer Sie zu Trainingsbeginn das Umfeld wechseln, locken Sie ca. 3 Mal mit Futter, die Durchgänge danach nur noch mit der Geste. Das Andeuten des Futter-zur-Hand-Nehmens schleichen Sie aus, sodass Sie drinnen und draußen bald nur noch die Lockgeste ohne Futter benötigen, um das Kinn Ihres liegenden Hundes auf dem Boden zu platzieren.

Füge lernt das „Down" in kleinen Schritten über das Kinntarget.

Schritt 3 Was nun folgt, ist das Einnehmen der Down-Position aus dem Stehen, wir fügen also ein neues, erschwerendes Kriterium hinzu, vorübergehend wird es für den Hund an anderer Stelle etwas leichter. Sie beginnen aus der stehenden Position mit der Lockgeste plus Futter in der Hand und markieren ein erstes Einknicken über den Vorderleib, belohnt wird wie gehabt im Kinnkontakt am Boden. In den nächsten Wiederholungen markieren Sie immer später, bis das Markersignal für den platten Hund mit plattem Kinn auf dem Boden ertönt und er so das Belohnungsbröckchen aus Ihrer Hand knabbert. Klappt es mit Futter flüssig, gibt es nur noch die Futterandeutung. Sie führen den Hund mit der Geste in Richtung Boden, markieren und belohnen Ihren Hund in der Down-Position. Denken Sie daran, auch bei diesem Schritt das Markersignal kleinschrittig zu verlagern, bis das Verhalten perfekt ist. Bevor wir nun das Wortsignal für das Einnehmen des „Downs" einführen, muss

Bietet der Hund das „Down“ freiwillig häufig an, muss es wie bei Wolke nur eingefangen und benannt werden.

die auslösende Geste drinnen und draußen ohne Futter und Andeutung gut gefestigt werden. Markiert und belohnt wird in der Down-Position, das Markersignal erklingt bei Erschwernissen im Umfeld oder auf dem Untergrund (nass, pieksig, hart o. Ä.) ggf. etwas früher. Sie sollten die Geste aus einer immer aufrechteren Position geben und diese etwas reduzieren.

Schritt 4 Mit einer sicher auslösenden Geste der Down-Position aus dem Stehen heraus – dies gilt für Hund und Mensch gleichermaßen – verknüpfen Sie als Nächstes das Signalwort mit dem Verhalten. Sie geben, aufrecht stehend, das neue Signalwort „Down“, atmen tief durch (21, 22), führen Ihren Hund mit der vertrauten Geste in die gewünschte Position, markieren das „Down“ und belohnen im „Down“. Zum Festigen des Ablaufs von Signalwort, Geste und Verhalten übertragen Sie das Ganze in abwechselnde Umfelder. Endziel ist es, dass der Hund sich entweder über das Wort oder über die Geste platt wie eine Flunder ablegt, das Auslösen des Verhaltens über die Geste haben Sie abgehakt, nun isolieren wir noch das Signalwort für die Flunder.

Schritt 5 Sie stehen aufrecht, sprechen das Signalwort „Down“, Ihr Hund beginnt, sich zusammenzufalten, weil er die vertraute Geste erwartet, Sie markieren die erste Tendenz des Zusammenfaltens und belohnen Ihren Hund in der Down-Position. Schritt für Schritt markieren Sie auch hier immer später in den Bewegungsablauf, bis sowohl Markersignal als auch Belohnung in der Flunder-Ablage kommen. Nicht vergessen, das Auslösen und die Dauer des gewünschten Verhaltens müssen gefestigt und ausgebaut werden. Erst dann haben Sie zwei sichere Möglichkeiten, Ihren Hund in wuseligen, frustrierenden, stressenden Situationen im „Down“ abzulegen, seine Nackenmuskulatur zu dehnen, ihn runterzufahren und den Spaziergang entspannter fortzusetzen.

DER GRÜNE WINK

ENTSPANNUNG

— *im Jagdgebrauch*

Was soll das, mag man sich fragen, Entspannung bei der jagdlichen Arbeit? Der Hund soll doch arbeiten! Natürlich soll er das, der Jagdgebrauchshund soll arbeiten, aber mit Sinn und Verstand! Ein kurzer Blick auf sein Betätigungsfeld im Training, im Revier und auf Prüfungen verrät schnell, seinem Talent kommt sein Job an vielen Stellen sehr entgegen: Er darf suchen. Er darf Fährten, Spuren und Geläufe krankgeschossenen Wildes verfolgen. Er darf apportieren. Hier und da darf er sogar niederziehen und abtun. All das sind Puzzleteile aus der Beutefangsequenz, SEEKING ist das Stichwort. SEEKING macht Freude, große Freude, und was große Freude macht, bereitet ein hohes Erregungsniveau, und genau das ist der springende Punkt. Das Erregungsniveau in Alltag und Arbeit auf einem vernünftigen Level zu halten, macht Sinn, denn die Qualität der Arbeitsaufträge darf nicht unter jagdlichem Wahnsinn leiden. Für den Jagdgebrauch lässt sich aus dem gesamten Entspannungspotpourri schöpfen und vieles auf Alltag und Arbeit übertragen.

Entspannungspotpourri: Signalhalsung, Öle, Decken, Bürste …

EINSATZMÖGLICHKEITEN

Rund um den Apport Der Entspannungsgeruch auf der Signalhalsung vermag es, überschäumende Beutemotivation zu dämpfen. Vielen Vorstehern und Retrievern ist eine Veranlagung zum Tragen von Beute in die Wiege gelegt worden. Das heißt jedoch nicht, dass die Beute automatisch gerne und zuverlässig beim Menschen abgeliefert wird. Während wir uns erst drinnen und dann draußen um das Endprodukt des Apports kümmern – Nehmen, Halten und Abgeben – trägt der Vierbeiner einen Tropfen seines ätherischen Entspannungsöls auf seiner Halsung oder einem Halstuch. So färbt die Entspannung auf die Arbeit mit Dummies und Wild ab, und der Apport wird ruhiger und zuverlässiger. Auch später nutze ich bei meiner Ungarisch Drahthaar Hündin die Signalhalsung, mit dem Entspannungsgeruch veredelt, z. B. auf Prüfungen, einfach weil wir dabei beide aufgeregter sind als sonst. Aufgrund der Prüfungssituation aufgeregter zu sein, lässt unerwünschtes Verhalten wahrscheinlicher werden: Bei meiner Hündin war das früher eine widerwillige Abgabe.

Das „Down" im Jagdgebrauch mal anders: Entspannung statt Abbruch! Freundlich aufgebaut funktioniert beides.

Rund ums Warten Gerne zu warten, ist ein Fundstück, das wir im genetischen Paket der Jagdgebrauchshunde selten bis gar nicht vorfinden. Ganz im Gegenteil, sie müssen oft warten, obwohl jede Faser ihres Leibes nach SEEKING schreit. Auch da können wir ihnen helfen. Wartet der Vierbeiner im Revier ohne uns im Auto oder mit uns auf der Kanzel, so könnte er dabei vom Entspannungsgeruch berieselt und von seiner Entspannungsdecke unterstützt werden, auch (isometrisches) Anfassen als Entspannungsmoment wäre denkbar. Zudem ist es sehr hilfreich, das Revier bzw. die Kanzel immer mal wieder aufzusuchen, ohne dass etwas Aufregendes passiert, z. B. gemeinsam auf der Kanzel entspannen und etwaigen Anblick genießen oder leinenführig durchs Revier pirschen. Kann sich der übermotivierte Gefährte beim Erarbeiten von Standruhe und Steadiness mit der Schulter in die Hand des Menschen drücken, dämpfen wir nicht nur Aufregung mit Ruhe und Aufmerksamkeitsteilung, wir vereiteln auch das Einspringen. Ergeben sich auf Drück- und Treibjagden Pausen zwischen den Treiben, greifen entspannende Berührungen, das isometrische Anfassen oder eine Ablage im „Down", um das hündische Gemüt herunterzukühlen.

Rund ums Vorstehen Was für die Steadiness gilt, wenn Dummies oder Wild fallen, gilt auch hier, Einspringen ist unerwünscht. Bereits mit jungen Vorstehhunden ist es sehr zielführend, den vorstehenden Hund mit dem isometrischen Anfassen zu unterstützen, insbesondere und spätestens dann, wenn wir merken, dass sich die Muskulatur auf das Einspringen vorbereitet. Streicht der Fasan schließlich ab, sagen wir „Schulter", der Vierbeiner drückt seine Schulter in die aufgelegte Hand und steht.
Wo könnte Ihr Jagdgefährte eine Brise Ruhe und Entspannung vertragen? Dort platzieren Sie Ihr direktes, konditioniertes oder aktives Entspannungs-Know-how – sein Erregungsniveau wird es Ihnen danken und Sie beide als Team auf der Jagd beflügeln!

KLEINE RITUALE MIT GROSSER WIRKUNG

Menschen trainieren mit ihren jagdlich motivierten Hunden an Kontrolle und Ausgleich von unerwünschtem Jagdverhalten. Und wo bewegt sich das Team für das Training? Genau dort, wo sich Fuchs und Hase gute Nacht sagen. Wir Menschen haben eine etwas andere Sicht der Dinge – dadurch entgeht uns eine Menge an Informationen, die auf den gemeinsamen Spaziergängen auf den Hund einprasseln. Ständig wirken optische, geruchliche oder akustische Reize auf die Aufmerksamkeit des Hundes ein, um ihn auf die „wilde" Seite zu ziehen. Angeborene Verhaltensmuster werden aktiviert, bis zu einem gewissen Grad ist das akzeptabel, solange Lernen und Kooperieren mit der Menschenwelt noch möglich sind. Kippt der Hund gänzlich ins SEEKING und wird von seinen Emotionen und Botenstoffen übermannt, dann kippt auch der Schalter vom Vorder- in den Hinterhirnmodus, und an ein Umswitchen von der Hunde- in die Menschenwelt ist nicht mehr zu denken!
Das so wichtige Alternativverhalten wird von angeborenem Verhalten überrollt. Die Motivation, angeborenes Verhalten in die Tat umzusetzen, ist groß, größer als stets und ständig motiviert zu sein, erwünschtes Verhalten zu zeigen: an Geländeübergängen zu warten, Wild nur anzuschauen, abzustoppen, heranzukommen, Suchaufgaben zu erledigen, sich auf Belohnungen einzulassen ..., irgendwann gewinnt die Hundewelt. Kommen Frustration und Motivationskonflikte hinzu, lässt sich der Hund noch schneller verführen. Neben den Trainingsbausteinen gibt es Kleinigkeiten, die das Training in vielerlei Hinsicht begünstigen: Verbesserung von Ansprechbarkeit, Senken von Erregung, Reduktion von Frustration und Motivationskonflikten und Erleichterung von Impulskontrolle für das Warten und Unterbrechen.

PENDELN

Der lockeren Leine in „wilder" Umwelt ist ein eigenes Kapitel gewidmet, ist sie doch eine nachhaltige Trainingszutat, und mit einem leinenführigen Gefährten ist der Weg zum Pendeln nur noch ein Klacks. Was ist Pendeln? Überall dort, wo jagdliche Auslöser, ihre Vorboten und Hinterlassenschaften präsent sind, werden unsere Vierbeiner von ihnen in den Bann gezogen und ihre Bezugspersonen gleich hinterher. Eine gespannte

„Schlendern" und auf geht es ins fröhliche Pendeln, rechts, links ...

..., Platz fürs Pendeln ist auf dem kleinsten Weg.

Leine, Frust und Erregung sind das Resultat – so können wir nicht arbeiten! Pendeln dämpft den Drive nach vorne: Wir pendeln rechts-links, in Achten oder Schleifen, so, wie es gerade passt. Schleift der Vierbeiner den Zweibeiner geradewegs vom Auto in Richtung oder durch Feld, Wald und Flur, sollte der Weg nicht fortgesetzt werden. Das Gespann macht kehrt und pendelt in Richtung Auto. Sobald eine Verbesserung eintritt, darf die ursprüngliche Richtung fortgesetzt werden.

ZUM WILD HINPENDELN

Möchte das Team am Stehen und Gucken arbeiten, könnten eine Lichtung, auf der in der Dämmerung Rehwild steht, oder eine Kaninchenwiese im nahegelegenen Park dafür das Ziel sein. Ein frontaler Anmarsch als Zuggespann würde jeden Ansatz von Stehenbleiben sofort im Keim ersticken. Pendelt das Gespann hingegen rechts-links auf den Ort des Geschehens zu, entdeckt der Hund die „wilde" Kreatur von der Seite: Stehenbleiben wird so erleichtert. Erarbeitet wird das Pendeln mit Markersignal und Belohnungen, aber ohne „wilde" Statisten, und es erhält von Beginn an eine Ankündigung, z. B. „Schlendern", erst dann kommt es zum Einsatz. Reicht das Pendeln nicht aus, wird es mit Entspannungstechniken kombiniert.

Gedrosseltes Tempo ist gedrosseltes Jagdfieber!

BEWEGUNGSFREIHEIT

Bedürfnisbefriedigung ist einer der Dreh- und Angelpunkte in unserem Training und das Bewegungsbedürfnis ist eng damit verbunden. Gerade bei Hunden, die für eine zügige Suche in weiter Distanz zum Menschen selektiert sind, bringt das Einschränken über die Leine viel Frust und Erregung. Eine deutlich längere Leine (30 – 50 m) bringt in diesem Punkt oftmals eine deutliche Verbesserung und damit einen Zugewinn fürs Training. Das Gespann sollte jedoch bei einer sehr langen Leine fit im Handling sein!
Eine Alternative oder Ergänzung zur langen oder sehr langen Leine könnten reizarme Ecken sein, in denen der Hund gefahrlos abgeleint werden kann, oder spezielle Freilaufflächen, z. B. innerhalb der Aktion „Schnüffelgärten", ausgewiesene Freilaufflächen der Stadt oder sehr gut eingezäunte Flächen des Windhundelagers ... – Stöbern lohnt sich! Nicht vergessen, gehaltvolle Verstärker sind wichtig, hier und da fehlen sie vielleicht im Training. Bevor also der Karabiner klickt, sollten Sie noch schnell ein Verhalten abfragen, z. B. den so wichtigen Aufmerksamkeitswechsel. Ihr Hund checkt kurz in die Menschenwelt ein, das Einchecken markieren Sie, und das Ableinen und Ihr „Lauf!" bilden die Belohnung. Belohnungen, die SEEKING und Bewegung aufgreifen, sind optimal, um erwünschtes Verhalten bei einem angeleinten, eingeschränkten Hund zu verstärken: Die Verlorensuche auf der Rückspur, Hetzspiele mit Futter oder Spielzeug, gemeinsames Rennen sind nur ein paar Ideen. Belohnungen aus dem Kontext SEEKING und rasante Bewegung sollten unbedingt ausklingen: durch die Verlangsamung der Bewegung von Mensch und Hund plus einer kleinen Futtersuche am Ende eines actionreichen Hetzspiels, das Fressen aus dem zuvor gesuchten und gefundenen Futterbeutel, das Packen und Ausschlecken eines gefüllten „Kongs" auf der Rückspur, die 10-Leckerchen-Übung als (Erregungs)Kurve – die Leckerchen werden gegeben, fallengelassen, geschnappt, belauert, verfolgt und andersherum – oder den Einsatz der Entspannungstechniken. Die Ausschüttung von Endorphinen beim Vertilgen dämpft das Dopamin, Verlangsamung und Entspannung tragen per se zum Runterfahren bei.

FREILAUF UM JEDEN PREIS?

Gilt Freilauf um jeden Preis – stets und ständig abgeleint? Nein! Es ist immer gut, für ein Pendant zu sorgen. Bewegungsfreiheit macht beweglich und schnell, und Geschwindigkeit lässt das Erregungsniveau hochkochen. Zudem wird die Umgebung mit Geschwindigkeit und Erregung verknüpft. So sollte es für jeden Vierbeiner hin und wieder Strecken geben, die an lockerer Leine bewältigt werden und wo Umwelterkundung verlangsamt wird. Und siehe da, wird er langsamer, sind plötzlich auch wieder die Gerüche am Wegesrand interessant. Rückwege könnte man beispielsweise nutzen und zwei Fliegen mit einer Klappe schlagen, der Hund verlangsamt, nimmt seine Umwelt langsam wahr und er verlässt die „wilde" Bildfläche mit entspanntem Gemüt, ein perfekter letzter Eindruck für das nächste Mal!

ENTSCHEIDUNGEN IN „WILDER" UMWELT SIND ANSTRENGEND

Sich zwischen zwei attraktiven Reizangeboten entscheiden zu müssen, ist anstrengend und führt sogar zu Motivationskonflikten. Sie kennen das vielleicht vom Durchstöbern einer reichhaltig gefüllten Speisekarte, und Sie können sich nicht entscheiden. Ist die Entscheidung gefallen, fällt sie zu Lasten der so wertvollen Impulskontrolle, denn für ein neues Verhalten muss ein Altes beendet werden oder es startet erst gar nicht. All das trägt nicht zu einer Verbesserung der Lerngrundlage bei, der Zustand und das Verhalten des Hundes verschlechtern sich. Dosieren Sie Übungen auf den gemeinsamen Spaziergängen individuell, weniger ist dabei mehr. Räumen Sie Ihrem vierbeinigen Begleiter hin und wieder Pausen ein, Pausen, in denen zwischen Ihnen beiden als Gespann nichts

PAUSE IN DER HUNDEWELT

Alle Reize, die über die Sinnesorgane wahrgenommen werden und die eine Bedeutung für das Hundegehirn haben, erregen die Aufmerksamkeit des Hundes. Auf der einen Seite ziehen die facettenreichen Informationen aus der Hundewelt ihn in den Bann, und auf der anderen Seite wollen Informationen aus der Menschenwelt, die durch gutes Training eine Bedeutung für den Hund bekommen haben, ein Umswitchen bewirken, Unbedeutsames wird ausgefiltert. Das ist doch ganz schön viel, oder? Die Bedeutsamkeit unserer Marker-, Belohnungs- und Verhaltenssignale ist unabdingbar, sie sollen eine Sogwirkung haben. Doch um jeden Preis? Wie sagt man so schön: Die Dosis macht das Gift. Auch wenn der Mensch selbst hoch motiviert ist, im Training schnell voranzukommen, hilft viel nicht unbedingt viel. Einen Spaziergang, der für jagdlich passionierte Hunde auch immer ein Trainingsspaziergang ist, sollte die Bezugsperson nicht mit Übungen überfrachten, denn dann wären Rückschritte statt Fortschritte die Folge. Immer dann, wenn Reize gleichzeitig um die Gunst der hündischen Aufmerksamkeit buhlen, z. B. die frische Fasanenwitterung hier und der Stopp-Pfiff da, muss Aufmerksamkeit geteilt werden.

Flussufer eignen sich als Hundepausenterrain.

passiert, kein Markieren, keine Belohnungen, keine Verhaltensabfragen. Es gibt Pause in der Hundewelt, und es gibt Belohnungen in der Hundewelt: Schnüffeln, Scannen, Beobachten ..., kurzum, die Hundeseele baumeln lassen. Auch wenn man keine allgemeingültigen Wiederholungsregeln aufstellen kann, wann genau wie viele Übungen, so können Sie die 10-mal-Markersignal-Regel im Hinterkopf behalten. Ungeachtet dessen, ob Sie nun erwünschtes Verhalten mit dem Markersignal eingefangen haben oder ob das erwünschte Verhalten das Resultat eines Signals war, wenn 10-mal markiert wurde, gibt es eine Pause. Jedes Markersignal hat eine Verhaltensgrundlage, und das Verhalten hat seine Grundlage in einer anspruchsvollen Umwelt, eine Pause ist eine gute Idee. Für die Pause schlagen Sie, wenn nötig, gemeinsam jene Richtung ein, aus der Sie gekommen sind, das ist einfacher, weniger reizvoll. Manchmal kann das Umkehren alleine ausreichend sein, die Abstände zwischen den Markersignalen werden größer, sodass sich zwischendrin automatisch Denkpausen ergeben.

AUFBAU DES PAUSE-VON-INTERAKTION-SIGNALS

Sinn Pause von Interaktion mit der Menschenwelt, von Aufmerksamkeitsteilung, Motivationskonflikten, Impulskontrolle und Frustration

Voraussetzungen Belohnungen in der Hundewelt sind verfügbar. Der Mensch überlegt sich ein Wortsignal plus eine deutliche Körpergeste.

- Der Mensch gibt wahrnehmbar das Hör- und Sichtzeichen, z. B. „Pause“ und gekreuzte Arme.
- Danach zieht er sich zurück, der Hund erkundet seine Hundewelt, und der Mensch übersieht etwaiges gutes Verhalten.
- Entweder das Team bewegt sich in der Pause (an- oder abgeleint), oder der Mensch steht/sitzt, und der Hund zeigt Erkundungsverhalten (im Rahmen des Leinenradius).
- Möchte der Mensch die Pause beenden, gibt er ein Marker- oder ein Verhaltenssignal und die Zeichen stehen wieder auf Kooperation zwischen Hunde- und Menschenwelt.
- Ist „wilde“ Gefahr im Verzug, beenden Sie die Pause und erinnern an gutes Verhalten.

Die Bezugsperson signalisiert eine Pause in der Hundewelt, ...

... Akustik und Gestik verfehlen ihre Wirkung nicht, die beiden ...

... trollen sich. Rhona und Dibo lassen die Hundeseelen baumeln.

Rudis erste Entspannungsinsel ist das Auto, das blaue Entspannungsdeckchen begleitet entspanntes Anfassen.

Achtung Die Pause darf für den Hund keine Strafe sein, sie darf ihn nicht frustrieren, gerade weil Belohnungsmöglichkeiten von seiner Bezugsperson nicht verfügbar sind. Die Umwelt muss reizvoll genug sein, um Umwelterkundung zu aktivieren – da muss man bei manchen Hunden einfallsreich sein. Tut sich der Hund schwer damit oder haben wir gerade drinnen eine Trainingseinheit beendet, dann können wir den Weg in die Pause ebnen. Bevor wir das Pause-Signal geben, streuen wir eine kleine Futtersuche, legen ein Futterpuzzle oder händigen einen gefüllten Futterball oder einen gestopften Kong aus und ziehen uns langsam zurück oder schlendern weiter. Reizvoll soll die Umwelt sein, aber nicht zu reizvoll! Müssen wir den Hund ohne Unterlass ermahnen, verfehlt die Pause ihr Ziel. Anleinen kann unerwünschtes Verhalten in der Pause managen, Sie achten lediglich auf das Einhalten des Leinenendes. Läuft Ihr Hund bereits an lockerer, langer Leine, wäre das ideal. Auch abgeleint können gut trainierte Vierbeiner ihre Pause in mäßig stimulierendem Umfeld genießen, sie zeigen viel erwünschtes Verhalten von selbst.

INSELBILDUNG UND STRUKTUR

Jagdlich motivierte Vierbeiner haben einen Plan, in unseren Augen einen planlosen Plan, denn am liebsten möchten sie an allen attraktiven Orten gleichzeitig sein. In diesem Getreideschlag duckte sich gestern ein Hase in seine Sasse, aus dieser Hecke strich kürzlich ein Fasan ab und in dieser Dickung roch es schon etliche Male nach Schwarzwild. Hektik kommt auf – Ortskonditionierungen: Die „Platzzellen" des Hippocampus springen an und befeuern das Hundegehirn. Hier musst du genauer nachschauen, hier hattest du bereits

Erfolg, hier ist erneut Bedürfnisbefriedigung möglich! In einem lebendigen Umfeld, in dem wir Auslöser und ihre Vorboten nicht kontrollieren können, passieren solche Verknüpfungen von Örtlichkeiten mit attraktiven Ereignissen ganz beiläufig, ohne unser Zutun. Ganz ohne? Nein, denn wir bringen unsere Hunde in die „wilde" Umwelt. Es ist an uns, das optimale Maß an Stimulation zu finden – zu wenig, dann kommen Langeweile und Frust auf, zu viel, und der Hund taucht ganz in seine Welt ab, oder aber er hängt frustriert und kreischend in der Leine.

STRECKEN ANPASSEN

Die Länge und die Strecke des Spaziergangs bemessen sich an:

- der geleisteten Impulskontrolle,
- der Frustrationslast,
- der geleisteten Aufmerksamkeitsteilung und den damit verbundenen Motivationskonflikten.

Es muss nicht immer die komplette Runde sein, vielleicht erarbeitet sich das Gespann pendelnd nur ein paar hundert Meter davon. Auch sind eine oder gar zwei Stunden Dauerberieselung aus der Hunde- und der Menschwelt für die meisten Individuen zu viel des Guten.
Ortskonditionierungen kann der Mensch in „wilder" Umwelt nicht verhindern, aber er kann sie verändern. Das Training an Barrieren, mehr dazu im Kapitel „Arbeit an Geländeübergängen" siehe Seite 188 und das Bilden von Inseln, Inseln der Ruhe und der Freude, sind nachhaltige Möglichkeiten, auf den Spaziergängen Struktur zu schaffen, sich die „Platzzellen" zum Freund zu machen und für unterwegs einen nützlichen Plan zu entwickeln.

ENTSPANNTE ORTSVERKNÜPFUNGEN

Entspannung ist das Pendant zu Erregung. Strecken oder Örtlichkeiten auf den Spaziergängen des Gespanns, die nur mit Erregung verknüpft werden, sind und bleiben aufregend. Von Fa/ell zu Fa/ell reicht eine Verknüpfung aus, und der Vierbeiner springt beim nächsten Mal beim bloßen Anblick der „Fasanenhecke" aus dem Fell, klassische Konditionierung wirkt schnell und nachhaltig. Entspannungsinseln bilden einen Gegenpol. Die erste dieser Inseln könnte das Auto sein, es ist vertraut und recht gut abgeschirmt. Doch ganz so einfach ist es nicht, denn das Auto bringt das Gespann dorthin, wo das „wilde" Leben tobt. Vom Auto aus geht es ohne Umwege direkt in Feld, Wald und Flur, dementsprechend stark ist es mit Erregung und Jagdfieber verknüpft.

Erste Maßnahmen könnten sein:

- Der Mensch setzt langfristig wirkende Entspannungssignale auf der Fahrt. Ist Fressen möglich, gibt es zusätzlich einen gefüllten Futterball oder „Kong", etwas Kaubares ..., etwas, was runterfährt und nicht frustriert.
- Das Team fährt auch für ganz öde Dinge in Feld, Wald und Flur, für etwas Leinenführigkeit an kurzer Leine, für ein Deckentraining oder einfach nur, um draußen Ruhiges und Entspanntes zu praktizieren.
- Spaziergänge in „wilder" Umwelt enden mit ruhigen, entspannten Dingen.
- Entspanntes Warten im Auto bzw. das Aussteigen sollten geübt werden.

Anregungen für entspanntes Warten bzw. Aussteigen

- Schritt 1: Öffnet sich die Kofferraumklappe, fliegt eine Handvoll hochwertiger Leckerlis in den hinteren Bereich. Vor jedem Aussteigen wiederholen Sie die Flugshow.
- Schritt 2: Öffnet sich die Kofferraumklappe, und der Hund erwartet den Wurf der Leckerlis, wird das Warten markiert und wie gehabt mit der Handvoll hochwertiger Leckerlis belohnt. Vor jedem Aussteigen wiederholen.
- Schritt 3: Die Dauer des Wartens kann nun verlängert werden, oder vielleicht möchten Sie, dass der Hund sitzt oder liegt. Beides wird aus dem Warten geformt.
- Klappt das Warten zuverlässig, könnte es durch die 10-Leckerchen-Übung ergänzt werden.
- An das Aussteigen schließt sich eine kleine Futtersuche im Nahbereich des Autos an, es wird nicht gleich losgedonnert.
- Auch die 10-Leckerchen-Übung lässt sich nach dem Aussteigen als festes Ritual etablieren. Geschwindigkeit wird gedrosselt.

ENTSPANNUNGSINSELN

Auf dem Weg vom Haus zum Auto konnte Ihr Hund sich bereits lösen, das Warten und Aussteigen haben Sie geübt. Nun beginnen Sie mit der Inselbildung im Auto, Entspannung steht auf dem Plan. Vielleicht existiert schon eine blaue Decke, die Ihren Vierbeiner auf Entspannung einstimmt, die Sie zu ihm legen können. Sie starten mit 2 – 3 kurzen, isometrischen Übungen auf jeder Seite, lassen ihn aussteigen, arbeiten die 10-Leckerchen-Übung ab und starten mit dem Spaziergang. Die Entspannungsmaßnahmen werden ausgebaut, längeres, isometrisches Anfassen oder isometrisches Anfassen als Einstieg in eine ausgiebige Entspannungsmassage. Achten Sie auf eine Wohlfühlatmosphäre, wir wollen den Hund im Auto nicht knebeln, sondern entspannen. Arbeiten Sie als Team lieber kleinschrittiger, denn es ist nicht einfach, das alte Muster zu durchbrechen. Lassen die Witterungsverhältnisse es zu, kann das Gespann Ruheinseln in reizvoller Umwelt bilden. Suchen Sie 1 – 3 Stellen auf Ihren gemeinsamen Stammrunden aus, die sie über wiederholtes Training von ruhigem Verhalten und/oder Entspannung in Inseln der Ruhe verwandeln möchten. Es ist nicht einfach, Erkundungsverhalten zu unterbrechen und SEEKING ausklingen zu lassen. Schaffen Sie einen Übergang und nutzen Sie folgende Übungen als Einstieg: eine ruhige Futtersuche, ein ruhiges Targettraining, die 10-Leckerchen-Übung mit gestreuten Leckerlis, die blaue Entspannungsdecke, das isometrische Anfassen … Inseln leben von der Wiederholung, um eine Erwartungssicherheit zu schaffen. Nehmen Sie sich etwas Zeit dafür. Entspannungspausen außerhalb der Inseln, wenn die Gemütslage des Hundes es erfordert, sind immer möglich und wichtig.

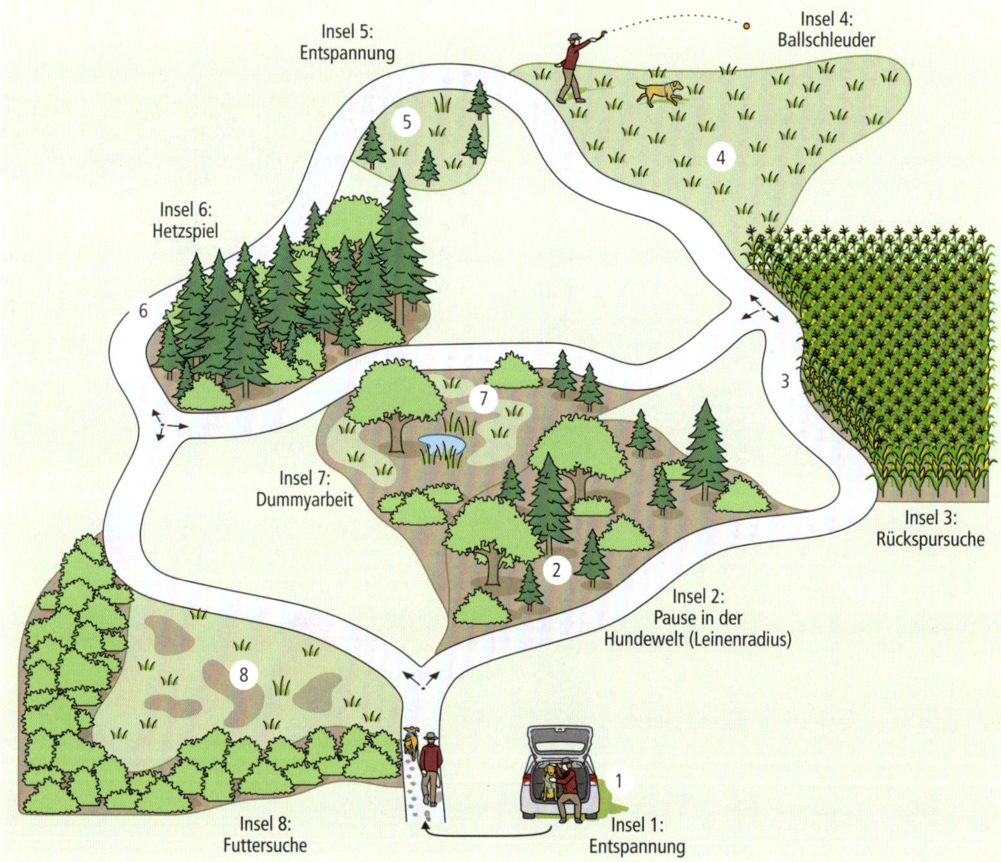

Inselbildung auf dem Spaziergang

SEEKING-INSELN

Ein Blick in das Belohnungs- und Beschäftigungsrepertoire Ihres Hundes verrät, ob SEEKING-Verhalten vorhanden sind, um Inseln der Freude zu bestücken:

- Alle möglichen Varianten von Futtersuchen
- Die Verlorensuche auf der Rückspur
- Alle möglichen Beutefangspiele
- Such- und Dummyarbeit
- Umwelterkundung, Pause in der Hundewelt
- Draußen praktikabel und beliebt beim Hund sollte es sein!

Durchleuchten Sie Ihre gemeinsamen Stammstrecken, wo haben sich bereits „wilde" Inseln gebildet: Wildwechsel, offene, weite Wiesen, Getreideschläge, Hecken, Wald- und Feldränder, Gräben und Co., eben Stellen, wo Wild wahrscheinlich ist. Wo möchten Sie Wege aufwerten, damit nicht nur der umgebende Bewuchs anziehend wirkt? Wo soll die Menschenwelt zukünftig SEEKING wecken und nicht die Hundewelt? Haben Sie 3 bis 5 Stellen gefunden? Dann darf das fröhliche Verknüpfen mit attraktiven SEEKING-Verhalten beginnen, gerne nach Themen sortiert. Überlegen Sie, welches Verhalten Sie beim Hund aktivieren möchten, welches Verhalten zur ehemals „wilden" Insel passt. Denken Sie an einen Auftakt, einen Höhepunkt und einen Ausklang – das Erregungsniveau will reguliert sein! Erwartungssicherheit bildet sich über Wiederholungen. Nehmen Sie sich immer Zeit für die Inseln der Freude, auch wenn es manchmal nur kurz ist. Ist die SEEKING-Insel-Verknüpfung geglückt, übt sie eine neue Anziehungskraft auf Ihren Begleiter aus. Er erwartet Interaktion mit Ihnen! Im Hundehirn springen die „Platzzellen" zugunsten seiner Bezugsperson an, und von außen sehen wir ein Innehalten. Dieses Innehalten macht eine bessere Ansprechbarkeit und Unterbrechbarkeit. Dampft der Hund auf dem Spaziergang versehentlich ab, dann haben wir über Stoppen oder Abrufen auf Höhe der Inseln eine bessere Möglichkeit des Unterbrechens. Ebenso wären ein erstes Leinefallenlassen oder Ableinen vor einer SEEKING-Insel denkbar.

Mitch mag am liebsten schwere, fellige Beute auf der Rückspur.

So werden Wege wichtiger – auch SEEKING auf Wegen klingt aus.

Zerlegen und Vertilgen thematisiert eine andere SEEKING-Insel.

01

02

03

04

01 Stoppen und Abrufen machen keinen Unterschied zwischen Jagdhelfer und Familienbegleiter.

02 Vielerorts explodieren die Waschbärpopulationen, Dante unterstützt die Bejagung tatkräftig.

03 Eine gute Beziehung, die man sehen kann, der Jäger und sein Jagdhelfer als Team.

04 Aus zaghaftem Greifen ist inzwischen ein Apport geworden, der kraftvoll zugreift und sicher bringt.

MIT DEM CLICK ZUM JAGDGEBRAUCH

— von Andreas Dämmer

„Wenn das funktioniert, hat der Hund keine Passion."

Lächelnd schaue ich zu, wie der zehn Wochen alte Dante mir freudig eine Fuchslunte zuträgt. Weil er weiß, dass es sich lohnt und etwas Tolles passiert. „Click" und wir laufen gemeinsam ein Stück, denn das zählt zu seinen absoluten Lieblingsbelohnungen.

Die Arbeit mit Markersignalen und positiver Verstärkung degradiert den Hundehalter nicht zum Futterautomaten. Ganz im Gegenteil, man muss sich mit den Vorlieben des Hundes beschäftigen. Den Hund individuell zu belohnen und zu motivieren, das schweißt zusammen.

Als Dante mit sechs Monaten einen kranken Jungwaschbären annimmt, ihn im Schilf verfolgt und mir schließlich vor die Flinte drückt, ist das „Down" auf den Trillerpfiff noch etwas zu viel verlangt, aber sitzen geht, und ich kann den Fangschuss sicher antragen. Nach vier Monaten, die Dante nun bei mir ist, weiß ich, dass er Futter jetzt ausspucken würde, denn die Erregung ist zu groß. Wir beide sind nass, und ich schwitze, aber als Belohnung zerren wir noch eine Runde, bevor ich Dante mit „Easy" und unserem Entspannungsritual runterfahre. Gelassen kann er zuschauen, wie ich unsere Beute sichere und heimtrage.

So versuche ich zu verhindern, dass er in Zukunft in ähnlichen Situationen gleich hochdreht, wir die so wichtige Verbindung bei der gemeinsamen Jagd verlieren und ich mir einen schusshitzigen Jagdhelfer heranziehe.

ÜBUNG MACHT DEN MEISTER

Natürlich läuft auch bei uns nicht immer alles nach Plan. Eine Ersatzhandlung für unerwünschtes Hetzen von gesundem Wild will erst einmal aufgebaut und gefestigt werden. Das funktioniert auch bei uns nur durch ständiges Üben.

Die Werkzeugkiste der positiven Verstärkung funktioniert auch und gerade bei Jagdgebrauchshunden, da oft selbstbelohnendes Verhalten wie Stöbern, Vorstehen und Verfolgen oder Apportieraufträge als Verstärker für erwünschtes Verhalten genutzt werden können.

Ich hole die Flinte aus dem Keller und öffne die Haustür. Dante rennt schon mal zum Auto, wo er sitzend wartet, bis ich den Kofferraum öffne. Gleich passiert wieder etwas ganz Tolles zusammen – als Team!

JAGDVERHALTEN KONTROLLIEREN

— *Warten und unterbrechen*

RUND UMS WARTEN

STEHEN UND GUCKEN

Beutetiere aktivieren Beutefangverhalten beim Beutegreifer. Insbesondere die Optik, ob statisch oder bewegt, aktiviert das Verfolgen in Form von Hetzen. Gefundene Spuren, Fährten oder Geläufe aktivieren das Verfolgen in Form akribischer Ausarbeitung, denn der Verursacher will ausgemacht werden. Auch Akustik aktiviert in manchen Fä/ellen das Verfolgen, und stöbert man den gockelnden Fasanenhahn auf, ist er auch zu sehen. Unseren jagdlichen Begleitern das Warten (Stehen und Gucken bzw. Belauern/Vorstehen) beizubringen, ist die geschickteste Möglichkeit, die unerwünschten Puzzleteile zu vereiteln und Alternativverhalten zu fördern. Distanzverringerung wird frühzeitig unterbrochen und Distanzvergrößerung unterstützt: Warten und Unterbrechen arbeiten Hand in Hand. Nachfolgend spielen wir den Auf- und Ausbau an sichtigem Wild durch. Dessen Anblick soll zukünftig das Belauern oder ein anderes Alternativverhalten auslösen. Wird der Hund Auge in Auge mit dem Wild zu heftig, können wir es auch selbst auslösen oder es als funktionalen Verstärker anbieten. Was, wenn der Auslöser gehört oder gerochen wird? Lässt sich der Trainingsansatz anpassen? Ja! Das Prinzip ist gleich: Der „wilde" Auslöser wird wahrgenommen, es folgen das Markersignal und die Belohnung. Findet der Hund einen frischen Wildwechsel, markieren Sie und belohnen ihn mit einer Köstlichkeit am Fundort. Löst der Geruch sich duckenden Wildes Verharren/Vorstehen aus, dann markieren Sie und belohnen ihn in der Position und/oder mit dämpfendem Lob. Aktivierte Fasanengockeln vormals das Verfolgen, platzieren Sie die Belohnung nach dem Markersignal erst einmal weit weg davon.

SO KLAPPT ES MIT DEM TRAINING AN „WILDEN" AUSLÖSERN

- Wir fangen nicht mit dem stärksten Auslöser an! Stöbern, Hetzen und Co. sollen schließlich nicht einsetzen – das Lauerspiel, die Lauerübung und schwache Auslöser sind ein idealer Einstieg ins Stehen und Gucken.
- Wir achten auf ausreichend Distanz zu den „wilden" Kreaturen. Zu viel Nähe macht unerwünschtes Verhalten wahrscheinlicher. Nach dem Markersignal ist es dann oft vorbei mit der Impulskontrolle.
- Wir nähern uns den „wilden" Kreaturen nicht frontal – pendeln ist angesagt! So nimmt der Hund das fellige oder fedrige Objekt von der Seite wahr.
- Wir bleiben nicht so lange Auge in Auge mit Hase, Fasan und Co., bis wir am Ende doch einen zerrenden Hund an der Leine haben. Erwünschtes Verhalten kostet Impulskontrolle, also übertreiben wir es nicht.
- Wir entscheiden uns ggf. für ein Markerwort, falls das Clicker-Geräusch zu aktivierend wirken sollte, denn einen „wilden" Startschuss können wir nicht gebrauchen!
- Wir benennen das Stehen und Gucken erst dann, wenn das Verhalten an lockerer Leine entspannt und sicher ist. Denn wenn Erregung mit dem Signal verbunden wird, wird das Verhalten unsicher.
- Wir geben das Signal fürs Stehen und Gucken nicht, wenn der Hund bereits an der Leine tobt. Sorgen Sie für Abstand.
- Wir erarbeiten erwünschte Verhaltensreaktionen als Alternativen zu den unerwünschten Puzzleteilen der Jagdsequenz. Im Idealfall ist das Alternativverhalten funktional, z. B. länger Stehen und Gucken (Belauern/Vorstehen).

- Wir unterstützen das Stehen und Gucken mit dem dämpfenden Warmsignal, mit dem isometrischen Anfassen und dem konditionierten Entspannungswort.
- Wir verstärken gerade Distanzvergrößerung zu den attraktiven, jagdlichen Auslösern hochwertig und funktional.
- Wir hegen und pflegen das Alternativverhalten richtig gut, da wir nicht möchten, dass es sich wieder verschlechtert.

VORBEREITUNG: STEHENBLEIBEN EINFANGEN

Hunde, deren beliebteste Puzzleteile aus weiträumigem und schnellem Orientieren (Suchen, Buschieren, Stöbern) sowie Verfolgen (Hetzen, Ausarbeiten von Fährten, Spuren ...) bestehen, kommen oft gar nicht auf die Idee, stehenzubleiben. Am Ende der Leine vielleicht, doch dort werden sie aus Frust noch aktiver, um die Einschränkung zu kompensieren. Im Sinne einer optimalen Lerngrundlage gilt: Weniger Stress macht mehr erwünschtes Verhalten, und im Umkehrschluss macht mehr Stress mehr unerwünschtes, selbstbelohnendes Verhalten. Ist das Trainingsgespann versiert im Jagen von erwünschtem Verhalten, kann der Mensch bereits eine beachtliche Strecke aus erlegten, akzeptablen Verhaltensreaktionen legen. Geht es um das Stehen und Gucken, markieren wir möglichst viele Verhaltensreaktionen rund ums Stehenbleiben – es lohnt sich, Sie werden sehen.

Stehenbleiben formen

Einfangen ist die einfachste Variante, aber Sie können noch mehr tun. Wir können das Stehenbleiben aus subtileren Ansätzen formen. Achten Sie auf das Tempo Ihres Hundes – wann wird er langsamer? Sobald Sie eine Verlangsamung wahrnehmen, geben Sie das Markersignal, Ihr Hund wird in Erwartung der Belohnung seine langsamere Bewegung unterbrechen, und Sie platzieren die Belohnung an Ort und Stelle, z. B. eine kleine Futtersuche.
Manchmal lässt sich sogar aus einem konträren Verhalten das Stehenbleiben formen. Im Barriere-Training weiter hinten verfolgen wir exakt diesen Ansatz, der Hund bewegt sich auf die Barriere zu, der Mensch markiert und belohnt. Auch daraus ergibt sich ein Warten. Bewegt sich Ihr Hund nun auf etwas in der Umwelt zu, geben Sie das Markersignal, der Hund unterbricht seine Bewegung und Sie belohnen wie gehabt an Ort und Stelle. Beide Varianten des Formens bringen mehr Stehenbleiben hervor: Machen Sie sich rasch auf zur Ernte reifer Trainingsfrüchte!

Frodos Orientierungsreaktion ist unübersehbar.

Der Marker unterbricht das Stehen und Gucken und verspricht ...

SCHRITT 1: STEHEN UND GUCKEN EINFANGEN UND FORMEN

Bevor es an die Arbeit an „wilden" Auslösern geht, sollte auch der Zweibeiner wissen, wo diese zu finden sind – weiß nur der Vierbeiner, wo der Hase läuft, wird das zweibeinige Ende überrumpelt und das Timing ist futsch. Denken Sie nach: Wo sitzen gerade die Krähen auf den Feldern, wo hüpfen die Amseln durch die Büsche, wo tummeln sich die Kaninchen auf den Wiesen, wo sind hier und da Hasen auf den Feldern zu sehen, wo stehen die Rehe in der Dämmerung auf einer Lichtung…? Die Liste für ein erfolgreiches Training an felligen und fedrigen Bewohnern in Feld, Wald und Flur haben Sie im Hinterkopf, und Sie beide pendeln gemeinsam an den Ort des Geschehens heran, wo zu Beginn ein schwacher Auslöser auf Sie wartet. An einem Punkt Ihrer gemeinsamen Seitwärtsbewegungen wird Ihr Hund Notiz vom Auslöser nehmen, ihn sehen, und genau diese Orientierungsreaktion wird von Ihnen markiert und belohnt (Stichwort: funktionaler Verstärker!).

Zum Ort der Belohnung Lauerjäger, die genetisch bedingt schnell ins Belauern kommen, werden in der Position mäßig gut belohnt oder dämpfend gelobt. Den Auslöser weiter zu belauern, ist funktional, und wir arbeiten gleichermaßen

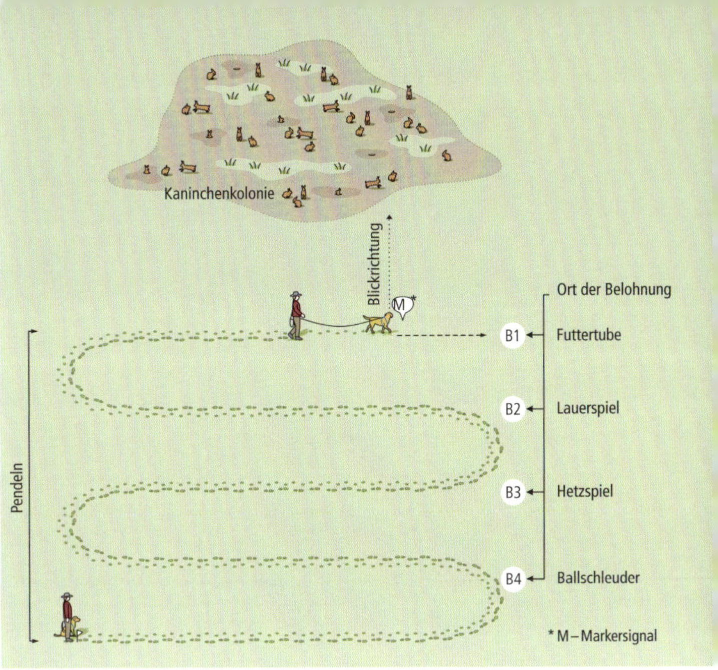

Aufbau und Timing Stehen und Gucken mit dem Ort der Belohnung

am Zeitfenster des Stehens und Guckens – verlängertes Belauern/Vorstehen als Alternativverhalten ist das Ziel. Hetzjäger, die keine Anlage fürs Belauern mitbringen, belohnen wir äußerst hochwertig und möglichst weit weg vom Auslöser – mit einem Pendant des Puzzleteils Verfolgen. Bei ihnen müssen wir durch das funktionale Verstärken der Distanzvergrößerung erst einmal einen Fuß in die Tür bekommen, am Zeitfenster des Stehens und Guckens arbeiten wir später. Wissen Sie nicht so recht, zu welcher Kategorie Ihr Hund gehört, positionieren Sie den Ort der Belohnung irgendwo dazwischen: Die Orientierungsreaktion hin zum Auslöser wird markiert und in Ihrer Nähe belohnt. Kann Ihr Hund sich für seine Belohnung nicht umorientieren, beginnt stimmliches, dämpfendes Lob, und meist klappt es dann, oder Sie helfen ihm mit der Belohnung in die Umorientierung hinein. Ihn unter Ihrem Lobessingsang weiter Stehen und Gucken zu lassen, ist natürlich auch eine Möglichkeit, aber übertreiben Sie es nicht mit der Dauer.

… Belohnungen. Eine kleine Futtersuche passt!

Was ist unser Etappenziel? Die Abfolge von Orientierungsreaktion, Markersignal und funktionalem Verstärker führt entweder zu einem verlängerten Stehen und Gucken oder einem kurzen Stehen und Gucken mit einer deutlichen Erwartungshaltung nach hinten zur Bezugsperson, wenn ein Auslöser erspäht wird.

Im Training mit „wilden" Sparringspartnern verschätzt man sich schon mal mit der Distanz, und die Leine strafft sich.

SCHRITT 2: STEHEN UND GUCKEN AUSBAUEN UND BENENNEN

Haben Sie ein gutes Gefühl, wenn Sie sich das gemeinsame Etappenziel Auge in Auge mit „wilden" Auslösern anschauen? Steht Ihr Hund unter wiederholtem Markieren und Belohnen (dämpfendes Lob und/oder eine Futterbelohnung in der Position) für einige Sekunden? Steht Ihr Hund fest für eine gute Sekunde, die Sie markieren und bedürfnisgerecht belohnen (Lauerbelohnung, Suchbelohnung, Hetzbelohnung..., je nach Ansinnen das Wild betreffend) können? Haben Sie einen Fuß in die Tür bekommen, und Ihrem Hund gelingt es, sein altes Verhalten erster Wahl hintanzustellen, weil Sie durch das Markieren der Orientierungsreaktion und der Belohnung weit weg vom Auslöser ein kurzes Stehen und Gucken mit Tendenzen nach hinten herausarbeiten konnten?
Bei allen drei Varianten erhalten wir durch die positive Interaktion mit der Bezugsperson eine beobachtbare Tendenz zu ihr nach hinten – subtiler oder deutlicher, denn der Mensch ist mittendrin, statt nur dabei.

Ausbau von Alternativverhalten

Unsere nächste Etappe ist der Ausbau eines funktionalen Alternativverhaltens: das Zeitfenster des Stehens und Guckens weiter ausbauen oder ein anderes Alternativverhalten, das etwas mit dem Auslöser zu tun hat, z. B. Gucken und Sitzen, oder das weg vom Auslöser gerichtet ist, z. B. Umorientieren, Rückspursuche, Herankommen... Der Hund soll nach dem Stehen und Gucken nicht ins Verfolgen kippen, adaptieren Sie das Alternativverhalten für Ihr vierbeiniges Individuum. Mit einem Plan für individuelles Alternativverhalten im Hinterkopf kann es weitergehen.
Pendelnd nähern Sie sich auch in diesem Trainingsstadium der „wilden" Bühne, aus einer parallelen Bewegung sieht der Hund den felligen oder fedrigen Gesellen und dann folgen auf die Orientierungsreaktion je nach Plan:

- Das dämpfende Warmsignal, z. B. „Keep", „Keep", „Keep"..., um das Zeitfenster zwischen den Markersignalen (plus Lob und/oder Futterbelohnung) zu verlängern, das Markersignal also erst nach ein paar Sekunden und das Lob und/oder die Futterbelohnung wie gehabt in der Position. Ziel: Stehen und Gucken mit einem Zeitfenster versehen.
- Ohne Warmsignal wird das Markersignal sukzessive verzögert gegeben und dann folgen Lob und/oder Futter in der Position. Ziel: Stehen und Gucken verlängern.
- Das Markersignal und danach nicht gleich die bedürfnisgerechte Belohnung, sondern erst einmal das Signal für ein Alternativverhalten, z. B. „Sitz". Der Hund sitzt und wird bedürfnisgerecht belohnt. (Die Bewegung ins Sitzen kann mit einem aktivierenden Warmsignal

— z. B. „Watch“, „Slow“, ..., als Name (Verhaltenssignal) für das Stehen und Gucken,
— danach der individuelle Ablauf fürs Stehen und Gucken, Sitzen und Gucken oder für das Alternativverhalten weg vom Auslöser.
— Achtung: Bereits erweiterte Zeitfenster werden vorübergehend gekürzt, weil wir ein neues Element hinzufügen, und schon bald wieder angepasst. Kleinschrittig eben.
— Ziel: Das Stehen und Gucken erhält einen Namen, wird durch das Verhaltenssignal auslösbar, und es kommuniziert, was Auge in Auge mit Hase, Fasan und Co. zu tun ist.

untermalt werden.) Analog zum Stehen und Gucken wird auch hier das Zeitfenster ausgebaut. Ziel: Sitzen und Gucken verlängern.
— Das Markersignal und danach nicht gleich die bedürfnisgerechte Belohnung weit weg vom Auslöser, sondern erst mal das Signal für ein Alternativverhalten, das deutlich vom Auslöser weggerichtet ist, z. B. das Umorientierungssignal, das Rückrufsignal, das Signal für die Rückspursuche, ..., und erst dann die Belohnung. Ziel: kurzes Stehen und Gucken plus Distanzvergrößerung zum Auslöser.

So wird die „wilde“ Kreatur im Verlauf des Trainings zum Signal für das gewählte Alternativverhalten und das unerwünschte Jagdverhalten, das Hetzen, rückt weiter in den Hintergrund. Ein etwaiges Verhaltenssignal, das sich aus dem Ausarbeiten der Lauerübung ergeben hat, kann hier übertragen werden.

Stehen und Gucken benennen

Den Abschluss des Stehens und Guckens bildet das Benennen. Das Belauern/Vorstehen von Wild bekommt ein Signal, jedoch erst dann, wenn das Alternativverhalten gefestigt ist. Geschaltet wird der Name des Stehens und Guckens vor den gesamten Ablauf. Sie pendeln gemeinsam, Ihr Hund sieht den Auslöser, der ehemals unerwünschtes Jagdverhalten hervorrief, und auf seine Orientierungsreaktion hin folgen:

Markiert werden die „lockeren“ Momente, denken wir an Freilauf.

Stehen oder Sitzen und Gucken werden so zur Freilaufreferenz.

ERWÜNSCHTE PUZZLE-TEILE AUFBAUEN

Mit aller Macht gegen das Selektionsergebnis und das unseren jagdlich motivierten Vierbeinern eigene Verhaltensspektrum anzukämpfen, ist nicht unser Ziel. Was uns akzeptabel erscheint, wird in das Training integriert, was ausdrücklich erwünscht ist, wird forciert, und womit wir und das Wild nicht leben können, wird durch beidseitig sinnbringende Verhaltensalternativen ersetzt oder frühzeitig unterbrochen.

Im Kapitel rund um bedürfnisgerechtes Belohnen haben wir uns mit selbstbelohnendem Jagdverhalten beschäftigt, mit dem wir und auch das Wild leben können. Was war das noch gleich? Aus dem Puzzleteil des Orientierens hatten wir das Suchen in einem angemessenen Radius herausgepickt (in klein und etwas größer) und die Miniaturjagdsequenz im Kontext des Mäuselns. Wir klinken uns ein, machen uns diese Puzzleteile zum Freund, den Hund ansprechbarer und schaffen funktionale Verstärker – gerade für die Futter- und Spielzeugmuffel unerlässlich, denn ohne Verstärker, kein Verhalten.

Neben akzeptablem Beutefangverhalten knöpfen wir uns an dieser Stelle ausdrücklich erwünschte Puzzleteile vor, jene ohne oder mit extrem langsamer Bewegung. Im Kapitel zuvor ging es innerhalb des Puzzleteils Belauern/Vorstehen um das Stehen und Gucken, und an dieser Stelle verstärken wir aus dem Puzzleteil Orientieren/Suchen das Scannen – stehend nach Auslösern Ausschau halten – und das Puzzleteil Beschleichen/Nachziehen – extrem langsame Distanzverringerung zum Auslöser. Ein stehender oder extrem verlangsamter Beutegreifer beunruhigt seine Beute nicht oder nur minimal und sie kann sich unbehelligt verkrümeln. Konnten wir diese Verhaltensreaktionen erfolgreich verstärken und benennen, sind sie reif für die Anwendung. Wir können den Hund damit in seinem Tun bestärken, wir können ihn verlangsamen, und wir können ihm funktionale Verstärker anbieten – erwünschtes Jagdverhalten zu unterstützen und auszulösen, ist das Trainingsziel. Futter für den Trainingsweg in eine gute Beziehung gibt es obendrauf: Austausch von gutem Verhalten!

SCHRITT 1: SCANNEN EINFANGEN

Wir möchten selbstbelohnende und erwünschte Puzzleteile aus der Beutefangsequenz mit einem Signal belegen. Das setzt ein passendes Umfeld voraus, ein Umfeld, das das erwünschte Verhalten stimuliert, den Hund verlangsamt:

- Geländeübergänge (Feldränder, Hecken, Knicks, Waldränder und Co.), die den Hund dazu einladen, die „wilde" Lage zu checken und mit allen Sinnen stehend zu scannen, ob die Umgebung jagdliche Auslöser beherbergt.
- Wegstrecken entlang von Brombeerhecken oder Uferböschungen mit Kaninchenkolonien, die einen verlockenden Geruch verströmen, der den Hund ins Beschleichen versetzt.
- Wahrnehmbare (sichtig, geruchlich) „wilde" Auslöser oder ihre Vorboten, die das Beschleichen/Nachziehen stimulieren.

Sobald Sie bemerken, dass Ihr hündischer Begleiter innehält und seine Hundewelt mit all seinen Sinnen nach „wilden" Auslösern abscannt, geben Sie das Markersignal. Unterbricht das Markersignal das Scannen und er möchte seine Belohnung bei Ihnen abholen, lotsen Sie den Hund mit dem Bröckchen in die alte Position zurück, um zu betonen, dass es Ihnen diesmal um die Hundewelt geht, nicht um die Menschenwelt. Es ist wieder das bewährte Prinzip: Wir markieren das Verhalten und belohnen in der Position. Bei den nicht so umweltaffinen Hunden ist es wichtig, das Verhalten an zwei Stellen zu betonen. Kann der Hund sich nach dem Markersignal nicht der Hundewelt entziehen, folgt von Ihnen ruhiges, dämpfendes Lob. Wiederholen Sie das Markieren und Loben des Scannens, bis er sich am Ende doch zu Ihnen umorientieren kann oder Sie vorsichtig an den Hund herangetreten sind und ihn nach dem letzten Markersignal mit der Belohnung aus der Scannposition herauslotsen können. Zwar wollen wir ein Verhalten mit der Hundewelt verknüpfen, aber wir wollen nicht, dass der Hund nach einiger Zeit vollends abtaucht und vom stehenden Orientieren in bewegtes Orientieren übergeht. Die umweltaffinen Hunde verstehen zügig, worum es geht. Beide Varianten werden wiederholt und dabei auch die Örtlichkeiten variiert, bis Sie bemerken, dass das Scannen häufiger angeboten wird. Sind Sie stolzer Besitzer eines Hundes, der, genetisch bedingt, schnell ins Verharren kommt, das Scannen also häufig zeigt, oder können Sie bereits die Früchte des Einfangens von Verhalten rund ums Stehenbleiben und Langsamerwerden ernten, dann können Sie nach wenigen Wiederholungen bereits mit dem Benennen des Puzzleteils beginnen.

Beschleichen einfangen

Der Aufbau des Beschleichens (einfangen und benennen) erfolgt analog hierzu. Möchte der Hund von seiner Bezugsperson belohnt werden, dann kann diese das Belohnungsbröckchen nutzen, um den Hund wieder in die Beschleichrichtung auszurichten und ihn sogar damit noch ein paar zaghafte Schrittchen zu lotsen. Ansonsten nutzen wir nach dem Marker stimmliches Lob und lassen den Hund als Belohnung weiterschleichen. Achtung: Bei wahrnehmbaren, jagdlichen Auslösern gilt es, das Erregungsniveau gut im Auge zu behalten. Nach der Andeutung eines Beschleichens/Nachziehens nahtlos ins Hetzen/Nachprellen zu verfallen, ist nicht unser Anliegen. Wer sich im Rahmen der Aktivitätsbelohnungen schon mit dem Beschleichen innerhalb der Lauerübung beschäftigt hat, kann durch das vertraute Verhaltenssignal vielleicht einen ersten Schritt des Beschleichens herauskitzeln.

Birla scannt die Umwelt an lockerer Leine nach „wilden" Auslösern ab, optimale Voraussetzungen fürs Benennen.

Abgeleintes Barriere-Training im Duett erfordert ein gutes Timing.

Solo, wie hier mit Frodo, trainieren wir die Basis.

SCHRITT 2: SCANNEN UND BESCHLEICHEN BENENNEN

Just in dem Augenblick, in dem Sie erkennen, dass sich Ihr Gefährte dem Abscannen seiner Hundewelt widmet – die Augen lässt er schweifen, seine Nasenflügel bewegen sich, seine Ohren richten sich aus –, sprechen Sie deutlich, unaufgeregt und neutral Ihr Wort für das Verhalten, z. B. „Watch“, „Scann“, „Look“, geben kurz darauf das Markersignal und belohnen in der scannenden Position, wenn der Hund sich für seine Belohnung zu Ihnen umdreht. Soll das Abscannen der Umwelt nach Auslösern für Jagdverhalten ein Verhaltenssignal bekommen, müssen sowohl das Signal, „Look“, als auch das Markersignal dann erklingen, wenn der Hund scannt. Manchmal ergibt sich ein Luxusproblemchen, denn Hunde, die gerne und gut auf die Stimme ihrer Bezugsperson reagieren und gerne Belohnungen von ihr annehmen, drehen sich hier und da auf das „Look“ zu ihr um. Ein zusätzliches Umorientierungssignal möchten wir jedoch nicht etablieren. Darum warten wir kurz ab, bis sich der Hund wieder seiner Hundewelt zuwendet, markieren erst dann und belohnen wie gehabt. Bei jenen Hunden, die sich nur allzu gerne an der Umwelt laben, werden das Verhaltenssignal, „Look“, das Markersignal und das stimmliche Lob während des Scannens wiederholt, bis sie sich aus der Hundewelt lösen können oder sie von ihrer Bezugsperson z. B. mit dem Antippen gelöst werden.
Wenn Sie mögen, übertragen Sie diese Herangehensweise mit einem anderen Signal, z. B. „Langsam“, „Schleichen“, „Pirschen“ ..., auf das Beschleichen/Nachziehen.

ARBEIT AN GELÄNDE-ÜBERGÄNGEN

Dort, wo sich Fuchs und Hase gute Nacht sagen, haben unsere jagdlichen Gefährten ihre ganz eigene Geländestruktur, schnell werden „wilde“ Hotspots aufgespürt – die „Platzzellen“ im Bereich des hündischen Hippocampus werden aktiv und damit das Stöbern und Verfolgen aktiviert. Mit unseren SEEKING-Inseln rüsten wir diese Hotspots in unsere Richtung um – vergangene, positive Interaktion mit dem Menschen aktiviert nun die „Platzzellen“. Neben diesen recht punktuellen Ortskonditionierungen gibt es noch verheißungsvolle Geländeübergänge und Bewuchsformen, die den Hund einladen, in die „wilde“ Welt einzutauchen. Auch an diesen Stellen wirken Ortskonditionierungen, die von den „Platzzellen“ wiedererkannt werden:

— Waldränder mit vielen Wildwechseln,
— Dickungen mit häufigen Wildeinständen und/oder frischen Fährten,
— Uferböschungen und Brombeerhecken mit Kaninchenkolonien,
— Knicks und Feldränder mit Federwild,
— Hochstehende Wiesen, Wildäcker … mit sich duckendem Wild und frischer Witterung, Spuren und Geläufen,
— Weidezäune mit Nutztieren oder Pferden,
— …

WARTEN STATT DURCHSTARTEN

Das Überschreiten der verheißungsvollen Geländekanten prophezeit jede Menge SEEKING. Wäre es nicht schön, würde der Hund an den Übergängen warten und nicht durchstarten? Geländekanten und Bewuchsformen können zum Signal fürs Warten werden. Die Umwelt löst das Warten aus und sagt positive Interaktion mit der Bezugsperson voraus, Sie selbst müssen es nur noch honorieren. Als Einstieg in das Training wählen wir Übungsbarrieren, die wenig attraktiv sind, ansonsten bleiben Trainingserfolge aus.

Ist das Prinzip verstanden, wird es attraktiver. Nur die wirklich attraktiven Flächen werden über das Barriere-Training zu „Tabuzonen" erklärt, das sind Flächen, in denen weit gestöbert und Wild regelmäßig sichtig oder geruchlich verfolgt wird, unerwünschtes Jagdverhalten also höchstwahrscheinlich ist. Es geht nicht um das Tabuisieren jeglicher Flächen abseits der Wege, Erkundungsverhalten darf gezeigt werden, aber nur in unverfänglichen Bahnen (Stichwort: Impulskontrolle). Haben wir eine „Tabuzone" auserkoren, deren Barriere Warten auslösen soll, ist es essenziell, dass der Hund die Barriere auch außerhalb des Trainings nie überschreitet. Dort fliegt keine Spielbeute als Belohnung hinein, und dort wird auch keine Sucharbeit ausgeführt. Mit dem Barriere-Training fügen wir einen weiteren, wichtigen Baustein zur Strukturierung „wilder" Umwelt hinzu. Ein wertvoller Zusatznutzen des Barriere-Trainings ist, dass der Ex-Durchstarter das Warten auch an nicht trainierten Barrieren häufiger anbietet und sowohl an den trainierten als auch an den untrainierten Barrieren besser unterbrechbar ist.

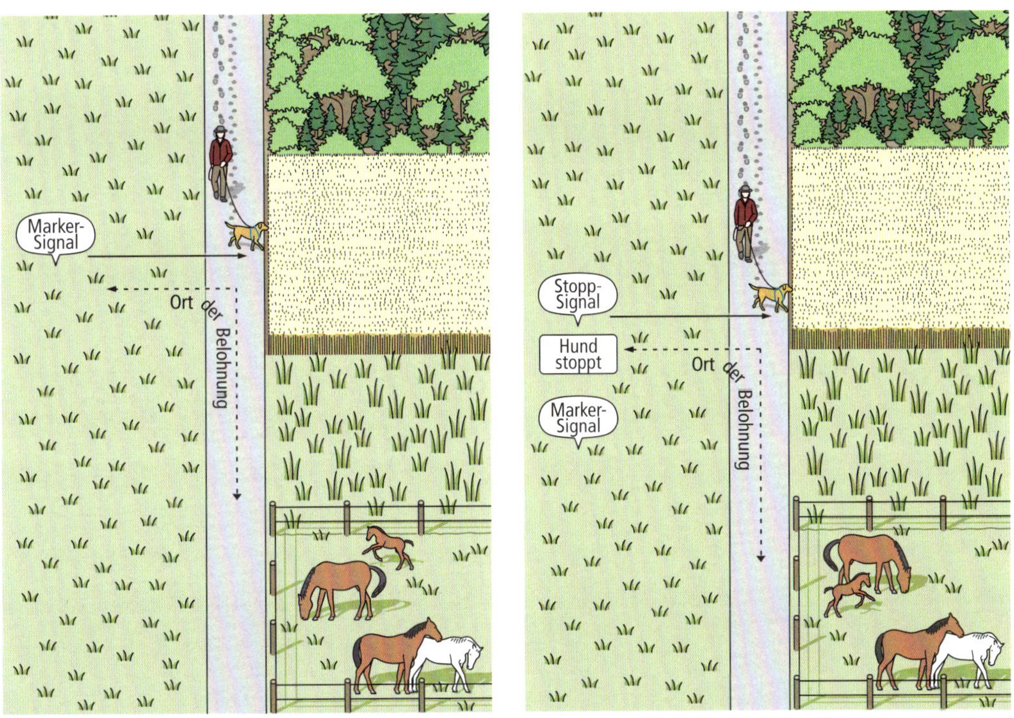

Aufbau und Timing des Barriere-Trainings über Formen und Stoppen

WARTEN AN BARRIEREN ÜBER FORMEN

Möchten wir das Warten an verheißungsvollen Bewuchsformationen, Geländeübergängen und Barrieren, die den jagdlich motivierten Vierbeiner auf die „wilde" Seite ziehen wollen, formen, braucht man dafür ein richtig gut verknüpftes Markersignal, eine Barriere, die wenig Anziehungskraft aussendet und einen bunten Strauß an Belohnungsmöglichkeiten. Die lange Leine kann zu Beginn des Trainings helfen, denn sie vereitelt unerwünschtes Überschreiten der Barriere. Abgeleint sollte die Barriere von Ihnen mit sehr viel mehr Bedacht ausgewählt werden.
Mit der auserkorenen Barriere auf der rechten oder linken Seite des Weges setzt sich das Gespann in Bewegung und hält sich dabei an jene Wegseite, auf der die Barriere nicht erarbeitet werden soll. Der Mensch räumt sich damit ein größeres Zeitfenster ein, denn das Timing ist beim Barriere-Training entscheidend. Ist man einen Tick zu spät, ist die Grenze schon überschritten. Bewegt sich der Vierbeiner nun auf die Barriere zu, gibt der Zweibeiner das Markersignal, der Hund orientiert sich erwartungsvoll um, und die Belohnung wird von der Barriere weg, entlang des Weges platziert. Grundsätzlich wird immer abseits der Barriere belohnt. Langfristig kann dann der Geländeübergang einbezogen werden, wenn selbstbelohnendes, statisches Verhalten wie das Abscannen der anderen Seite nach jagdlichen Auslösern oder das Beobachten unter Signal stehen. An der Barriere entlang wiederholen Sie den Ablauf. Denken Sie daran, dass Barriere-Training Impulskontrolle kostet, nach 10 Wiederholungen gibt es eine Pause in der Hundewelt!

ERSTE WARTEANGEBOTE

Ob das Training an der auserkorenen Barriere Früchte trägt, bemerken Sie an ersten, kurzen Warteangeboten. Das Verknüpfen der Barriere mit dem Markersignal und Belohnungen bringt eine Erwartungshaltung hervor. Nun erwartet der Hund Interaktion mit Ihnen, wenn er sich auf die Barriere zubewegt. Beobachten Sie ein noch so kurzes Warten, gibt es das Markersignal und eine Belohnung weg von der Barriere, entlang des Weges. Als Nächstes sollten die Warteangebote häufiger gezeigt werden, und noch immer bewegen Sie sich entlang desselben Geländeübergangs. Mit zunehmender Routine im kurzen Warten an

Wolke ist an dieser Barriere Profi im Warten. Mit einem so deutlichen Ergebnis geht es an die nächste Barriere.

dieser ersten Barriere kann das Zeitfenster des Wartens variabel erweitert werden – das Markersignal wandert, und sollte sich in Ihrem Werkzeugkasten ein dämpfendes Warmsignal befinden, können Sie die Wartezeit des wandernden Markersignals überbrücken. Was wir final beobachten können, ist ein Hund, der das kürzere oder längere Warten an der Barriere zuverlässig anbietet, ist sie doch im Trainingsverlauf zum Signal fürs Warten geworden und wird nicht mehr überschritten.

Noch kurz eine Anmerkung zur Leine Die lange Leine ist und bleibt ein Managementutensil, d. h. wir können sie halten, wenn der Hund sich für seine Belohnung nicht umorientieren kann, wir hangeln uns über sie an den Hund heran und helfen ihm mit der Belohnung weg von der Barriere. Überläuft der Hund das Markersignal, halten wir die Leine fest, um das Überschreiten zu vereiteln. Passiert das 2-mal an einer Barriere, dann wissen wir, dass sie zu reizvoll ist. Frustration und eine Schwächung unseres so wertvollen Markersignals, weil danach mehrmals das Ende der Leine folgt, sind dem Training nicht zuträglich, daher suchen wir uns eine Barriere mit weniger Anziehungskraft.

Deutlich sieht man ihr die neuen Erwartungen an.

WARTEN AN BARRIEREN ÜBER STOPPEN

Ein Markersignal, das aufgrund der reizvollen Umwelt oder fehlender Belohnungsmöglichkeiten nicht genügend Vorfreude auf Belohnungen schürt, der Mensch danach häufig seine Stimme und die Umwelt nutzen muss, weil etwas anderes nicht genommen werden kann, bringt uns beim Formen nicht weiter. In diesen Fä/ellen nutzen wir gut trainierte Stoppsignale: ein Signalwort fürs Warten, die Ankündigung für den Geschirrgriff plus Alternativverhalten, den Stopp-Sitz-Pfiff..., zuverlässig muss das Verhalten sein.
Mit dem passenden Geländeübergang setzt sich das Gespann in Bewegung. Die Hinweise zur Attraktivität der Barriere gelten auch hier. Sind die Stoppsignale gut trainiert, darf es hinter der Barriere etwas spannender sein, solange Lernen möglich ist, denn sonst kommt Frust auf, bei beiden Hälften des Gespanns. Trottet der Hund auf die Barriere zu, gibt der Mensch gut vernehmbar das vertraute Stoppsignal, der Hund stoppt, es folgen das Markersignal und die Belohnung von der Barriere weg.

WARTEANGEBOTE AUSBAUEN

Durch Wiederholungen erarbeiten wir uns diese Barriere, bis der Mensch auch über diese Herangehensweise eine vierbeinige Erwartungshaltung erkennen kann: Der Hund wartet an der Barriere, weil er Interaktion erwartet, Interaktion über ein Verhaltenssignal. Wie gewohnt folgen auf das Innehalten das Markersignal und die Belohnung. Wir vervielfältigen die Warteangebote und bauen das Zeitfenster des Wartens aus, bis auch dieser Ansatz unseres Barriere-Trainings einen Hund hervorbringt, der kurzes oder längeres Warten immer zuverlässiger zeigt und vom Überschreiten der Barriere absieht. Und da ist es wieder, das Ergebnis: Die Barriere selbst ist über die neue Erwartungshaltung zum Signal fürs Warten geworden. Muss uns die lange Leine dabei noch zur Seite stehen, dass der Hund seine Stoppsignale nicht überläuft, dann ist entweder die Barriere zu verheißungsvoll oder das Stoppsignal noch nicht ausreichend gefestigt. Sorgen Sie für optimale Lernbedingungen.

HERANKOMMEN UND WARTEN

Aufmerksamkeitsteilung ist nicht nur für unsere vierbeinigen Begleiter anstrengend, unserem menschlichen Gehirn gelingt sie ebenfalls nur bedingt, und wenn, dann strengt sie an, stresst uns spürbar, und wir können sie nicht sehr lange aufrechterhalten. Unterwegs mit unseren jagdlich passionierten Vierbeinern kommen wir dort, wo sich nicht nur Fuchs und Hase gute Nacht sagen, bisweilen in die Bredouille, wenn wir mit unserer Aufmerksamkeit Hunde- und Menschenwelt unter einen Hut bringen möchten. Der Hund verdient ein waches Auge, schließlich wollen wir am Klein- oder Großgedruckten seiner Körpersprache erkennen, wenn „wilde" Gefahr im Verzug ist, oder wir müssen auf erwünschtes oder unerwünschtes Verhalten reagieren. Und dann klingelt das Telefon oder wir wollen ein Foto machen, ein kurzes Schwätzchen halten, einen seltenen Vogel beobachten, kurzum, wir sind abgelenkt und nicht mehr bei der Hundesache. Nun sind unsere Hunde wahre Meister im Erkennen, wann wir abgelenkt sind und uns insbesondere unerwünschtes Verhalten durch die Lappen geht. Sofort ist das mentale Schlupfloch ausgemacht und der Hund über alle Berge. Sich niemals ablenken zu lassen, ist auch eine Lösung, die eigenen Bedürfnisse schlichtweg hintanzustellen. Doch das ist irgendwie unbefriedigend, finden Sie nicht auch? Abschweifende Aufmerksamkeit der Bezugsperson sollte zum Signal für den Vierbeiner werden, sich bei ihr einzufinden und in ihrem Nahbereich zu warten, bis das Telefonat beendet, das Foto im Kasten ... ist und das Gespann den Weg gemeinsam fortsetzt. Das Herankommen und Warten ist unwahrscheinlich praktisch und überaus einfach im Aufbau.

HERANKOMMEN UND WARTEN FORMEN

Beginnen Sie diese Übung in einem leichten Umfeld. Ein Hund, dessen Aufmerksamkeit gerade von seiner Hundewelt in ihren Bann gezogen wird, bekommt nicht mit, wenn sich hinter ihm etwas tut. Wenig abgelenkt nimmt er in seinem seitlichen Gesichtsfeld Veränderungen hinter sich wahr,

Die menschliche Aufmerksamkeit driftet ab, ...

... das ist für Wolke das Signal, die Hundewelt ...

ebenso hört er das Verstummen Ihrer Schritte. Haben Sie einen gemütlichen, wenig stimulierenden Weg gefunden oder Sie befinden sich auf dem Rückweg des Spaziergangs, der auf dem Hinweg bereits zur Genüge inspiziert wurde, können Sie mit dem Herankommen und Warten loslegen. Lassen Sie den Vierbeiner anfangs nur eine kurze Strecke vorlaufen, drehen Sie sich deutlich aus der gemeinsamen Laufrichtung und schauen in die Ferne ... oder nehmen das Telefon zur Hand. Behalten Sie dabei unauffällig Ihren Hund im Auge, damit Sie die erste, richtige Reaktion auf Ihr Verhalten mitbekommen. Stutzt Ihr Hund? Perfekt, geben Sie das Markersignal, wenn er sich verwundert zu Ihnen umdreht. Nehmen Sie einen schmackhaften Futterbrocken zur Hand und belohnen ihn mit Hilfe des Brockens in Ihrem Nahbereich ins Sitzen. Berührt der Hundepo den Boden, geben Sie die Belohnung frei. Wiederholen Sie den Ablauf. Wir markieren wieder den ersten Ansatz des gewünschten Verhaltens und

... zu verlassen, um heranzukommen und ...

... bei ihrem Menschen auf die Belohnung zu warten.

belohnen den Hund in der Endposition. Möchten Sie, dass Ihr Hund später lieber im Stehen oder Liegen bei Ihnen wartet, dann belohnen Sie ihn in der entsprechenden Körperhaltung. Sitzen ist ein guter Kompromiss zwischen Stehen und Liegen, und wenn der Hund sich im fertigen Verhalten später ablegt, weil ihm die Wartezeit zu lang wird, ist das auch okay. Denkbar ist auch, dass lediglich das Zeitfenster des Wartens in Ihrer Nähe ausgebaut wird, der Hund seine Position indes selbst wählen darf.

Kleinschrittig ausbauen

Reagiert Ihr Hund zügig, wenn er bemerkt, dass sich hinter ihm etwas tut, dann erwarten Sie eine Spur mehr des erwünschten Verhaltens. Ihr Hund läuft wieder wenige Meter voraus, Sie drehen sich aus der Laufrichtung und beschäftigen sich mit etwas anderem. Behalten Sie den Hund dezent im Blick. Sobald dieser Ihr Zurückbleiben bemerkt, sich in Ihre Richtung orientiert und ein paar Schritte auf Sie zuläuft, markieren und belohnen Sie ihn ins Sitzen. Diese Spur mehr des Herankommens wiederholen Sie.
In den nächsten Trainingseinheiten formen Sie den Hund näher und näher an sich heran, weiterhin markieren Sie das Verhalten und belohnen ihn ins Sitzen. Irgendwann kommt der Moment, in dem der Hund mustergültig herankommt, sobald er bemerkt, dass Sie sich mit etwas anderem beschäftigen. Markieren Sie jetzt nicht mehr sofort. Ihr Vierbeiner wird sich kurz wundern, warum Sie nicht reagieren und sich erinnern, dass er seine Belohnungen zuvor in Ihrer Nähe im Sitzen erhalten hat. Er klappt sein Hinterteil ein, Sie markieren und belohnen ihn im Sitzen.

Für ungeduldige Felle

Wird Ihr Hund schnell ungeduldig, wenn seine Erwartungen nicht gleich erfüllt werden, helfen Sie ihm nach dem Herankommen mit einem bekannten Sitz-Signal auf die Sprünge, das Sie rasch wieder ausschleichen, also nach einigen Wiederholungen wieder weglassen. Der Hund nimmt das Sitz-Signal vorweg und setzt sich auch bei diesem Ansatz zukünftig selbstständig, wenn er bei Ihnen eintrifft. Auf diese Weise lernen auch die hibbeligen Vertreter frustfrei.

Schwierigkeitsgrade steigern
Ist unser Training so weit gediehen, dass der Hund nicht nur herankommt, sondern sich in unserem Nahbereich in seine gewünschte Warteposition begibt, dehnen wir die Zeitdauer des Wartens aus, markieren und belohnen folglich immer später. Festigen Sie das Herankommen und Warten in reizvollerer Umgebung und spielen Sie mit der Distanz zum Hund und der Dauer des Wartens. Schweift Ihre Aufmerksamkeit anfangs nur zum Schein ab, so tut sie dies für echte Telefonate und Co. zunehmend authentischer – Sie telefonieren, fotografieren ... ganz entspannt. Derweil kommt Ihr Hund heran und wartet, Ihre fehlende Aufmerksamkeit hat Signalcharakter bekommen.

Achtung Angeleint gilt es, darauf zu achten, dass nicht das Leinenende zum Signal für das Herankommen und Warten wird – Freilauf in „wilder“ Umwelt ist das erklärte Ziel, und Signale, die nur über die Leine Verhalten verändern, sind abgeleint wirkungslos.

HERANKOMMEN UND WARTEN FÜR ABGELENKTE FELLE

Mit hoffnungslos in die Hundewelt versunkenen Fellen und ihren chronisch zu kurzen Leinen steigen wir einfacher ein und gehen über kurz oder lang ins Formen über:

— In leichtem Umfeld steht das Team recht nah beieinander. Sie drehen sich vom Hund weg, nehmen das Telefon, die Kamera ... mit einer gut sichtbaren Gestik zur Hand und lassen anschließend einige Futterbröckchen auf den Boden regnen. Der Hund sammelt sie auf. Sie wiederholen den Ablauf an wechselnden Stellen.

— Im folgenden Schritt bringen Sie Bewegung in das Prozedere, lassen den Hund dabei aber nur ein winziges Stückchen vorlaufen, bleiben stehen, drehen sich aus der Laufrichtung, nehmen deutlich wahrnehmbar z. B. das Telefon zur Hand und lassen Futter herabregnen. Der Hund sieht, was hinter ihm vor sich geht, und kommt heran. Sie markieren die erste Reaktion in Ihre Richtung, und er sammelt das Futter zu Ihren Füßen auf. Sie wiederholen auch diesen Ablauf an verschiedenen Stellen und erweitern die Distanz variabel.

— Ist die Distanz zwischen Ihnen und dem Hund ausgebaut, und er reagiert zügig, dann beginnen Sie, das Herankommen und Warten wie gehabt zu formen. Die gut fassbare Geste wird allmählich reduziert.

WARTEN ... EINFACH NUR SO

So gut wie alle Verhaltensreaktionen, die mit der Emotion SEEKING einhergehen, haben etwas mit Bewegung zu tun, denn Dopamin macht beweglich. Gehört der Vierbeiner keinem Hundetyp an, der das Verharren als Selektionsergebnis in seinem genetischen Päckchen mit in unseren Alltag bringt, dann warten wir auf Verhaltensreaktionen rund ums Stehenbleiben oftmals vergeblich. Aus den Puzzleteilen der Beutefangsequenz sind das Belauern „wilder“ Auslöser, das Anzeigen ihrer Vorboten und das Abscannen der Umwelt nach Hase, Fasan und Co. als äußerst wünschenswert herausgepickt und bereits in Arbeit. Darüber hinaus entspannt es die gemeinsamen Streifzüge ungemein, wenn der vierbeinige Gefährte das Warten bisweilen von selbst anbietet, oder seine Bezugsperson ihn dazu anhalten kann, wenn er zu weit vorgelaufen ist, damit sie in Ruhe aufschließen kann oder sie ihn z. B. für das Vorbereiten einer spannenden Suchaufgabe außerhalb des Suchengebietes parken möchte. Allen Wartesituationen ist gemein, dass der Vierbeiner aus einer Beweglichkeit in eine gewisse Statik gebracht werden muss, im Kapitel rund um „Frustarmes Leinenhandling“ (Seite 146) wird das lose Warten thematisiert. Der Hund soll seinen Weg nicht fortsetzen, darf aber, auf seine Bezugsperson gerichtet, alternatives Verhalten zeigen, während sie aufschließt. Wir halten das Warten gewollt locker, um die Frustration infolge der Einschränkung über die Leine abzupuffern. Diese Variante des Wartens wird zwar über die

Podenco-Mix Neele wird für freiwilliges Stehenbleiben markiert und an Ort und Stelle mit dem Dartwurf belohnt.

Leine aufgebaut, bahnt sich ihren Weg dennoch mit zunehmenden, hündischen Fertigkeiten in den Freilauf. Als Pendant zur losen Interpretation des Wartens führen verschiedene Trainingspfade zu einem festen Warten.

WARTEN EINFANGEN UND FORMEN

Erwünschtes Verhalten einzufangen, ist immer eine gute Idee, simpel und wirkungsvoll zugleich. Für den Einstieg braucht es nicht viel: den Hund, ein gemischtes Belohnungspotpourri, das Markersignal und ein reizarmes Umfeld. Die Jagd ist eröffnet, und es ist an Ihnen, jene Momente mit dem Markersignal zur Strecke zu bringen, in denen der Hund kurz innehält.

Bei etwaigen Raketen unter den Vierbeinern fassen wir das Beutespektrum etwas üppiger, die Strecke an erlegtem, erwünschtem Verhalten soll schließlich nicht spärlich oder gar leer bleiben: Rückblicke, stehenbleiben, kurz innehalten, vom Galopp in den Trab oder vom Trab in den Schritt wechseln, langsamer werden, am Wegesrand schnuppern ..., ein üppiges Beutespektrum bringt letztendlich mehr verwertbares Anhalten. Denken Sie an den Trichter.

Seien Sie gerade zu Beginn spendabel, markieren Sie ein großzügiges Spektrum an erwünschtem Verhalten und geben Sie über den Ort der Belohnung schon in diesem Stadium einen Hinweis darauf, dass es neben dem Warten selbst auch um die Distanz zwischen Ihnen beiden gehen wird. Werfen Sie die Belohnung zum Hund, bringen Sie diese hin oder geben Sie eine Umweltbelohnung frei. Auch wenn wir unseren Vierbeiner gerade in „wildem“ Terrain am liebsten stets und ständig in unserer Nähe hätten, so wäre es kontraproduktiv, ihn bei uns zu belohnen, wenn wir später wollen, dass er das Warten auch dann zuverlässig zeigt, wenn wir uns von ihm entfernen oder er in Entfernung auf uns warten soll.

Warteangebote ernten

Waren Sie fleißig und haben fette Verhaltensbeute gemacht, dann umgibt Sie zunehmend ein hündischer Begleiter, der Ihnen kurzes Warten immer öfter anbietet. Der Augenblick ist gekommen, in dem Sie das Warten mit einem Signal versehen dürfen – es häufig anzubieten, ist gut, es auslösen zu können, ist besser. Ihre Beobachtungsgabe ist gefragt, kleinste Anzeichen für ein kurz bevorstehendes Stehenbleiben benennen Sie mit „Warte“, „Wait“, „Anhalten“ ... Ihr Begleiter hält an, Sie markieren und bringen die Belohnung zum Hund, denn der Ort der Belohnung ist die Umgebung des Hundes, nicht die Ihre. Das Benennen, Markieren und Belohnen des Anhaltens wiederholen Sie in unterschiedlichem Umfeld.
Signal und Verhalten verknüpfen sich, und Sie testen, ob Ihr „Warte“ ... das Verhalten des Hundes schon zu verändern vermag. Er läuft wenig abgelenkt und recht entspannt vor Ihnen her, Sie rufen „Warte“, er hält inne, Sie markieren und belohnen ihn vor Ort. Generalisieren Sie Signalwort und Verhalten kleinschrittig weiter.

Zeitfenster variieren

Da fehlt doch noch etwas, denn denken wir ans Warten, dann denken wir gleichermaßen an ein Zeitfenster, innerhalb dessen der Hund kürzer oder länger wartet. Die Dimension der Dauer des Wartens erarbeiten Sie kleinschrittig und variabel – aus einem bloßen Anhalten wird Schritt für Schritt ein ausgedehnteres Warten. Machen Sie es Ihrem Hund nicht immer schwerer, trainieren Sie bunt gemischt: kurz, etwas länger, mittel, ganz kurz, länger, mittel, kurz, ganz kurz, noch länger ..., so vermeiden Sie Frust.
Variieren Sie auch den Anspruch in der Umwelt, die Distanz zu Ihnen und den Umstand, dass Sie sich beim Warten bewegen. Üben Sie kleinschrittig und variabel, feilen Sie einzeln an den Kriterien, um sie im Trainingsverlauf zu einem fertigen Warten zusammenzufügen. Beim fertigen Verhalten dürfen Sie den Ort und die Art der Belohnung abwechslungsreich gestalten.
Gutes Training zahlt sich aus: Das Einfangen des kurzen Innehaltens und das kleinschrittige Formen des Wartens ergeben selbstständig gezeigtes Anhalten und Warten mit Zeitfenster auf Signal.

WARTEN ÜBER EIN NATÜRLICHES TARGET

Eine gute Wurftechnik ist für das Warten an einer natürlichen Sichthilfe oder einem Bodentarget die Voraussetzung. Daher sollte sich der Mensch ohne den Hund im gezielten Werfen üben. Geworfen wird als Dart-, Frisbee- oder Kegelwurfbewegung, Sie suchen sich eine etwas exponierte Stelle (ca. einen qm) in rund zwei bis drei Metern Entfernung, die Sie mit wiederholten Leckerliwürfen zu treffen versuchen, und bewegen sich dabei um die Wurfzone herum.
Sind Sie fit im Werfen, nehmen Sie Ihren Hund hinzu und suchen sich in wenig attraktivem Gelände eine karg bewachsene Stelle, innerhalb derer Sie den Hund durch gezielte Würfe zu halten versuchen, während Sie sich drum herumbewegen. Bunkern Sie in der Hand, die nicht wirft, einige gut sichtbare, knubbelige, robuste Futterbrocken. Positionieren Sie sich in ca. zwei Metern Abstand zur Wurfzone und werfen den ersten Brocken gratis hinein. Ihr Hund darf

Dibo wartet in der Wurfzone, dem natürlichen Target, ...

diesen sofort verzehren, und sobald er wieder hochschaut, sieht er bereits Ihren nächsten Wurf. So fahren Sie fort, bis Ihre Bunkerhand leer ist, bei flinken Hunden muss man schneller sein, um ein Herantrotten zu vereiteln. Für den Vierbeiner soll die Erwartungshaltung entstehen, dass das Verharren in der Wurfzone sich lohnt, denn die Futterbrocken kommen ja geflogen. Wiederholen Sie das fröhliche Zielwerfen an wechselnden, kahlen Stellen oder Orten, die sich vom restlichen Untergrund abheben, und behalten dabei eine Wurftechnik bei, z. B. den Frisbee-Wurf.

ZUNEHMENDES VERHARREN

Mit zunehmender Routine des Werfers wird der Beworfene immer unverkennbarer in seiner Wurfzone verharren, in dieser Etappe beginnen Sie mit dem Markieren des Verharrens. In angemessenem Abstand zur aktuellen Wurfzone fliegt der erste Brocken, der Hund trifft in der Wurfzone ein, verzehrt das Wurfgeschoss, blickt erwartungsvoll in Ihre Richtung und verharrt. Sie markieren und belohnen mit dem nächsten Frisbee-Brocken.

Ihre Hand leeren Sie mit gezielten Frisbee-Würfen um den Hund herum und achten auf ein gutes Timing: Erst die Wurferwartung als Verharren, dann das Markersignal und zum Schluss der Frisbee-Wurf. Sie wiederholen die Frisbee-Party an verschiedenen Orten.

WARTEN MIT SIGNAL

Stellt sich auch an wechselnden Wurfzonen Routine ein, bekommt das Verharren ein Signal. Wieder fliegt ein Frisbee-Brocken, um den Hund in die angepeilte Wurfzone zu befördern, er flitzt hin und sammelt ihn auf. Sie sagen Ihr „Warte" kurz vor seiner neuerlichen Wurferwartung, er erwartet den nächsten Wurf und verharrt, Sie markieren und belohnen mit dem Frisbee-Geschoss. Leeren Sie aufs Neue Ihre Bunkerhand durch gekonntes Werfen, wandern dabei um den wartenden Hund herum und ergänzen das Timing um das Wartesignal: 1. „Warte", 2. Wurferwartung als Verharren, 3. Markersignal und 4. Frisbee-Wurf. Festigen Sie das Verharren mit Wiederholungen an verschiedenen Stellen im Gelände.

... auf seinen nächsten Futterbrocken.

Seine Erwartungen werden nicht enttäuscht, der Mensch trifft sie.

Für Hunter ist das schwarz-weiße Fähnchen bereits ein Ort mit Bedeutung, dort zu warten ist nur noch ein Klacks.

An den Wurfzonen in abwechslungsreichem Gelände festigen Sie das Warten und bauen das Zeitfenster, die Distanz und die Position zu Ihnen variabel aus. Losgelöst von den vertrauten Wurfzonen sprechen Sie Ihren Hund in langweiligem Gefilde aus einer Vorwärtsbewegung mit dem „Warte" an. Er vernimmt das vertraute Signal, verharrt und schaut Sie erwartungsvoll an. Sie markieren sofort und werfen die Belohnung wie gehabt als Frisbee. Sämtliche Erschwernisse und Ansprüche gleichen Sie aus der Bewegung kleinschrittig und variabel an. Ist das Warten losgelöst von den Wurfzonen gefestigt, variieren Sie Ort und Art der Belohnungen.

WARTEN ÜBER EIN KÜNSTLICHES TARGET

Anders als beim Aufbau des Wartens über eine natürliche Sichthilfe, z. B. einer kahlen Stelle am Boden, die wir spontan als Targetzone nutzen, in der es sich zu warten lohnt, sollte der Hund beim Warten über ein Bodentarget, z. B. ein schwarz-weißes Fähnchen, dieses sicher anlaufen bzw. anstupsen, wann immer dieses drapiert wird (Im Kapitel „Targets und wo sie drinstecken" Seite 131 lesen Sie mehr dazu).

Schritt 1 Sie stecken das Fähnchen in ablenkungsarmem Gelände in den Boden. Der Hund läuft/stupst es an, Sie markieren und werfen einen Belohnungsbrocken an die Fahne. Durch geschicktes Markieren und Belohnen halten Sie den Hund an der Fahne und bewegen sich dabei um ihn herum. Ihre und die Fertigkeiten des Hundes festigen Sie in verschiedenen Trainingseinheiten, bis der Hund an der Fahne auf Ihren nächsten Wurf wartet.

Schritt 2 Mit der passenden Erwartungshaltung im Trainingsgepäck schalten Sie in den folgenden Trainingseinheiten das Wartesignal vor. Das erste Anlaufen/-stupsen des Fähnchens markieren und belohnen Sie wie gehabt, und bevor der Hund nach dem Aufsammeln des Leckerlis erwartungsvoll aufblickt, sprechen Sie das „Warte". Er verharrt, Sie markieren und belohnen mit dem erwarteten Wurf. Sie festigen den Ablauf um den Hund herum. Zeitfenster, Umfeld und Distanz zu Ihnen bauen Sie kleinschrittig und variabel aus.

Schritt 3 Das Warten wird vom Target-Fähnchen gelöst. Aus der Vorwärtsbewegung, wenn der Hund vor Ihnen her trottet, sprechen Sie das vertraute „Warte", er blickt sich erwartungsvoll um und verharrt, Sie markieren und erfüllen seine Wurferwartung. Zeitfenster, Umfeld, Distanz und Position zu Ihnen gleichen Sie kleinschrittig und variabel an. Belohnt wird das gefestigte Warten variantenreich, je nach Bedürfnislage.

Es ist schonend und frustfrei zugleich, wenn man in das Wartenlernen natürliche oder künstliche Targets einbindet, die den Hund an seinen Warteauftrag erinnern. Wählen Sie die passende Option für Ihren Trainingsstand aus.

DER GRÜNE WINK

WARTEN
— *im Revier*

Warten ist eine Fertigkeit, die zwischen dem (Jagd-) Hund in Nichtjägerhand und dem Jagdhund in Jägerhand nicht unterscheidet. Weder das eigene Revier möchte ganzjährig auf links gekrempelt werden, obwohl sich darüber sicher der Reviernachbar freuen würde, noch möchte das jagdliche Gespann in Fremdrevieren zum ungern gesehenen Gast werden, weil der Vierbeiner aus der Rolle fällt und Wild beunruhigt. Analog zum Stehen und Gucken oder Stehen und Wittern baut der Führer des Vorstehhundes dessen Vorstehanlagen auf und aus und entwickelt aus erstem, zaghaftem Beschleichen typvolles Nachziehen und beste Manieren am Wild. Dafür stehen ihm effektive Verstärker zur Verfügung, Wild darf nach dem Vorstehen und Nachziehen ab und zu hochgemacht und je nach Schonzeit nach dem Durchstehen oder Stoppen apportiert werden. Natürlich sind Vorstehhunde die Spezialisten, wenn es um regloses Anzeigen von Wild geht, dennoch kann auch jeder andere Jagdgebrauchshundetyp das Stehen und Gucken erlernen.

AN GELÄNDEÜBERGÄNGEN

Sogar das Barrieretraining kann den jagdlichen Alltag bereichern: Außerhalb der Jagdzeiten schont der Jagdgefährte das Revier, indem er einmal mehr vor Dickungen, Getreideschlägen ... verharrt, und im Jagdbetrieb hilft es ihm, im Eifer des Gefechtes nicht zu überjagen. In einer strukturierten Quersuche kann der Vorsteher lernen, an den Geländekanten zu wenden, weil diese mit dem Markersignal oder dem Richtungswechselpfiff und dem Fortsetzen der Suche in die andere Richtung verknüpft sind. An anderer Stelle, wenn es um das Nach-/Verlorensuchen geht, wird das Überschreiten von Geländeübergängen explizit trainiert.

WARTEN UND BEOBACHTEN

Nimmt der Jäger sein Glas zur Hand, ist ein Vierbeiner, der herankommt und wartet, eine große Erleichterung, denn es geschieht leise – etwaiger Anblick wird durch lautes Heranrufen nicht ungewollt vergrämt. Das Warten macht die Arbeit mit den vierläufigen Jagdhelfern um einiges entspannter. Schnell ist den Hunden klar, wann das jagdliche Gespann aus Spaß an der Freude durchs Revier streift und wann es zur Jagd oder zum jagdlichen Training aufbricht, die Requisiten dafür sind nicht zu übersehen: Signalhalsung, Arbeitsmaterial, Waffe, Kleidung und vieles mehr geben bekannt, dass das Thema Warten nicht mehr ganz so groß geschrieben wird. All diese Requisiten signalisieren jagdliche Arbeit, und die Schonung des Reviers im Alltag ist aufgehoben. Haben Sie also keine Angst, denn geht es zur Jagd, wird Ihr Jagdgefährte nicht vor Getreideschlägen, Dickungen und dergleichen auf Sie warten, er wird Ihnen folgen: suchen, buschieren oder stöbern.

Retriever hin, Retriever her, das Warten ist die Pflicht vor der Kür.

RUND UMS UNTERBRECHEN

ABRUFEN

Von außen betrachtet, mutet das Herankommen auf Signal unspektakulär an, scheint es doch nur ein Bewegungsablauf von etwas (Hundewelt) weg auf etwas anderes (Menschenwelt) zu zu sein. Was den Bewegungsablauf unserer vierbeinigen Begleiter anbelangt, stimmt das sogar. Nun besteht der Hund nicht nur aus seinem Bewegungsapparat, er hat auch sein Hundegehirn, das aus der Flut von Reizen, die permanent auf die Sinnesorgane einprasseln, alles Relevante herausfiltert und das dazu passende Verhalten auswirft.

In unserem Themenschwerpunkt sehen wir allzu oft selbstbelohnendes Jagdverhalten – hoch motiviert und schlecht unterbrechbar. Da steht sie nun, die Bezugsperson, allein auf weiter Flur, der Hund sollte doch nur herankommen. Im nebenstehenden Infokasten können Sie einen Blick auf die komplexe Verhaltenskette des Herankommens auf Signal werfen – hm, nur herankommen? Es ist viel mehr, und dieses „Vielmehr" müssen wir durch kleinschrittiges, bedürfnisgerechtes Rückruftraining aufarbeiten. Einen Rückruf, der eigentlich immer funktioniert, nur nicht, wenn XYZ in seinem Dunstkreis auftauchen, können wir nicht gebrauchen. Raumgreifendes Suchen, Hetzen, das Ausarbeiten frischer Fährten ..., all das verbunden mit einem hohen Erregungsniveau, soll der Jagende hintanstellen und zügig seine Bezugsperson aufsuchen – das Rückrufsignal soll unerwünschtes (Jagd)Verhalten zuverlässig unterbrechen, und dafür muss es extrem gut trainiert sein. Parallel arbeitet das Gespann am Stoppen und Warten, denn am besten treten die unerwünschten Puzzleteile der Jagdsequenz nur noch selten oder gar nicht mehr auf. Wägen Sie ab, welche Variante des Rückrufs für Ihren Hund und seine jagdlichen Ambitionen am besten passt.

VERHALTENSKETTE DES HERANKOMMENS AUF SIGNAL

- Vernehmen des Rückrufsignals
- Verarbeiten des Rückrufsignals
- Aufmerksamkeitswechsel in direkter Nachbarschaft eines jagdlichen Reizes oder Reizbündels
- Stoppen (aus vollem Lauf)
- Umorientieren des gesamten Hundekörpers in Richtung der Bezugsperson
- Zügig auf die Bezugsperson zulaufen
- Während des Herankommens weitere „wilde" Auslöser, ihre Vorboten und andere Reize ignorieren
- Widersprüche zwischen Einladung durch das Rückrufsignal und möglicher Ausladung durch die Körpersprache der Bezugsperson ausblenden
- Eintrudeln und Kontakt aufnehmen

Das ist eine ganze Menge, nicht wahr?

HERANKOMMEN MIT DEM SUPERSIGNAL

Eine ganz besondere Superbelohnung ist es, die, mit einem Signal verknüpft, den Hund in Feld, Wald und Flur in jeder Bedürfnislage dazu veranlassen soll, heranzukommen. Haben Sie ein solches Highlight gefunden, für das Ihr Hund sprichwörtlich alles stehen und liegen lässt, dann wagen Sie die Superverknüpfung. Eine schöne Ergänzung ist das Supersignal bei Vierbeinern mit einer gemäßigten, jagdlichen Motivation, die auf ihren einfachen Rückruf zuverlässig herankommen und bei denen sich nur von Zeit zu Zeit prekäre, „wilde" Situationen ergeben, in denen der einfache Rückruf nicht ausreicht. Im ersten Satz steht etwas von einer Superbelohnung in jeder Bedürfnislage, und genau das ist der Knackpunkt. Diese eine Belohnung zu finden, die wirklich immer passt, ist sehr schwer und bei jagdlich stark motivierten Hunden ein hoffnungsloses Unterfangen. In der Anwendung auf operanter Ebene stellt der Mensch immer häufiger frustriert fest, dass das Supersignal versagt. Supersignal und Superbelohnung bleiben nur frisch, knackig und begehrenswert, wenn sie selten auftreten – häufiges Heranrufen und Belohnen schwächen den Effekt.

AUFBAU UND AUFFRISCHUNG DES SUPERSIGNALS

Damit ein gerufenes oder gepfiffenes Signal zum Supersignal wird, braucht es eine Superbelohnung, die nur für dieses Signal reserviert ist.

Für das Aufladen suchen Sie ein hündisches Belohnungshighlight, bei dem Sie sich absolut sicher sind, dass Ihr Hund vor Freude schier aus dem Fell springen wird. Vielleicht fällt Ihnen etwas ein, was noch nie da war, dann haben Sie den Überraschungseffekt auf Ihrer Seite (Stichwort: Futter- oder Aktivitätsbelohnung).

Super dank Pawlow

- Das Team befindet sich in einem wenig stimulierenden Umfeld.
- Die Superbelohnung ist greifbar, aber für den Hund nicht wahrnehmbar.
- Der „pawlowsche" Hund läuft oder steht in Belohnungsreichweite.
- Überraschend ertönt das (Super)Signal – gerufen oder gepfiffen.
- Der Mensch hält einen Moment inne.
- Nach dem Innehalten wird die Superbelohnung herausgeholt und die exorbitante Superbelohnungsparty beginnt.
- Nach 30 bis 60 Sekunden klingt die Party aus.
- Im Aufbau wird das Supersignal in der ersten Woche 3-mal täglich, in der zweiten Woche 1-mal täglich, in der dritten Woche alle zwei Tage und in der vierten Woche 1-mal wöchentlich mit der Superbelohnung aufgeladen.
- Danach wird das Aufladen überraschend und unregelmäßig aufgefrischt.
- Im Aufbau und im Auffrischen sollten jene Umfelder in Feld, Wald und Flur abgedeckt sein, in denen das Supersignal in der Anwendung seine Wirkung entfalten soll.

Johannas Supersignal wird mit einer irrwitzigen …

… Frikadellenparty verknüpft – Fetz ohne Ende!

DER EINFACHE RÜCKRUF

Einfacher Rückruf? Einfach, weil er besonders einfach aufzubauen ist? Nein, einfach deshalb, um ihn gegen den doppelten Rückruf abzugrenzen. Das Signal selbst ist einfach: Das Rückrufsignal des einfachen Rückrufs, z. B. „Zu mir", „Komm her", „Tüt-Tüt"..., wird einmal gegeben, und die nächste Resonanz erhält der Hund erst beim Eintreffen bei der Bezugsperson. Dort wird markiert und belohnt. Der doppelte Rückruf besteht aus zwei Signalen, die den Hund so lange akustisch begleiten, bis er eintrifft. Wird der einfache Rückruf unter steigender Ablenkung gut generalisiert und bedürfnisgerecht verstärkt, kann er zu einem sicheren Rückruf werden – vielleicht in Kombination mit einem Supersignal für wilde Notfä/elle. In der täglichen Trainingspraxis mit jagdlich motivierten Hunden hat die Erfahrung gezeigt, dass in Anwesenheit jagdlicher Reize und Reizbündel ein einfaches Signal häufig nicht ausreicht: Vielleicht war der gute Wille da, das „Tüt-Tüt" wurde vernommen, der Aufmerksamkeitswechsel vollzogen, gebremst, ... und dann? Das, was die hündische Aufmerksamkeit erregte, verschwindet nicht plötzlich, es lockt fröhlich weiter ... und von uns? Von uns kommt nichts mehr, und in diese Lücke springt der doppelte Rückruf.

ÜBUNGSPOTPOURRI

Bevor der Vierbeiner das erste Mal tatsächlich mit dem einfachen Rückruf herangerufen/-gepfiffen wird, sollte ihm klar sein, welches Verhalten zum Rückrufsignal gehört. Auch später, wenn wir den einfachen Rückruf unter steigendem Anspruch festigen, gehen wir immer das Risiko von Fehlversuchen ein. Mit einer Handvoll Übungen gelingt es, das Rückrufsignal mit attraktiven Ereignissen aufzuladen, Fehlversuche auf der Sollseite auszugleichen und mit erfolgreichen Versuchen die Habenseite anzureichern – unter kontrollierten Bedingungen und mit minimiertem Risiko.

1. Den einfachen Rückruf aufladen

Mit Pawlows Hilfe verknüpfen Sie nicht nur das Rückrufsignal mit einem bunten Potpourri an attraktiven Ereignissen, Sie etablieren auch sich selbst als Ort der Belohnung. Alle Highlights im hündischen Alltag werden mit dem Rückrufsignal, z. B. einem „Tüt-Tüt" auf der glatten Pfeife, angekündigt. Vorhersage- und Anziehungskraft sind es, auf die wir aus sind.

Hazels Bezugsperson etabliert sich als Ort des Herankommens.

„Tüt-Tüt" und dann folgt:

— das Frühstück oder Abendessen,
— eine ausgiebige Krauleinheit,
— ein ausgelassenes Spiel,
— das Öffnen der Terrassentür bzw. Zugang zum Garten oder Aussteigen aus dem Auto,
— eine neu erworbene Spielbeute,
— Freilauf,
— eine Suchaufgabe,
— etwas Kaubares, ein Futterball, Futterpuzzle oder Schnüffelteppich,
— ...

Denken Sie an die Motivationsliste Ihres Vierbeiners (Stichwort: Top 20)!

Wir geben dem Rückrufsignal mit der emotionalen Grundlage eine Bedeutung, damit die Emotionen unsere Richtung vorgeben.

Schon als Welpe wurde Lennox häufig beim Herankommen ertappt, das „Tüt-Tüt" etikettiert/e das Herankommen.

2. Den einfachen Rückruf einfangen

Auch unter „wilden" Bedingungen erwischen wir unsere jagdlich motivierten Gefährten dann und wann dabei, wie sie sich tatsächlich zügiger Pfote aus freien Stücken auf uns zu bewegen. Wenn Sie also beobachten, dass Ihr vierbeiniger Ausflügler Sie ansteuert, geben Sie das Rückrufsignal, z. B. „Tüt-Tüt", der Hund kommt heran, Sie markieren und belohnen bedürfnisgerecht.

Zudem lässt sich der einfache Rückruf in die Belohnungssequenz einbauen, sobald Sie ein akzeptables Verhalten in einer gewissen Distanz zu Ihnen markieren konnten und der Hund herankommt, um seine Belohnung abzuholen. Zwischen das Markersignal und die Belohnung bei Ihnen schalten Sie das Rückrufsignal, „Tüt-Tüt".
Wir etikettieren das hündische Herankommen mit einem Verhaltenssignal.

3. Der einfache Rückruf in der 10-am-Tag-Übung

Rückrufsignal und Herankommen lassen sich in dieser Übung vortrefflich verbinden – zunächst ablenkungsarm und schon bald in kleinen Schritten ablenkungsreicher. Die gesamte Familie lässt sich involvieren – mehr Familienmitglieder machen mehr Wiederholungen. Sie benötigen den Namen des Hundes, um seine Aufmerksamkeit zu gewinnen, das Rückruf- und das Markersignal. (Vielleicht erhält jedes Familienmitglied seine eigene Pfeife.) Begonnen wird im Haus, und am Morgen eines Tages zählt sich jeder Rückrufteilnehmer zehn Leckerlibröckchen für die Hosentasche ab oder deponiert sie irgendwo im Haus. Über den Tag verteilt, wenn der Hund sich gerade woanders im Haus befindet, lediglich in Hörweite sollte er sein, vollführt jeder 10 Wiederholungen von:

- Seinem Namen für den Aufmerksamkeitswechsel bzw. das Einchecken in die Menschenwelt.
- Rückrufsignal, z. B. „Tüt-Tüt", fürs Herankommen zum Rückrufteilnehmer.
- Das Herankommen wird markiert und mit einem der 10 Bröckchen belohnt.

Klappt die Abfolge drinnen flüssig, können Garten und die restliche Umwelt einbezogen werden.
Achtung Wir möchten Erfolge auf der Habenseite sammeln, pfeifen oder rufen Sie nur, wenn Aussichten auf Erfolg bestehen. Ein guter Grad-

Das Rückrufetikett ist so einfach wie wirkungsvoll.

messer ist der Name als Umorientierungssignal. Hat der Aufmerksamkeitswechsel nicht geklappt, wird auch nicht mehr gepfiffen oder gerufen.
Wir verknüpfen das Rückrufsignal mit dem Verhalten des Herankommens.

4. Der einfache Rückruf und das Endprodukt des Herankommens

Diese Übung erklärt die Bezugsperson zum Ort der Belohnung und menschlichen Target, den/das der Hund aufsuchen soll, wenn das Rückrufsignal erklingt. Die Voraussetzung für diese Verknüpfung ist ein flüssiges, selbstständiges Umorientieren an lockerer, kurzer Leine, von wenig bis viel Anspruch im Umfeld. Wählen Sie das passende Lernumfeld für Ihren Hund aus und nehmen seine lange Leine so kurz, dass er sich in einem ca. 1-Meter-Radius zu Ihnen befindet – das ist der Radius, in dem er nach dem Heranrufen/-pfeifen eintreffen soll. Orientiert er sich an lockerer Leine zu Ihnen um, geben Sie das Rückrufsignal, gleich darauf das Markersignal und werfen einen Belohnungsbrocken innerhalb des 1-Meter-Radius zu Boden. Pro Übungspäckchen und Standort praktizieren Sie 3 – 5 Wiederholungen. Als Belohnung darf natürlich auch gespielt werden, der Zugang zu begehrten Ressourcen kann ermöglicht werden, Futter-Highlights können eingestreut werden … – wenn Rückruf- und Markersignal ertönen, sollte der Hund sich im Endproduktradius befinden, der Rest ist flexibel. Wenn Sie sich mit dem Anspruch der Umwelt mal verschätzt haben, sie einfach zu reizvoll ist, und der Hund das selbstständige Einchecken in die Menschenwelt nicht leisten kann, dürfen Sie mit dem Namen helfen.
Wir verknüpfen das Endprodukt des Herankommens, nicht das Herankommen selbst.

5. Der einfache Rückruf und das Hetzspiel

Im Kapitel rund um jene Belohnungen, die Aktivität aufgreifen bzw. die Puzzleteile der Beutefangsequenz nachahmen, ist das Hetzspiel mit schmackhaften, dicken Futterbrocken ausführlich beschrieben. An dieser Stelle nehmen wir das Verfolgen von Futter her, um Pepp in den einfachen Rückruf zu bringen, das Herankommen richtig gut zu belohnen und uns selbst in besonders freundlicher Körpersprache zu präsentieren. Üben Sie sich als Vorbereitung im Hetzspiel: Sie im Werfen, der Hund im Verfolgen. Fühlen Sie beide sich fit und ist ordentlich Schmackes und Distanz im Werfen und Verfolgen, kann es losgehen. In Ihrer Wurfhand bunkern Sie ein paar knubbelige Wurfgeschosse und starten das fröhliche Treiben. Mit dem ersten Wurf bringen Sie den Verfolger auf Distanz von sich weg, und während er den Brocken verfolgt, entfernen Sie sich in die entgegengesetzte Richtung (gehend, laufend, rennend). Hat er den Brocken erwischt, ertönt das Rückrufsignal, „Tüt-Tüt", er kommt heran und holt Sie ein. Das Einholen wird markiert und mit dem nächsten Wurf in Laufrichtung belohnt, der Verfolger düst zum Brocken und Sie selbst abermals vom Verfolger weg. „Tüt-Tüt" nach dem Aufsammeln, das Markersignal fürs Einholen, und das Hetz-Rückruf-Spiel beginnt aufs Neue, bis Ihre Bunkerhand leer ist. Achtung: Das Verfolgen bringt den Hund gehörig in Wallung, sorgen Sie für einen angemessenen Ausklang.
Wir verknüpfen das Rückrufsignal mit dem Verhalten des Herankommens, freundlicher Körpersprache und obendrein viel Pepp und Action.

DER DOPPELTE RÜCKRUF

Umwelt- und SEEKING-affinen Hunden können und müssen wir helfen, sich auf Signal aus ihrer Hundewelt zu lösen – hier eine frische Witterung, da eine warme Spur, dort ein flüchtiger Hase und zudem das verführerische Gockeln eines Fasanenhahns. Welch ein Paradies für die hündischen Sinne! Doch was ist das? Zwischen all diesen Sinneseindrücken versucht das Rückrufsignal, wahrgenommen und in erwünschtes Verhalten umgesetzt zu werden. Der Sinnesvielfalt und der Komplexität der Verhaltenskette des Herankommens tragen wir Rechnung, indem wir sie in ihre wichtigsten Glieder zerlegen: den Aufmerksamkeitswechsel und das Herankommen, denn ohne einen Aufmerksamkeitswechsel findet auch kein Herankommen statt. Dort, wo wir im Endeffekt eine grandiose Leistung vom Hund erwarten, müssen wir ein grandioses Training leisten. Für den Aufmerksamkeitswechsel soll das Umorientierungssignal zuständig sein, und das Ankersignal gewährleistet das Herankommen, auch unter geballten Sinneseindrücken. Beide Signale werden getrennt voneinander geübt und jedes für sich belohnt – eine doppelte Wiederholungs- und Verstärkungsgeschichte sind das Resultat, doppelt gut und doppelt sicher!

Edda wird gehalten, eingeladen, geankert und am Ziel belohnt.

Ein hündisches Duett kommt freiwillig heran, der Mensch ankert.

Kann das Trainingsgespann auf eine solche Trainingsgeschichte zurückblicken, werden beide Signale zu einem großen Ganzen zusammengefügt: zu unserem doppelten Rückruf. In der Anwendung geben wir das Umorientierungssignal und gleich darauf beginnt das Ankersignal, ungeachtet der Tatsache, ob wir eine Umorientierungsreaktion beobachten konnten – denken Sie an das Einholen eines Ankers. Ist der Hund geistig und körperlich eingeholt, selbstredend nicht mit der Leine, sondern mit der trainierten Akustik, folgen das Markersignal und eine bedürfnisgerechte, ausschweifende Belohnung. Außerhalb der Anwendung werden beide Signale weiterhin getrennt voneinander geübt und belohnt.

Idee Unter erschwerten Bedingungen markieren Sie die erste richtige Reaktion oder früher in die Verhaltenskette des Herankommens hinein und belohnen Sie besonders gut. So werden alle Kettenglieder gleichermaßen verstärkt.

UMORIENTIEREN – EINCHECKEN IN DIE MENSCHENWELT

Mit dem Wissen um die Komplexität der Verhaltenskette des Herankommens haben wir zwei Baustellen eröffnet: das Umorientierungssignal für den Aufmerksamkeitswechsel und das Ankersignal für das Herankommen. Angeborene, jagdliche Auslöser aktivieren SEEKING, und in einem jagdlich reizvollen Gebiet lenkt der Vierbeiner seine Aufmerksamkeit auf die aktuell relevanten Reize. Für einen erfolgreichen Aufmerksamkeitswechsel, innerhalb dessen sich der Stirnlappen als Entscheidungsinstanz auf unsere Seite schlägt und das Umorientierungssignal als ebenso relevant einstuft, müssen wir fleißig sein. Wir gewinnen die hündische Aufmerksamkeit, wenn das Umorientierungssignal durch ein fortwährendes Aufladen mit emotional wertigen Ereignissen im jagdlichen Kontext die Emotion SEEKING aktiviert und wir die Reaktion darauf mit bedürfnisgerechten Belohnungen richtig gut festigen. Diesmal soll der Botenstoff des SEEKINGs, das Dopamin, auf unserer Seite

Futterbelauern nach dem Umorientierungssignal.

Einfach mal Quantität vor Qualität, das geht auch.

sein und die hündische Aufmerksamkeit und den Hund selbst in die Menschenwelt bewegen. In der Anwendung kann das Umorientierungssignal für sich alleine stehen, es kann innerhalb des doppelten Rückrufs mit dem Ankersignal kombiniert werden, und kann, um sich der hündischen Aufmerksamkeit gewiss zu sein, auch vor jedes andere Verhaltenssignal geschaltet werden.

DAS UMORIENTIERUNGSSIGNAL AUFLADEN

Haben Sie mit Ihrem vierbeinigen Gefährten bereits den Namen als Eintrittskarte in die Hundewelt und damit als Signal für einen Aufmerksamkeitswechsel erarbeitet, wie es im Kapitel „Basics – einfach anfangen!“ Seite 128 beschrieben ist? Wenn ja, dann kommt Ihnen das Aufladen ganz gewiss bekannt vor. Ein neutrales Signal wird zum Umorientierungssignal, wenn wir eine gehaltvolle, emotionale Grundlage vorwegsetzen – Stichwort: SEEKING und Dopamin. Die Emotion SEEKING soll zukünftig die richtige Richtung vorgeben: weg von der Hundewelt, hin zur Menschenwelt. Was wir dafür brauchen, ist gar nicht viel: Das zukünftige Umorientierungssignal, ein bunt geschnürtes Belohnungspotpourri, ein angemessenes Lernumfeld und einen Hund in Belohnungsreichweite, der nicht großartig abgelenkt ist und der die Belohnungen auch annehmen kann. Mit diesen Prämissen rufen wir Pawlow auf den Trainingsplan. Nur er vermag es, Vorhersagekraft von bedeutungslos in bedeutungsvoll zu wandeln:

- Sie geben gut vernehmbar das Umorientierungssignal, z. B. ein knackiges Wort, einen gehaltvollen Pfiff (glatt oder Triller) oder einen Tierstimmenpfiff.
- Sie halten einen Moment inne.
- Sie lassen etwas Tolles folgen. (Ob der Hund auf das Signal hin aufmerkt oder nicht, ist einerlei, es folgt etwas Tolles.)

Bei dieser emotionalen Verknüpfung zählen nicht die Wiederholungen, die hintereinanderweg durchgenudelt werden – überraschend, hochwertig und in vielen verschiedenen Situationen soll sie durchgeführt werden, also mal hier und mal da: Qualität statt Quantität!

AUFLADEN, WO ES „WILD" WIRD

Das emotionale Aufladen transportieren wir zudem in all jene Situationen, die wir noch nicht einschätzen können, die neu sind oder in denen das Umorientierungssignal in der Anwendung erfolglos war, z. B.:

- Der Hund findet eine/n Hasensasse, Wildwechsel, Wildschweinsuhle, eräugt sichtiges Wild, vernimmt ein „wildes" Geräusch ..., kurzum, etwas, das seine Aufmerksamkeit bündelt.
- Der Mensch gibt das Umorientierungssignal, hält inne (21, 22) und ...
- ... lässt etwas Tolles folgen, was der Hund noch annehmen kann, vielleicht einen Minifrikadellen-Wasserfall.

So haken wir die Verknüpfung von Kontext, Signal und einem attraktiven Ereignis ab, bevor wir das Umorientierungssignal in diesem Zusammenhang tatsächlich anwenden.
In jagdlich reizvoller Umgebung trainieren wir permanent unter erschwerten Bedingungen, wir trainieren in direkter Konkurrenz zu jagdlichen Auslösern, ihren Vorboten und Hinterlassenschaften. Sorgen Sie unbedingt dafür, dass das Umorientierungssignal in wenig stimulierendem Umfeld überraschend immer mal wieder mit tollen Dingen und Aktivitäten verknüpft wird – wenig Konkurrenz macht mehr emotionale Wertigkeit! Gerade zu Beginn eines Spaziergangs lässt sich unter leichten Bedingungen das Gute-Laune-Akku mit 2 – 3 überraschenden Verknüpfungen aufladen, sodass wir in der Anwendung auf dem weiteren Spazierweg davon zehren können.

UMORIENTIERUNG MIT KONSEQUENZEN

Steht die Verknüpfung des Umorientierungssignals über den Weg der klassischen Konditionierung, trainiert das Gespann den Aufmerksamkeitswechsel auf operanter Ebene: Signal, Verhalten und bedürfnisgerechte Konsequenzen werden verknüpft. Arbeiten Sie kleinschrittig:

Mitch hört, halbseitig taub, seine extra laute Pfeife.

An der Problemzone fliegt attraktive Spielbeute.

An anderer Stelle darf er die Fuchslunte hetzen.

leichte Ablenkung, mittlere Ablenkung, schwere Ablenkung. Entscheiden Sie sich für ein angemessenes Lernumfeld. Im Idealfall haben Sie unter diesen Begebenheiten das Umorientierungssignal bereits aufgeladen. Schnappen Sie sich Ihren Hund, die Pfeife, das Markersignal und Ihr bunt geschnürtes Belohnungspotpourri und starten, wenn der Vierbeiner für den Aufmerksamkeitswechsel in Belohnungsreichweite, in der Verfassung fürs Belohnen und von Ihnen weggerichtet, aber seine Aufmerksamkeit anfangs nicht von etwas „Wildem" gebündelt ist.

- Sie geben das (aufgeladene) Umorientierungssignal (Wort, Pfiff, Tierstimme) ...
- ... und markieren alle Nuancen einer Umorientierungsreaktion weg von der Ablenkung/Hundewelt: stoppen, langsamer werden, das Zucken eines Ohres, Verlagerung des Körperschwerpunktes in Ihre Richtung, eine subtilere oder deutlichere Bewegung des Kopfes, ein teilweises oder komplettes Eindrehen des Hundeleibes ..., seien Sie großzügig, die erste richtige Reaktion zählt, nicht ihre Perfektion!
- Die erste richtige Reaktion/Entscheidung belohnen Sie bedürfnisgerecht.

ETIKETTEN UND VORZEICHEN

Um Fehlversuche auszugleichen, zu minimieren oder gar auszuschließen, wenn wir das Umorientierungssignal auf Risiko geben, können wir die Umorientierung etikettieren oder wir reagieren mit dem Signal auf sichere Vorzeichen.

- Wir etikettieren die Umorientierungsreaktion aus freien Stücken mit dem Umorientierungssignal, markieren und belohnen.
- Wir platzieren das Umorientierungssignal in die richtigen Vorzeichen, die Umorientierungsreaktion aus freien Stücken hat also bereits begonnen. Dann geben wir das Umorientierungssignal, die Umorientierung wird zu Ende gebracht, und wir können markieren und belohnen.

Die Highlights der individuellen Motivationsliste (Top 20) streuen Sie so oft ein wie nötig, aber so selten wie möglich. Zu oft dargeboten, verlieren sie an Wertigkeit, zu selten dargeboten, verliert der Aufmerksamkeitswechsel an Zuverlässigkeit. Schöpfen Sie aus der gesamten Belohnungspalette und geben dem Ganzen durch punktuell eingestreute Überraschungen die nötige Würze!
Das Umorientierungssignal ist in „wilder" Umwelt für uns Menschen die Eintrittskarte in die Hundewelt, und nur mit einer gehaltvollen Wiederholungs- und Verstärkungsgeschichte entlang jagdlicher Auslöser, ihren Vorboten und Hinterlassenschaften und in puncto Belohnungsvielfalt entlang hündischer Bedürfnisse gelangen wir zu Routine – zu einem Orientierungsreflex: fokussierte Aufmerksamkeit in unsere Richtung. Sorgfalt und Kleinschrittigkeit lohnen sich!

AUFMERKSAMKEITSWECHSEL UNTERSTÜTZEN

- Frönt der Hund gerade einem Puzzleteil der Jagdsequenz, und Sie sehen selbstbelohnendes Verhalten, das Sie bereits benannt haben, dann kommt zuerst das Signal dafür, z. B. „Look", danach das Markersignal und erst dann das Umorientierungssignal. (Stichwort: Eintrittskarte ins Hundegehirn)
- In anspruchsvollen Situationen geben wir vor dem Umorientierungssignal das Markersignal. (Stichwort: Eintrittskarte ins Hundegehirn)
- Wir schalten die Geschirrgriffankündigung, z. B. „Stopp!", vor das Umorientierungssignal. (Stichwort: Bremswirkung)
- Mit dem aktivierenden Warmsignal helfen wir dem Hund in die Umorientierung (Stichwort: Hilfestellung)
- Wir geben das konditionierte Entspannungswort, z. B. „Easy" vor dem Umorientierungssignal. (Stichwort: Ansprechbarkeit)

Schnellen Hunden geht auch das Herankommen …

… schnell von der Pfote: fruchtbare Momente, …

… um das Ankersignal an den Hund zu bringen.

PER ANKER DURCH DIE HUNDEGALAXIS

Als zweiter und nicht minder wichtiger Teil unseres doppelten Rückrufpaketes ist das Ankersignal unser Lotse durch eine mit jagdlichen Reizen und Reizbündeln gespickte Hundewelt. Diese „wilden“ Spicker klappen sich nicht ins Nirwana, nur weil der Mensch das Rückrufsignal gegeben hat. Ganz im Gegenteil, sie ziehen weiterhin an der Aufmerksamkeit des Hundes. Das Umorientierungssignal ist mit einem erfolgreichen Aufmerksamkeitswechsel schon mal die halbe Miete, und dann geht es unterfüttert durch das Ankersignal mit dem Herankommen quer durch die Hundegalaxis. Das Ankersignal wird als Dauersignal gegeben: kurze, knackige Einzel- oder Doppelpfiffe („Tüt Tüt Tüt Tüt Tüt …“, „Tüt-Tüt-Tüt-Tüt Tüt-Tüt-Tüt-Tüt Tüt-Tüt“…) oder knackige, kurze Silben, z. B. „Zack, Zack, Zack, Zack, Zack“…, die in immer kürzer werdenden Abständen gegeben werden, bis der Hund bei seiner Bezugsperson eintrifft (Das Markieren und bedürfnisgerechte Belohnen nicht vergessen!). Durch einen gelungenen Aufbau und ein fortwährendes Auffrischen verleihen wir dem Ankersignal eine fortwährende Sogwirkung, die es vermag, den Hund wie einen Anker aus den „wilden“ Untiefen der Hundegalaxis einzuholen, sollte das Umorientierungssignal augenscheinlich keine sichtbaren Früchte getragen haben. Wir müssen nach dem Umorientierungssignal mit dem Ankern nur dranbleiben: Wir ankern erst in größeren Abständen laut und deutlich, und mit dem sich lösenden und schließlich herankommenden Hund werden die Abstände kleiner und die Pfiffe oder Silben in ihrer Lautstärke gemäßigter. Jeder Pfiff und jede Silbe sagt: Lauf auf deinen Menschen zu. Lauf auf deinen Menschen zu. Lauf auf deinen Menschen zu …, und der Ort der Belohnung, die Bezugsperson, rückt immer näher. Wird es auf dem Rückweg unverhofft brenzlig, ankern wir besonders deutlich. Der Anker aktiviert das Herankommen, wenn Aufbau und Auffrischen über eine gehaltvolle Wiederholungs- und Verstärkungsgeschichte verfügen. Belohnungstechnisch orientieren wir uns an der Top 5 der hündischen Belohnungshitliste: Besonders gut, besonders lang und besonders intensiv sollte die Belohnungssequenz sein.

☞ DAS ANKERSIGNAL

AUFBAU UND AUFFRISCHEN

Im Duett mit dem Umorientierungssignal soll das Ankersignal in der Anwendung eine Sogwirkung entwickeln, die auch unter „wilden" Begebenheiten das Herankommen initiiert. Dieser Sogeffekt kann sich jedoch nur dann entwickeln und erhalten, wenn das Ankersignal immer und immer wieder mit dem Herankommen verknüpft wird. Verknüpft werden Ankersignal und Herankommen, wenn die Bewegung auf den Menschen zu bereits begonnen hat, nicht, um die Bewegung zu starten (Stichwort: Verhaltensetikett).

Das Ankersignal auf freiwilliger Basis

— Wann immer der Hund aus freien Stücken auf dem Weg zu seiner Bezugsperson ist, verknüpft diese das Herankommen mit den Ankerpfiffen/-silben.
— Das Eintreffen wird markiert und belohnt.

Das Ankersignal in der Belohnungssequenz

— Wann immer der Mensch akzeptables Verhalten in Distanz mit dem Markersignal einfangen konnte, ertönen die Ankerpfiffe/-silben, wenn der Hund auf dem Weg zu ihm ist, um sich seine Belohnung abzuholen.
— Nach dem Eintreffen wird die angedachte Belohnung an den Hund gebracht.

Das Ankersignal im Hetzspiel

— Das Gespann macht sich zunächst mit dem Verfolgen von Futterbrocken aus dem Kapitel rund um die Aktivitätsbelohnungen vertraut.
— Der Mensch bunkert in seiner Wurfhand einige Brocken Futter oder hält diese in der Jackentasche wurfbereit.
— Idee: Analog zur 10-Leckerchen-Übung aus dem Kapitel „Basics – einfach anfangen!" können die Brocken vor dem Hetz-Anker-Spiel abgezählt werden.
— Mit dem ersten Wurf bringt der Mensch den Hund auf Distanz. Während der Hund das Futterstückchen verfolgt, entfernt sich der Mensch in die entgegengesetzte Richtung (gehend, laufend, rennend).
— Sobald sich der Hund nach dem Aufsammeln anschickt, seinen Menschen einzuholen, untermalt dieser das Einholen mit den Ankerpfiffen/-silben.
— Das Eintreffen wird markiert und mit dem nächsten Wurf belohnt.
— Wiederholen und das rasante Hin und Her ausklingen lassen.

Das Ankersignal und das Herantragen von Spielbeute

— Wann immer der Hund eine Spielbeute gefunden oder verfolgt und gepackt hat und diese dann seiner Bezugsperson bringt, verknüpft diese das Herantragen mit den Ankerpfiffen/-silben.
— Das Eintreffen wird markiert und belohnt.

Das Ankersignal und der Parkplatz

— Der Hund wird in einer beliebigen Position und/oder an einem Wartetarget geparkt.
— Der Mensch entfernt sich und ermutigt den Hund aus der Distanz zum Herankommen, z. B. mit einem „Okay" und freundlicher, einladender Körpersprache.
— Hat sich der Hund zu seinem Menschen in Bewegung gesetzt, untermalt dieser das Herankommen mit den Ankerpfiffen/-silben.
— Das Eintreffen wird markiert und belohnt.
— Ist Geparktwerden noch nicht möglich, kann eine vertraute Person den Hund halten, während sich die Bezugsperson entfernt. Loslassen und das Herankommen mit dem Ankersignal verbinden.

Das Ankersignal und beliebte Aktivitäten

— Wann immer der Mensch Suchaufgaben drapiert hat oder hochwertige Ressourcen zugänglich machen kann, z. B. Zugang zum Wasser, wird der Hund weg von der Suchaufgabe/Ressource geparkt, der Mensch geht zum Ansetzpunkt in die Suchaufgabe oder zum Zugang der Ressource und ermutigt den Hund zum Herankommen.
— Das Herankommen wird mit dem Ankersignal verknüpft, das Eintreffen markiert und mit der Suchaufgabe, z. B. einer Schleppfährte, oder dem Zugang zur Ressource belohnt.

ÜBUNGSIDEEN IN „WILDER“ UMWELT

Unsere Trainingswerkzeuge haben wir im Kopf und unser vierbeiniger Gefährte versteht sich in deren Umsetzung. Alles könnte so schön und einfach sein, aber der Trainingsalltag lässt sich oftmals nicht planen, jedenfalls nicht unsere felligen und fedrigen Sparringspartner, sie erscheinen und verschwinden, wann immer sie es wollen, nicht, wenn wir sie ein- oder ausladen. Uns bleibt, „wilde“ Problemzonen gezielt aufzusuchen, auf „wilde“ Heimsuchungen spontan zu reagieren, und wir können recht kontrollierte Übungsaufbaue Schritt für Schritt an und in „wilde“ Gefilde übertragen. Alles zusammen ergibt ein zielführendes Arrangement aus geglückten Trainingsversuchen, weil einfach alles passte, und einen Ausgleich möglicher Fehlversuche, weil es doch mal zu „wild“ wurde. Fehlversuche können mit unserem Übungspotpourri an der Örtlichkeit des Verfehlens sofort oder später aufgearbeitet werden.

EIN IDEENPOTPOURRI

Das Umorientierungssignal in der 10-Leckerchen-Übung

Im Kapitel „Basics – einfach anfangen!“ haben wir mit Hilfe unseres kleinen Multitalents – der 10-Leckerchen-Übung – den Aufmerksamkeitswechsel auf selbstständiger Basis geübt. Den Orientierungsreflex, sobald der Hund in seiner Hundewelt das Umorientierungssignal vernimmt, vor Augen, nutzen wir diese kleine, feine Übung für das Training des Aufmerksamkeitswechsels auf Signal. Drei Abstufungen stehen uns zur Verfügung, um das Training an die aktuellen Bedingungen anzupassen:
Wir etikettieren die Umorientierungsreaktion mit dem Signal. Wir platzieren das Umorientierungssignal in die richtigen Vorzeichen. Wir geben das Umorientierungssignal auf Risiko. Mit einschlägiger Erfahrung des Gespanns in der Basisversion der 10-Leckerchen-Übung geht es frisch und fröhlich ans Werk:

01 Das Abzählen der Futterbrocken kennt Birla …

02 … aus dem Effeff, der erste Brocken landet in der …

03 … „wilden" Problemzone und sie gleich hinterher.

04 Triller, Aufmerksamkeitswechsel: So soll es sein!

- Wort, Pfiff oder Tierstimme als Umorientierungssignal, das Markersignal und Futterbelohnungen sind diesmal mit an Bord.
- Nach guter, alter Manier zählen Sie 10 schmackhafte Futterbröckchen ab.
- Hat sich Ihre Futterhand gefüllt, fällt der erste Brocken zu Boden, den der Hund fressen darf.
- Ab hier haben Sie drei Möglichkeiten.
- **Möglichkeit 1** Sie geben das Umorientierungssignal mit erfolgtem Aufmerksamkeitswechsel, d. h. Sie warten, bis sich der Hund vom Boden weg in Ihre Richtung wendet. Sie markieren und belohnen ihn mit dem nächsten zu Boden fallenden Brocken. **Idee: Wir kleben das Signaletikett auf die Umorientierung.**
- **Möglichkeit 2** Sie warten deutliche Anzeichen einer beginnenden Umorientierung ab, geben das Umorientierungssignal, der Aufmerksamkeitswechsel wird abgeschlossen, Sie markieren und belohnen mit dem nächsten zu Boden fallenden Brocken. **Idee: Wir geben das Umorientierungssignal in die sicheren Vorzeichen der Umorientierung.**
- **Möglichkeit 3** Sobald der Hund den Brocken vertilgt hat, geben Sie das Umorientierungssignal, er orientiert sich um, Sie markieren und belohnen ihn mit dem nächsten zu Boden fallenden Brocken. **Idee: Wir geben das Umorientierungssignal auf Risiko.**
- Sie wiederholen Möglichkeit 1, 2 oder 3, bis sich Ihre Hand geleert hat.
- Das Ende der Übung kommunizieren Sie mit dem Signal für Pause in der Hundewelt.

Belohnungen Abgezählt werden können Futterbrocken gleicher oder verschiedener Wertigkeit. Die Brocken können verschieden angeboten werden (gekegelt, gestreut, belauert…). Eingebaut werden können Highlight-Belohnungen, selbstbelohnendes Verhalten und verschiedene Aktionen mit Spielbeute (Zergeln, Lauerspiel, Werfen, Suchen…).

Umweltanspruch Jagdliche Auslöser, ihre Vorboten und Hinterlassenschaften werden in das Training gezielt mit einbezogen:

- Sichtiges Wild im Hintergrund;
- Vorboten wie Feldfrucht, Hecken, Knicks, Uferböschungen, Waldränder, Dickungen, die „wilde" Kreaturen verheißen;
- Hinterlassenschaften wie Hasensassen, Wildwechsel, Fährten, Spuren, Geläufe, Liegekuhlen, Suhlen, Malbäume, Losung, …
- …, alles, was Ihren Verfolger, Stöberer … in jagdliche Wallung versetzt.

Je nach Trainingsstand Ihres Hundes passen Sie das Einbinden dieser Problemzonen an: In Richtung der Problemzone, an der Problemzone entlang, in die Problemzone hinein, von der Problemzone weg … werden die Belohnungen platziert und der Aufmerksamkeitswechsel in den drei Schwierigkeitsstufen trainiert, mit mehr oder weniger Risiko, um Fehlversuche zu minimieren.

ANKERSIGNAL UND DOPPELTER RÜCKRUF IN „WILDER" ACTION

Die weiter oben aufgeführten Problemzonen können ebenso in das Auffrischen und Festigen des Ankersignals (den Hund entsprechend parken, aktivieren und ankern) involviert werden, oder wir setzen den doppelten Rückruf (den Hund entsprechend parken und abrufen) zusammen und kombinieren ihn mit den Problemzonen:

- Aus Problemzonen heraus,
- durch Problemzonen hindurch,
- weg von Problemzonen,
- in eine Problemzone hinein, die in die Belohnung eingebaut werden kann,
- an einer Problemzone entlang.

Könnte uns im Dunstkreis von Problemzonen die 10-Leckerchen-Übung beim Ankersignal und beim doppelten Rückruf auch eine Trainingshilfe sein? Ja, unbedingt!

Das Ankersignal integrieren wir, indem wir wie gehabt zählen, den ersten Brocken weit wegkegeln, uns entfernen (gehend, laufend, rennend), und wenn sich der Hund nach dem Auflesen auf uns zubewegt, ertönt das Ankersignal, wir markieren auf unserer Höhe und belohnen mit dem nächsten Weitwurf. Den Ablauf wiederholen wir, bis die Hand geleert ist, und geben das Pause-in-der-Hundewelt-Signal.

Den doppelten Rückruf integrieren wir, indem wir wie gehabt zählen, den ersten Brocken weit weg kegeln, uns entfernen (gehend, laufend, rennend), nach dem Auflesen das Umorientierungssignal geben (Denken Sie an die 3 verschiedenen Zeitpunkte für das Umorientierungssignal.) und das Herankommen mit dem Ankersignal untermalen. Markiert wird auf unserer Höhe, belohnt wird mit dem nächsten Weitwurf, geleert wird die Hand mit Wiederholungen, und am Ende entlassen wir den Hund in seine Hundewelt.

Um 3 Ecken können wir unter recht kontrollierten Bedingungen und mit steigendem Schwierigkeitsgrad unser Duo aus Umorientierungs- und Ankersignal zusammengesetzt als doppelten Rückruf praktizieren – unter der Voraussetzung, dass beide Signale bereits über eine entsprechende Wiederholungs- und Verstärkungsgeschichte verfügen.

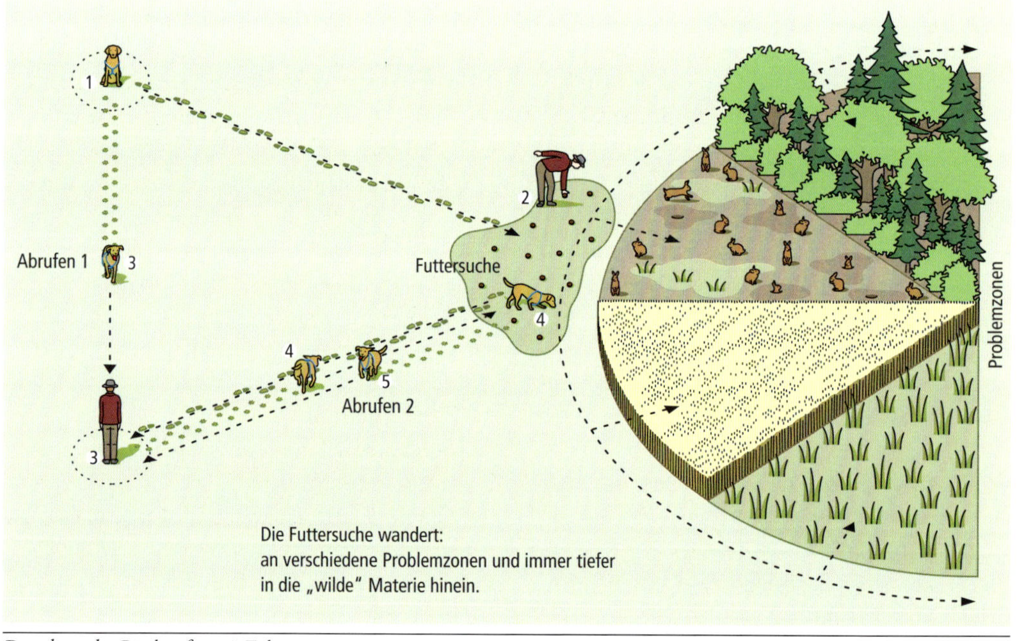

Der doppelte Rückruf um 3 Ecken

Das Felldummy in Ecke 2 drapieren …

…, während der Hund in Ecke 1 wartet.

Abrufen erfolgt aus Ecke 3: belohnen!

Von Ecke 3 geht's in Ecke 2 zum Felli.

Mit Felli im Fang aus Ecke 2 abrufen …

… und in Ecke 3 abermals belohnen!

Zutaten

- Umorientierungs- und Ankersignal (in Anwendungsreife, also doppelt gut verknüpft!)
- Markersignal (Clicker, Wort, Schnalzen)
- buntes Belohnungspotpourri
- Der Hund kann warten, während der Mensch Futter für eine Futtersuche ausstreut.
- Der Hund kann Futter in Distanz suchen.
- (Das Aufsuchen eines Bodentargets ist auf Signal abrufbar.)

Ablauf

- Das Umfeld mit Bedacht auswählen und erst später mit Problemzonen „spielen".
- Der Hund wird geparkt (Ecke 1).
- Der Mensch geht weg und streut in einer angemessenen Distanz und einem angemessenen Winkel, von weit zu eng, Futter aus (Ecke 2).
- Der Mensch kehrt zum geparkten Hund zurück, markiert und belohnt ihn fürs Warten. Später gehen Sie von der Ausstreustelle ohne Zwischenstopp gleich zur Abrufstelle.
- Der Mensch entfernt sich abermals, der Hund wartet in der Parkposition, und der Mensch positioniert sich (Ecke 3) in einem zunehmend schwerer werdenden Winkel zum ausgelegten Futter und dem geparkten Hund.
- Aus Ecke 3 ruft der Mensch den Hund aus Ecke 1 an Ecke 2 vorbei mit dem doppelten Rückruf ab. Umorientierungs- und Ankersignal werden hintereinandergeschaltet, wir nutzen ggf. die Sogwirkung des Ankers.
- Trifft der Hund ein, wird er markiert, beim Menschen belohnt und erst dann zur Futtersuche geschickt.
- Hat der Hund gesucht, gefunden und vertilgt, ruft ihn der Mensch aus Ecke 2 erneut mit dem doppelten Rückruf ab.
- Sein Eintreffen markieren und belohnen wir richtig gut. Seien Sie großzügig!

Den Hund parken, Target und Futter drapieren …

…, das Hetzspiel belohnt das Warten, aus dem …

Varianten

- Die Winkel von Ecke 1 (Hund), Ecke 2 (Futter) und Ecke 3 (Mensch) werden enger und somit schwerer.
- Es wird noch eine 4. Ecke mit einem Target eingebaut, zu der wir den Hund innerhalb des Ablaufs schicken.
- Die Futtersuche platzieren wir bewusst im Kontext von Problemzonen: erst nur in deren grobe Richtung, dann davor und später mitten in die „wilde" Materie hinein. Hierbei liegt die größere Herausforderung im Abrufen aus der Problemzone in Ecke 2.
- Wir drapieren die Futtersuche so, dass der Hund außerhalb der menschlichen Sichtweite sucht. Hier gilt es, dranzubleiben mit dem doppelten Rückruf.

UMSCHALTEN MIT DOPPELTEM RÜCKRUF, TARGETS UND CO.

Auch in diesem Szenario haben wir vielfältige Optionen, unsere wichtigen Verhaltenssignale unter recht kontrollierten und dennoch mehr oder weniger „wilden" Bedingungen zu üben. Diesmal geht es um das Umswitchen zwischen prompter Bedürfnisbefriedigung im SEEKING und Denkaufgaben, bei denen die Belohnung etwas auf sich warten lässt: erst erwünschtes Verhalten, dann Bedürfnisbefriedigung und all das unter immer mehr Teilhabe „wilder" Problemzonen. Mehr noch, wir belohnen Verhalten mit Verhalten – Stichwort: Premack, ein Verhalten, das dem Hund leichter von der Pfote geht, verstärkt ein Verhalten, das ihm schwerer fällt.

Zutaten

- Umorientierungs- und Ankersignal (in Anwendungsreife, also doppelt gut verknüpft!)
- Markersignal (Clicker, Wort, Schnalzen)
- Das Aufsuchen eines Bodentargets ist auf Signal abrufbar.
- Der Hund kann warten, während der Mensch Futter für eine Futtersuche ausstreut.
- Der Hund kann Futter in Distanz suchen.
- Der Hund ist mit dem Hetzspiel (Verfolgen von gekegelten Futterbrocken) vertraut.

Einstiegskombinationen

Kombi 1 Der Hund wird geparkt. Der Mensch entfernt sich und streut in Distanz Futter mit dem Wind aus. (Von seinem Parkplatz aus kann der Hund es nicht riechen.) Gegen den Wind (vom Parkplatz riechbar) legt er vom Futter weg und näher am Hund ein Target aus. Der Mensch kehrt zum Hund zurück, markiert ihn fürs Warten und schickt ihn als Belohnung zum Target. Das Aufsuchen des Targets wird markiert und erst dann geht es zur Futtersuche.

Steigerung von Kombi 1 Der Hund wird geparkt. Zuerst legt der Mensch das Target mit dem Wind in der Nähe des Hundes aus. Danach streut er in Distanz zum Hund und weg vom Target ge-

... Hetzen geht es zum Target, und fürs Tapsen ...

... gibt es final die Futtersuche als Belohnung.

gen den Wind Futter aus. Er kehrt zurück zum geparkten Hund, markiert das Warten, belohnt mit dem Target, markiert das Target und belohnt mit der ausgestreuten Futtersuche.

Kombi 2 Der Hund wird geparkt. Der Mensch legt in hündischer Sichtweite das Target aus und kehrt zurück. Er markiert das Warten und beginnt als Belohnung weg vom Target ein wahnwitziges Hetzspiel mit gekegelten Futterbrocken (Bringen Sie den Hund mit zahlreichen Kegelwürfen so richtig in Wallung). Auf dem Höhepunkt des wahnwitzigen Verfolgens gibt der Mensch das Signal fürs Target. Das Aufsuchen des Targets wird markiert und mit der nächsten Hetzwallung belohnt.

Fortgeschrittene Kombination

Kombi aus 1 und 2 plus Abrufen Der Hund wird geparkt. Der Mensch legt in hündischer Sichtweite das Target aus und streut anschließend in Distanz gegen den Wind eine Futtersuche aus. Er kehrt zurück, markiert das Warten und belohnt mit einem ausgelassenen Hetzspiel, bis der Hund in Wallung ist. Aus dem Verfolgen gibt er das Target-Signal, markiert das Aufsuchen des Targets und belohnt mit der nächsten Hetzparty. Diesmal gibt es aus dem Verfolgen das Signal für die Futtersuche gegen den Wind, und nach dem Suchen, Finden und Vertilgen folgt der doppelte Rückruf. Das Herankommen wird markiert und mit etwas Hochwertigem belohnt.

Steigerung aller Kombis Mit unseren Umschalte-Kombis arbeiten wir uns immer näher an Problemzonen heran und sogar in sie hinein. So lassen sich „wilde" Auslöser, ihre Vorboten und Hinterlassenschaften vortrefflich mit wichtigen Trainingswerkzeugen verbinden. Versuchen Sie sich im Kombinieren!

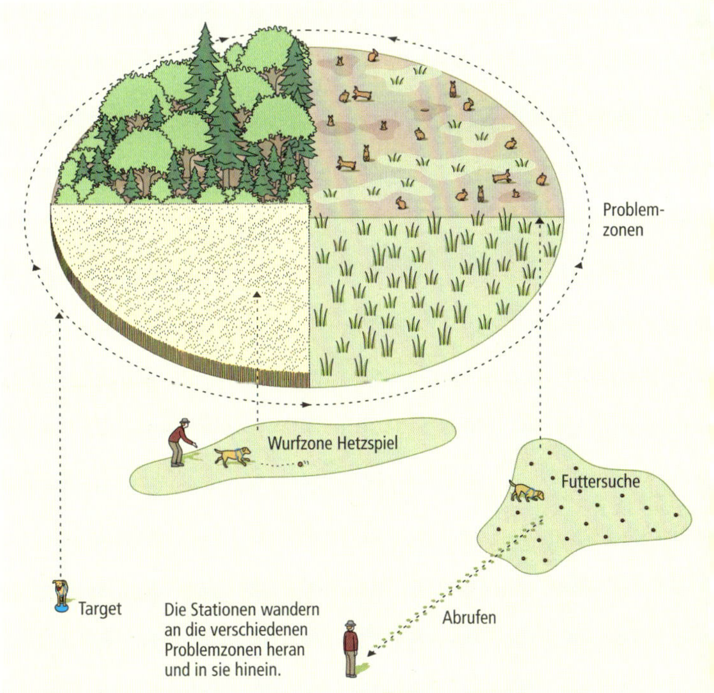

Umschalten mit Beutefangsequenzen, Target und doppeltem Rückruf

STOPPEN

Unerwünschtes Jagdverhalten wird nicht von alleine weniger, dafür sorgt das allzu lebendige und „wilde" Treiben überall um das Trainingsgespann herum. Management über die lange Leine sollte keine Dauerlösung sein, entweder der Hund schafft es, in heiklen Situationen zu warten, oder aber es reißt ihn von den Pfoten und ein unerwünschtes Puzzleteil bahnt sich seinen Weg ins „wilde" Getümmel. Abrufen ist die gängigste Variante des Unterbrechens, oder wir stoppen den Hund. Ist stoppen gleich stoppen? Nein, mal möchten wir das Stoppen und Verbleiben in einer trainierten Position, also zwei Informationen in einem Signal, und mal möchten wir den Hund stoppen und eine Verhaltensalternative hinzufügen, die der Situation angemessen ist, also nur eine Information im ersten Signal, die Zusatzinfo kommt über ein zweites Signal. Beide Varianten des Stoppens haben im Training an unerwünschtem Jagdverhalten ihre Daseinsberechtigung und werden nachfolgend ausführlich erklärt.

Checkliste

FÜR EINE EINLADENDE KÖRPERSPRACHE

Kommuniziert unser Rückrufsignal „komm heran", unsere Körpersprache jedoch „bleib weg", bringen wir den Hund in Konflikt, und einen Motivationskonflikt können wir uns in „wilder" Umwelt nicht leisten. Herankommen als Entscheidung muss vom Stirnlappen konfliktfrei getroffen werden können – schauen Sie an sich hinab, seien Sie kritisch und:

- ☐ Verlagern Sie Ihren Körperschwerpunkt (Oberkörper) nach hinten.
- ☐ Stellen Sie sich seitlich.
- ☐ Hocken Sie sich hin, machen Sie sich klein.
- ☐ Bedrohen Sie Ihren Hund weder mündlich noch körpersprachlich.
- ☐ Lassen Sie die Leine noch umgehängt (Erst wird belohnt, danach das Anleinen angekündigt und dann erst angeleint.).
- ☐ Grabschen Sie nicht gleich nach dem eintrudelnden Hund (Streuen Sie in Ihrem Nahbereich lieber eine üppige, kleine Futtersuche aus und leinen ihn erst dann in Ruhe an.).

DISTANZKONTROLLE – SITZEN, LIEGEN ODER STEHEN

Abrufen ist in lebendiger, unkontrollierbarer Umwelt nicht immer die ideale Wahl, vielleicht ist es für den Hund gerade sinnvoller und einfacher, in der Situation gestoppt im Sitzen, Liegen oder Stehen zu verbleiben und dem abspringenden Wild hinterherzusehen, als sich gänzlich der Situation zu entziehen. Oder zwischen Mensch und Hund befindet sich jemand oder etwas, wo ein herankommender Hund störend oder gar gefährlich wäre (Reiter, Jogger, Fahrradfahrer ...). Distanzkontrolle kontrolliert hündische Bewegung und gibt bekannt, was an Ort und Stelle zu tun ist – Stoppen plus Sitzen, Liegen oder Stehen, was dem Hund grundsätzlich leichter fällt. Nun möchte man meinen, dass z. B. Stoppen und Sitzen in Distanz ein Klacks sein sollte, denn Sitzen auf Signal beherrscht der Hund doch. Diese Überlegung ist nicht abwegig, aber oftmals kommen uns der Ort der Belohnung und des Sitzens in der Vergangenheit in die Quere. Auf 50 m Meter rufen wir „Sitz", der Hund stutzt, stellt fest, wie weit er weg ist, kommt heran, um sich in der Nähe seines Menschen zu setzen. So ist es doch sonst auch: bei Fuß sitzen, vor dem Menschen sitzen, an der Straße neben dem Menschen sitzen usw., und belohnt wird aus der Tasche bei dem Menschen. Was können wir tun, um den Hund zuverlässig in Distanz abzusetzen? Mit deutlicher, bedrohlicher Körpersprache könnten wir kommunizieren, dass er sich fürs Sitzen nicht auf seine Bezugsperson zu bewegen soll. Aber unser Training soll ja stressfrei sein. Wir zerlegen das Verhalten in ein sicheres Stoppen, fügen erst im Verlauf die Positionsangabe hinzu und verlegen im Aufbau den Ort der Belohnung deutlich hinter den Hund. In der Anwendung sind wir in der Belohnungsgabe für das fertige Verhalten völlig flexibel, wir orientieren uns am aktuellen Bedürfnis des Hundes und streuen nur ab und zu mal eine Highlight-Belohnung über den Kopf des Hundes ein (Stichwort: Ballschleuder).

Lennox leistet das Stoppen in Distanz als Stopp-Sitz-Pfiff im Alltagstraining, der Dummy- und jagdlichen Arbeit.

EINSTIMMUNG AUF DAS STOPPEN

Unsere Gestik soll erwünschtes Verhalten wirkungsvoll stimulieren, und damit der Hund frustfrei eine gute Verhaltensidee bekommt, worum es seinem Menschen geht, müssen wir uns unserer Dartwurf-Sache sicher sein – Hund und Mensch üben sich gemeinsam im Bewegungsablauf einer ersten Idee des Stoppens.

Umfeld und Belohnung Suchen Sie sich für das heitere Wurfspiel eine ebene, kahle Fläche in wenig stimulierendem Umfeld – vielleicht erkennt Ihr vierbeiniger Gefährte das Prinzip vom Warten an einem natürlichen oder künstlichen Target wieder –, gut sichtbare Futterbröckchen, die beim Aufprall nicht zerbersten, und wählen Sie als Wurfbewegung die eines Dartwurfes. Haben Sie Ihre Nichtwurfhand mit einigen der Wurfgeschosse präpariert, kann es losgehen.

Los gehts Beim ersten Wurf ist das Wie noch nicht entscheidend, mit ihm bringen Sie den Hund lediglich auf Distanz, anfangs nur 1,5 – 2 Meter, in die vorgesehene Wurfzone. Das Bröckchen eingesammelt, wird Ihr Hund sich umsehen und in dem Moment Ihren nächsten Wurf sehen, und so fahren Sie fort. Durch Dartwürfe beschleunigte Bröckchen und das Auflesen selbiger wechseln sich ab, bis Sie eine Erwartungshaltung beim Hund erkennen können: In der Wurfzone erwartet er Ihren nächsten Wurf. Achtung: Kramen Sie nicht in Ihrer Bunkerhand, wenn er schaut.

Markersignal geben Hier kommt das Markersignal ins Spiel, es markiert das (Er)Warten, und als Belohnung folgt der nächste Wurf.

In der Bewegung stoppen In der Weiterentwicklung Ihrer Dartfertigkeiten legen Sie Ihren Fokus auf die Wurfbewegung und die Reaktion des Hundes. Eingangs bringen Sie Ihren Vierbeiner mit dem ersten Bröckchen auf Distanz, hat er dieses aufgelesen und blickt sich erwartungsvoll zu Ihnen um, startet Ihre deutliche und schwungvolle Dartwurfbewegung und stoppt auf Schulterhöhe. Routiniert im Erwarten der geworfenen Futterbröckchen wird Ihr Hund verharren und seinen Körperschwerpunkt ein wenig nach hinten verlagern, hat er doch Gewissheit, dass das Futter geflogen kommt. Das Markersignal geben Sie für das Verharren und führen den begonnenen Wurf als Belohnung zu Ende. Beides wiederholen Sie in wechselndem Umfeld.

Achtung Haben Sie einen niederläufigen, kleinen Hund oder einen Hund, der nach dem Aufklauben des Futters noch lange mit der Nase am Boden beschäftigt ist, holen Sie ihn mit Ihrer Wurfhand in seinem Sichtfeld ab und starten erst dann Ihren Dartwurf, wenn Sie seine Aufmerksamkeit haben – die Wurfbewegung muss gesehen werden! Mit ausreichender Routine im Reagieren des Hundes auf die Fertigkeiten seines Menschen, um die Reaktion des Verharrens/Stoppens herauszukitzeln, geht es zu Schritt 1 des Aufbaus.

SCHRITT 1 DES STOPPENS

Sorgen Sie abermals für ein ablenkungsarmes Umfeld, das Ihren Hund nicht ins ICE-Tempo versetzt, wir brauchen einen Hund in Wurfdistanz. Stimmen Sie ihn mit den Dartwürfen in eine Wurfzone im Gelände auf das ein, was nun kommen wird. Viele erfolgreiche Reaktionen und wenig Frust sind das, was wir brauchen. Lassen Sie Ihren Vierbeiner in gemäßigtem Tempo max. 3 Meter vorlaufen und halten in der Wurfhand einen größeren, festen, gut sichtbaren Futterbrocken oder eine kleine Spielbeute bereit. Machen Sie auf sich aufmerksam: Sagen Sie den Namen des Hundes, ein interessantes Geräusch oder geben Sie das Markersignal. Orientiert sich der Hund zu Ihnen um, beginnt Ihre Wurfbewegung, die sich von der eines Dartwurfes zu der eines deutlichen Ballwurfes wandelt, Sie holen aus, stoppen auf Schulterhöhe für ca. eine Sekunde und werfen so zu Ende, dass der Brocken oder die Beute von Ihnen aus gesehen hinter dem Hund landet. Der Ort der Belohnung befindet sich in Distanz zu Ihnen, und Distanz zu uns ist das, was wir für das Stoppen in Distanz brauchen. Das Markersignal kommt an dieser Stelle noch nicht zum Einsatz, wir etablieren die Wurfgeste und den Ort der Belohnung. Wiederholen Sie diesen Ablauf an wechselnden Stellen in verschiedenen Distanzen, und mit einer zunehmenden Wiederholungsgeschichte wird sich eine deutliche Reaktion des Hundes auf die Wurfbewegung und das Stoppen der Wurfbewegung auf halber Strecke ergeben: Er stoppt mit Verlagerung des Körperschwerpunktes nach hinten und erwartet Ihren Wurf. Das ist der Startschuss für Schritt 2.

SCHRITT 2 DES STOPPENS

Bedenken Sie wie immer zu Trainingsbeginn, dass weniger Ablenkungen mehr erfolgreiche Reaktionen des Hundes hervorbringen, und mehr erfolgreiche, verwertbare Verhaltensreaktionen bringen weniger Frust. In ablenkungsarmer

Steckt das Stoppen in der Trainingstasche, wird …

… das Sitzen z. B. geformt, bis der Vierbeiner …

… am Ende eines Trainingstages stoppt und sitzt.

Umgebung trottet Ihr Hund voraus, in Ihrer Wurfhand schlummert der dicke Futterbrocken oder die kleine Spielbeute, Sie erregen seine Aufmerksamkeit (Name, Geräusch, Markersignal), und wenn er sich zu Ihnen umdreht, beginnt Ihre Wurfbewegung, stoppt auf halbem Weg, Ihr Hund stoppt erwartungsvoll, Sie geben das Markersignal, beenden die Wurfbewegung, und die Belohnung landet hinter dem Hund. Ein deutliches Stoppen auf die Gestik des Menschen ist in diesem Schritt essenziell und durch die kleinschrittige Vorarbeit höchstwahrscheinlich. Bewegt sich der Vierbeiner trotz ausgeklügelter Wurftechnik auf seine Bezugsperson zu und zeigt kein oder ein verspätetes Stoppen, gehen wir auf Schritt 1 oder die Einstimmung zurück. Fehlversuche nicht zu markieren und zu belohnen, bringt Frust, andersherum bringt das Markieren und Belohnen von unzureichendem Verhalten ein unzureichendes Ergebnis. Sie haben es in der Hand.
In diesem Trainingsschritt erarbeiten wir uns ein immer ablenkungsreicheres Umfeld, wir variieren die Distanzen und bauen sie variabel aus. Auch kann die Wurfbewegung etwas aufrechter werden, denn später wollen wir neben einem Pfiff oder einem Wortsignal auch ein deutliches Sichtzeichen haben, das den Hund an Ort und Stelle zum Stoppen und zu einer Positionsabgabe veranlasst. Klappt das Stoppen sicher und flüssig, dann vollziehen Sie die Gestik mit leerer Wurfhand und entnehmen erst nach dem Markersignal die Belohnung Ihrer Tasche und werfen sie über den Hund. Ein zuverlässiges, hündisches Stoppen auf die menschliche Gestik in variablen Distanzen ist die Voraussetzung für Schritt 3.

SCHRITT 3 DES STOPPENS PLUS SITZEN

Zur Kontrolle in Distanz gehören das Stoppen und das Einnehmen einer Position (Sitzen, Liegen, „Down" oder Stehen), sobald das Signal wahrgenommen wird, z. B. Stoppen und Sitzen, bis etwas anderes geschieht. Was wir also als Nächstes für ein zuverlässiges Stoppen benötigen, ist die Positionsangabe oder eine Verlängerung des Stehens. Im Hinterkopf haben wir jenen Bewegungsablauf, der dem Hund leicht von der Pfote geht – ist es das Sitzen, was er ohnehin häufig anbietet, wirft er sich gerne ins Platz, oder kommt seinem Bewegungsapparat eher ein verlängertes Stehen entgegen? Sitzen ist aller Erfahrung nach ein guter Kompromiss zwischen Liegen und Stehen. Aus dem Liegen läuft es sich schwerer weiter als aus dem Stehen, und das Sitzen liegt genau dazwischen. Was passt für Ihren Vierbeiner am besten? Im Verlauf besprechen wir zwar das Stoppen und Sitzen, aber der Aufbau ist für alle Positionsangaben identisch, oder Sie verlängern durch das Hinauszögern des Markersignals einfach das Stoppen in ein Stehenbleiben bzw. Warten.
Mit einem Hund, der ganz schnell verwertbares Verhalten anbietet, wenn Erwartungen nicht prompt erfüllt werden, können wir die Positionsangabe in den alten Ablauf hinein formen. Analog zu Schritt 2 schlendert Ihr Hund in angemessener Entfernung vor Ihnen her, Sie bemühen sich um seine Aufmerksamkeit, er merkt auf, und Sie beginnen mit der vertrauten Wurfgestik. An dem Punkt, wo der Hund vorher auf das Stoppen der Wurfbewegung seinerseits mit Stoppen reagierte, markieren Sie diesmal nicht sofort. Sie warten ab, ob sich sein Hinterteil ein klein wenig absenkt. Subtile Hinweise auf ein Zusammenfalten des Hinterteils markieren Sie und werfen die Belohnung hinter den Hund. Übergangsweise darf das Wurfgeschoss die Geste wieder begleiten, weil ein neues Kriterium hinzukommt, da darf es mit der Belohnung ruhig wieder schneller gehen. In den folgenden Wiederholungen warten Sie auf deutlichere Hinweise und markieren sukzessive immer mehr vom Bewegungsablauf des Sitzens, bis der Hund schließlich auf die vertraute Wurfgestik nicht nur stoppt, sondern stoppt und sitzt. Wir benennen Verhalten, wenn es uns gefällt – gefestigtes Stoppen plus Sitzen darf benannt werden.

Stoppen und Ablegen/Sitzen gehen Wolke und Frieda im Duo leicht von der Pfote, weil sie es solo lernen konnten.

Hilfestellung

Mit einem Hund, der schnell gefrustet ist, wenn sich Erwartungen nicht schnell erfüllen, und er sich womöglich aus der Übung verabschiedet, schleichen wir ein bekanntes Signal für das Sitzen ein und im Verlauf wieder aus. Der Beginn ist Ihnen beiden vertraut, aus einer gemäßigten Vorwärtsbewegung sprechen Sie den Hund an, er blickt sich um, Sie starten mit der bekannten Wurfgestik, stoppen auf halbem Weg, der Hund stoppt, Sie markieren aber noch nicht. Anstatt zu warten, ob er etwas Verwertbares anbietet, helfen Sie ihm mit einem „Sitz" auf die Sprünge. Er schickt sich an, sein Hinterteil in Richtung Boden zu bewegen, Sie markieren den ersten Ansatz und werfen den Brocken oder die Spielbeute hinter den Hund. Auch bei dieser Herangehensweise wandert das Markersignal sukzessive weiter nach hinten, sodass der Hund immer mehr Sitzen vollziehen muss, um markiert und belohnt zu werden. Schafft es der Hund, in variablen Distanzen und wechselnden Umfeldern nach dem Stoppen auf sein „Sitz" hin flüssig zu sitzen, schleichen wir das Signalwort „Sitz" wieder aus. Sie haben die Aufmerksamkeit Ihres Hundes in Distanz, es folgt die Wurfgestik, der Hund stoppt, Sie sagen nichts, er faltet sein Hinterteil zusammen und nimmt Ihr Signalwort vorweg, Sie markieren und belohnen wie gehabt. Markiert wird von wenig Sitzen bis hin zu immer mehr Sitzen.

Gefestigt wird das Verhalten aus beiden Varianten in variablen Distanzen, in wechselnden Umfeldern, und das Zeitfenster des Sitzens in Distanz wird variabel erweitert. Noch immer fliegt die Belohnung nach dem Markersignal hinter den Hund, ab und an darf es ruhig mal ein Highlight sein.

SCHRITT 4 DES STOPPENS PLUS SITZEN

Was fehlt uns nun für das Stoppen und in diesem Fall das Sitzen in Distanz noch? Aus der Wurfgeste wird im Trainingsverlauf immer mehr der erhobene Arm mit offener Handfläche nach vorne – ein Sichtzeichen hätten wir, aber reicht das? Nein! Jagdlich motivierte Hunde bewegen sich in ihrer Hundewelt meist von uns weg, weil irgendetwas „Wildes" ihre Aufmerksamkeit erregt hat, ihre Bezugsperson sehen sie dabei nicht, also muss diese sich Gehör verschaffen. Ein Signalwort oder ein Pfiff sollte zukünftig das Verhalten auslösen können. In unseren Ablauf werden wir einen langen, glatten Pfiff oder einen langen Trillerpfiff einbauen – beides bremst und wird gut gehört.

Begeben wir uns also erneut in ein lernfreundliches Umfeld und schreiten zur Tat. Vor uns trottet der Hund, wir schnappen uns die Pfeife und modulieren einen langen Pfiff (Triller oder glatt). Verwundert wird sich Ihr Hund zu Ihnen umdrehen, dieser Pfiff ist zwar neu, aber dennoch überraschend, und diesen Überraschungseffekt nutzen wir aus. In Front des aufmerksamen Hundes starten Sie die vertraute Wurfgestik, der Hund erkennt sie wieder, er stoppt und startet die Sitzbewegung, Sie markieren und belohnen mit dem gewohnten Wurf. Durch das Vorschalten des Pfiffes fügen wir eine Neuerung hinzu, es wird vorübergehend schwerer, also machen wir es an anderer Stelle wieder leichter: Wir markieren schon fürs Stoppen oder erste Ansätze des Sitzens. Die Distanz wird geschrumpft und das Umfeld ablenkungsärmer. Im Trainingsverlauf passen wir alle Kriterien mit zunehmenden Fertigkeiten wieder an und bekommen ein erstes Zwischenergebnis: Pfiff und anschließende Geste des Menschen aktivieren Stoppen und Sitzen beim Hund. Mit einer erwartungssicheren Vorhersage der vertrauten (Wurf)Gestik durch den Pfiff kann dieser nach einer gewissen Wiederholungsgeschichte auch für sich alleine stehen: Pfiff, Hund stoppt und sitzt. Achtung: Damit der neue Pfiff zum Vorhersager eines vertrauten Ablaufs werden kann, müssen wir ihn vor die (Wurf)Gestik schalten, nicht gleichzeitig. Festigen Sie das Stoppen und Sitzen auf das Hörzeichen oder das Sichtzeichen hin gewissenhaft unter steigender Ablenkung und mit bedürfnisgerechten Belohnungen – Stichwort: reichhaltige Wiederholungs- und Verstärkungsgeschichte.

DER GESCHIRRGRIFF MIT ANKÜNDIGUNG

Mit dem Geschirrgriff und seiner Ankündigung erarbeiten wir uns einen Verhaltensunterbrecher der universellen Art – wenn man so möchte, einen äußerst effektiven Nein-Ersatz. Nein meint, unterbrich, was Du gerade begonnen hast oder beginnen möchtest, und dann? Wir Menschen sind uns der Bedeutung eines Neins bewusst, da es uns seit unserer Kindheit begleitet. Das Wissen um die Bedeutung des Wortes Nein dem Hund überzustülpen und ihm durch bedrohliche Körpersprache oder Geräusche, das Erheben der Stimme ... zu verdeutlichen, dass wir das, was er da tut oder vorhat, gerade gar nicht gut finden, geht an einem strukturierten Aufbau völlig vorbei, und oftmals vergisst der Mensch die Information über ein erwünschtes Verhalten, damit das Unterbrochene nicht gleich wieder aufs Neue startet.

DIE BEWEGUNG EINSCHRÄNKEN

Wir wählen einen wirkungsvollen Aufbau, der weder über Erschrecken noch über Bedrohen funktioniert. In jagdlich reizvoller Umwelt stehen „wilde" Auslöser, ihre Vorboten und Hinterlassenschaften nicht auf Abruf zum Üben bereit, meist werden wir von ihnen überrumpelt, sie präsentieren sich ungefragt und aktivieren Distanzverringerung bei unseren jagdlich motivierten Vierbeinern. Vielfältiges, unerwünschtes Verhalten ist die Folge, wir wollen es unterbrechen und passend zur Vielfältigkeit der Situation ein Alternativverhalten bekanntgeben. Im Aufbau des Stoppens über den Geschirrgriff mit Ankündigung verknüpfen wir ein Signalwort oder einen Pfiff mit einer Einschränkung und diese wiederum mit dem Markersignal und einer Belohnung. So kann das Hundegehirn lernen, dass auf die Ankündigung die Einschränkung folgt, die Bewegung manuell gestoppt wird, und im Trainingsverlauf kann es der Einschränkung Vorschub leisten, indem die Bewegung bereits auf die Ankündigung gestoppt wird. Auch wenn es über eine erfolgreiche Verknüpfung bereits die Ankündigung vermag, unerwünschtes Verhalten zu unterbrechen, werden Ankündigung plus Einschränkung dann und wann aufgefrischt – das Hundegehirn soll nicht vergessen, dass es diese Konsequenz gibt. Die Schritte des Aufbaus und der Anwendung passen wir situationsspezifisch an – so viel Hilfe wie nötig, aber so wenig wie möglich. Für ein erfolgreiches Training ist es wesentlich, den Geschirrgriff und seine Ankündigung nicht nur in erregten Situationen zu praktizieren – einen Vorhersager jagdlicher Erregung wollen wird nicht verknüpfen. Auf ein breites Halsband lässt sich der Aufbau als Halsbandgriff problemlos übertragen.

AUFBAU DES STOPPENS ÜBER DEN GESCHIRRGRIFF

Die Trilogie des Aufbaus steht uns auch im Trainingsverlauf in seiner Gänze zur Verfügung, so können wir unser Verhalten und damit auch das Verhalten des Hundes an die aktuellen Gegebenheiten anpassen: Vom Unterbrechen eines Kreischanfalls und dem Herunterholen des Vierbeiners auf seine vier Pfoten, wenn er bei Wildsichtung aus dem Fell gehopst sein sollte, über Das-sich-zurücknehmen-Können an „wilden" Auslösern und ihren Vorboten, bis hin zum Vereiteln des Einspringens beim Vorstehen oder dem Unterbrechen unerwünschter Puzzleteile der Jagdsequenz – alles ist möglich, nur das Alternativverhalten darf der Mensch in der Anwendung nicht vergessen!

Schritt 1 des Stoppens

- Das Gespann steht parallel zueinander und der Mensch beginnt auf der rechten Seite des Hundes (Stichwort: Arbeitsteilung im Gehirn).
- Der Mensch spricht gut vernehmbar die Ankündigung für die bevorstehende Einschränkung, z. B. „Stopp!", und hält inne (21, 22).
- Im zeitlichen Versatz bewegt sich die Hand des Menschen auf die rechte Seite des Hundes zu, greift seitlich ins Geschirr und baut leichten Zug auf, nach hinten in Richtung Kruppe – nicht Rucken, es geht lediglich um das Zustandekommen des Oppositionsreflexes, wir spüren einen leichten Gegenzug.
- Obacht: Bei berührungsempfindlichen Hunden setzen wir ein kleinschrittiges Annäherungstraining vorweg, wir formen unsere Greifhand immer näher an das Geschirr heran (siehe isometrisches Anfassen S. 158).
- In die Einschränkung platziert der Mensch das Markersignal und die Futterbelohnung in einer u-förmigen Bewegung auf sich zu.
- Nach dem Aufessen lässt er das Geschirr los. In der Belohnungssequenz bleibt die Hand am Geschirr, zieht aber nicht mehr.
- Wiederholen, dabei die Seiten wechseln und von rundherum ins Geschirr greifen.
- Die Wiederholungen praktizieren wir nicht hintereinanderweg, wir verteilen sie in jene Situationen, in denen wir den Hund zukünftig stoppen möchten.

Ankündigen, ins Geschirr greifen und belohnen.

Schritt 2 des Stoppens

- Erneut steht das Team parallel, und der Mensch beginnt vom Hund aus rechts.
- Gut hörbar spricht der Mensch die Ankündigung, „Stopp!", und hält einen Moment inne.
- Erst dann bewegt er seine Hand auf den Hund zu, greift ins Geschirr und baut Zug auf.
- Diesmal wird nicht sofort markiert, der Mensch wartet ab, ob der Hund nicht irgendetwas Verwertbares anbieten kann, was nach hinten bzw. in die Richtung seiner Bezugsperson gerichtet ist: dem Zug nachgeben, sich umorientieren, still stehen, einen Schritt zurück machen, sich hinsetzen …, kurzum, den Oppositionsreflex überwinden.
- Für diese Verhaltensfacetten gibt es das Markersignal und die Belohnung in U-Form auf den Menschen zu.
- Wie gehabt bleibt die Hand am Geschirr, bis der Hund sein Bröckchen aufgegessen hat.
- Wiederholungen in verschiedenen Situationen, dabei die Seiten wechseln und von allen Seiten ins Geschirr greifen.

Schritt 3 des Stoppens (Testphase)

- Das Team muss nun gar nicht mehr parallel zueinander stehen, der Hund kann nach vorne versetzt stehen oder gar gehen. Aus der Bewegung heraus lässt sich der Effekt der Ankündigung sogar besser beobachten.
- In die hündische Vorwärtsbewegung spricht der menschliche Part seine Geschirrgriffankündigung, „Stopp!".
- Der Griff ins Geschirr entfällt, stattdessen beobachtet der Mensch seinen Hund sehr genau, und alles, was ein Unterbrechen der Vorwärtsbewegung ist, wird markiert und auf die Bezugsperson zu belohnt. Die beobachtbaren Facetten könnten sein: deutlich langsamer werden, stoppen, den Körperschwerpunkt nach hinten verlagern, umorientieren, hinsetzen, herankommen ..., ganz facettenreich, je nach Anspruch in der „wilden" Umwelt.
- Unter steigendem Anspruch in verschiedenen Situationen wiederholen und zwischen Markersignal und Belohnung facettenreiche Alternativverhalten abfragen.

Die Anwendung des Stoppens

- Eine Bewegung bzw. ein unerwünschtes Verhalten beginnt (oder droht zu beginnen).
- Vom Menschen ertönt das „Stopp!".
- Danach kommt sofort die Information für ein erwünschtes Alternativverhalten, das zur Situation passt: das Rückrufsignal, der Stopp-Sitz-Pfiff, eine Suchaufgabe, das Handtarget ..., so facettenreich wie das „wilde" Leben selbst. Bedenken Sie, dass der Griff ins Geschirr entfällt, nach dem Unterbrechen muss das Alternativverhalten unerwünschtes vereiteln.
- Das Stoppen plus Alternativverhalten wird markiert und belohnt.
- Der Ort der Belohnung ist immer weg vom Auslöser des unerwünschten Verhaltens.
- Wenn das „wilde" Leben den Hund wild macht und wir in der Anwendung Ankündigung und Geschirrgriff kombinieren müssen, so lotsen wir analog zu Schritt 1 den Hund mit der Belohnung in ein Alternativverhalten, oder wir geben nach dem Griff ins Geschirr das Alternativverhalten bekannt, das wäre die Fortführung von Schritt 2.

Ankündigen, ins Halsband greifen und abwarten.

Rückwärtstendenzen markieren und belohnen.

Wolke wird in der jagdlichen und in der Dummyarbeit geführt, so ergeben sich vielfältige Momente des Aufladens.

DER ARBEITSPFIFF – SUCHARBEIT VOM FEINSTEN!

Eine kleine Geschichte aus meinem semmelgelben Alltag ... Die jüngere meiner beiden Vizslas begleitet mich des Öfteren auf Fortbildungen – sie ist Profi im Wohnen in Hotelzimmern, liebt alles Neue und vor allem neue Jagdgründe. In der Pause lasse ich auf einem Spaziergang durch die Feldflur mit meinen Trainerkolleginnen plaudernd meine Seele baumeln – Pause in der Menschenwelt von theoretischem Input. Derweil befindet sich meine Hündin abgeleint im Erkundungsmodus, sie pendelt rechts, sie pendelt links – es ist noch sehr kalt, und auf den Feldern ist entweder noch keine oder nur minimale Feldfrucht erkennbar, die Flächen sind also gut überschaubar. Meiner geteilten Aufmerksamkeit entgeht die Brisanz, als sie sich über eine Witterung hermacht, diese äußerst interessiert bewindet und sich an einer Hasenspur festsaugt. Bis ich meine Pfeife im Mund habe, vergehen ein paar Sekunden, in denen sie schon Strecke gemacht und Fahrt aufgenommen hat. Ich gebe ihren Arbeitspfiff, drei Wellen auf dem Triller, sie unterbricht ihre „wilde" Arbeit unverzüglich, und ich schicke sie ohne Umschweife in das gegenüberliegende Feldstück in eine große Suche. Sie hat Gegenwind, ideal für sie als Vorsteherin, sie sucht emsig, und mir gelingt es, im Nachhinein noch ganz schnell und von ihr unbemerkt eine Spielbeute in das Suchengebiet hinterherzuwerfen. Im Ernstfall muss man improvisieren.

FÜR SUCHEN-FANS

Dürfte ich eine Top 5 aus meiner Werkzeugkiste zusammenstellen, dann würde der Arbeitspfiff weit oben rangieren, er ist ein Markersignal mit stark belohnendem und dadurch unterbrechendem Charakter. Zu einem zuverlässigen Rückruf und einem Stoppsignal bildet er die perfekte Ergänzung, besitzt man einen Hund, der sich liebend gerne auf das Suchen in allen Facetten und das Verfolgen von Fährten und Spuren einlässt, die nichts mit „wilden" Kreaturen zu tun haben. Wir laden ihn bunt gemischt auf mit:

Das Aufladen stärkt den Effekt des Arbeitspfiffes.

- Großer Suche gegen den Wind auf Gerüche, Objekte und Co.
- Hochwindsuche auf Gerüche
- Menschensuche in der Rettungshundearbeit
- Mantrails
- Pettrails
- Schleppfährten mit Futterbeuteln, Dummies und Co.
- Sprüh- und Tupffährten mit verschiedenen Gerüchen
- Geruchsunterscheidung
- Kleiner Suche auf Futter und Co.
- Leckerlibäumen ...

Durch das fortwährende Aufladen mit einem bunten Strauß vertrauter SEEKING-Verhalten aus den Bereichen Suchen und Verfolgen von Spielbeuten, Futter, Gerüchen, Dummies ... profitieren wir in der Anwendung von seiner Vorhersagekraft. Das Aufladen kann extrem facettenreich sein, in der Anwendung müssen wir improvisieren, denn leider fehlt es an Trainingsassistenten, die uns spontan unter die Arme greifen.

DER ARBEITSPFIFF AUF EINEN BLICK

Charakter Als Markersignal kommuniziert er lohnenswerte Konsequenzen, Bedürfnisbefriedigung aus dem Kontext der Beutefangsequenz: das Puzzleteil Orientieren (Varianten kleiner und großer Suche) und das Puzzleteil Verfolgen (Fährten und Spuren aller Art) verpackt in Arbeitsaufträge aus der Sucharbeit.

Effekt Auf seine verheißungsvolle Art und Weise schürt er die Emotion SEEKING und aktiviert die Ausschüttung von Dopamin. Der Mensch versetzt den Hund in freudige Erwartung, welcher Arbeitsauftrag jetzt wohl anstehen mag.

Voraussetzungen Verschiedene Suchaufgaben, mindestens jedoch zwei, sollten dem Hund bekannt und durch differenzierte Suchsignale auslösbar sein. Ein freundlicher Aufbau versteht sich von selbst, die hündischen Arbeitsaufträge sollten in Feld, Wald und Wiese vergnügt, versiert und verlässlich ausgeführt werden und sowohl die Suchpräferenzen als auch das dem Hund eigene Tempo aufgreifen.

Aufbau und Aufladen Arbeitspfiff und Arbeitsaufträge werden verknüpft: Bevor eine der begehrten Suchaufgaben ansteht, gibt der Mensch den Arbeitspfiff, dann das aufgabeneigene Suchsignal, der Hund schwärmt aus und widmet sich seiner Suchaufgabe. Besonders verheißungsvoll ist und bleibt der Arbeitspfiff, wenn er Arbeitsaufträge konsequent vorhersagt.

Nutzen und Einsatzmöglichkeiten Er bringt Sucharbeit und Kontrolle von Jagdverhalten unter einen Hut und damit einen Nutzen für Mensch und Hund. Erspäht der Mensch erwünschtes (Jagd)Verhalten, gibt er nach dem Markersignal den Arbeitspfiff als Ankündigung einer einschlägigen Belohnungskategorie, oder er nutzt den Arbeitspfiff direkt, um erwünschtes (Jagd)Verhalten zu markieren und mit Sucharbeit zu belohnen. Hat sich unerwünschtes Jagdverhalten bereits seinen Weg gebahnt, so ist der Arbeitspfiff im Stande, dieses zu unterbrechen und das Suchsignal kommuniziert das Alternativverhalten in Gestalt eines Suchauftrages.

DIE RICHTUNG WEISEN

Abrufen und Stoppen sind elementare Bestandteile unseres Trainings – eine reichhaltige Wiederholungs- und Verstärkungsgeschichte unter steigendem Anspruch in der Umwelt zahlen sich aus. Auch unter schweren Bedingungen lernen unsere jagdlich motivierten Hunde, Gelerntes zuverlässig zu zeigen, wenn wir es verstehen, mit bedürfnisgerechten Belohnungen ihre Motivation hochzuhalten. Eigentlich klingt das doch zufriedenstellend, oder? Nur das Eigentlich gibt der Angelegenheit einen etwas faden Beigeschmack – häufige Aufmerksamkeitsteilung, Motivationskonflikte, Impulskontrolle und Frustration sind die Stichworte.
Alles, was funktionieren soll, muss des Öfteren aufgefrischt, gehegt und gepflegt werden, aber unsere Verhaltenssignale, die den Hund aus dem SEEKING und aus seiner Hundewelt befördern sollen, dürfen ihn nicht gängeln, und die Belohnungen dürfen sich nicht abnutzen, so würde die Zuverlässigkeit der Verhaltensreaktionen geschwächt, und das können wir uns in „wilder" Umwelt nicht leisten.

Ein kurzes „Tüt" genügt, und Charlotte macht …

SCHLIESS DICH AN

Gibt es vielleicht Möglichkeiten, jene Fertigkeiten zu schonen, die den Hund in seinem Tun unterbrechen oder ihn gänzlich von der Hunde- in die Menschenwelt holen? Ein Richtungswechsel bzw. ein Orientieren des Vierbeiners an der Laufrichtung des Menschen leisten ein Dirigieren des Hundes inmitten seiner Hundewelt. Er muss sie aber nicht verlassen und kann seinem SEEKING weiterhin frönen, nur eben in die Richtung des Menschen. Den Richtungswechsel mit einem kurzen, knackigen Signal anzukündigen, ist eine Option. Ein zweite Idee wäre, dass der Mensch, der plötzlich seitlich im Sichtfeld des Hundes auftaucht, ihn dazu animiert, sich ihm und seiner Richtung anzuschließen. Dies nicht akustisch anzukündigen, setzt voraus, dass der Hund zumindest optisch eine reelle Chance hat, die geänderte Richtung wahrzunehmen. Je reizvoller die Umwelt, desto deutlicher muss die Information an den Hund gebracht werden, über eine Akustik als Vorhersager kann die Kommunikation fließen.

… auf dem Absatz kehrt, um die Richtung …

DER OPTISCHE RICHTUNGSWEISER

Einstimmen Ein angemessenes Lernumfeld ist wichtig, wählen Sie für diese beiden Übungen zunächst eine offene Fläche mit wenig Ablenkung. Ist Ihr Vierbeiner mit dem selbstständigen Umorientieren in Ihre Richtung bereits vertraut, wäre das eine ideale Voraussetzung. Laden Sie ihn zu sich ein – an- oder abgeleint – und markieren und belohnen in Ihrem Nahbereich anfangs ein paar Blicke in Ihre Richtung. So stimmen Sie ihn auf Kooperation ein.

Bewegung ins Wendemanöver Haben Sie das Gefühl, dass er im Kooperationsmodus ist, können Sie Bewegung in das zukünftige Wendemanöver bringen: Ihr Begleiter schenkte Ihnen ein paar aufmerksame Blicke, und Sie setzen sich zügig in eine Richtung in Bewegung, er folgt Ihnen, Sie markieren und werfen eine Belohnung in Ihre gemeinsame Laufrichtung von sich weg. Oder er düst nach dem Markersignal, untermalt von Ihrem Lobessingsang, an Ihnen vorbei – das Vorbeidüsen, vielmehr das In-Bewegung-und-in-der-Hundewelt-verbleiben-Dürfen sind hierbei die zentralen Belohnungsideen, ganz im Sinne eines funktionalen Verstärkers. Ihre eingeschlagene Richtung behalten Sie beide für einige Schritte bei. Anschließend geht es in die andere Richtung, und wieder folgt Ihnen Ihr Begleiter wie ein Schatten, Sie geben das Markersignal und belohnen ihn mit Bewegung von sich weg.

Achtung Angeleint besteht die Kunst des Richtungswechsels mit oder ohne Akustik darin, dass Sie die Länge der Leine mit einkalkulieren, denn nicht das Leinenende möchten wir als Signal etablieren, die Optik oder die Akustik sollen Signalcharakter bekommen. Ist es aber die Leine, haben wir für den zukünftigen Freilauf schlechte Karten, die Leine als Signalgeber ist dann nicht mehr am Hund.

… ihrer Bezugsperson anzunehmen. Beide Varianten …

… bereichern Alltagstraining und jagdliche Arbeit.

Im Zickzackkurs

Das Gespann erarbeitet sich die offene Fläche schwungvoll und behände im Zickzackkurs, und der Mensch variiert dabei der Zeitpunkt des Markersignals: vom flinken Eindrehen, über einige Meter des Weges in die Richtung der Bezugsperson und ab und zu bis zum Einholen des Menschen. Bleiben Sie variabel, gerade unter schweren Bedingungen honorieren Sie die erste richtige Reaktion, und vergessen Sie den funktionalen Verstärker des An-Ihnen-Vorbeidüsens in der Hundewelt nicht. Im Trainingsverlauf bringen Sie mehr und mehr Distanz zwischen sich und Ihren Begleiter (an das Leinenende denken), die Ansprüche in der Umwelt steigen, Sie übertragen den vertrauten Ablauf von Wiesenflächen in waldige Gebiete und Feldflur und nutzen dabei Waldwege, Trampelpfade und Feldwege, in die Sie für Ihre Richtungswechsel einbiegen. Übertreiben Sie es mit den Wendemanövern nicht, die lediglich über das Auge wahrgenommen werden können – was wir nicht forcieren wollen, ist ein Hund, der eine permanente Aufmerksamkeitsteilung leisten muss, um Ihren nächsten Richtungswechsel nicht zu verpassen. Wahrnehmbarkeit von Signalen ist die Voraussetzung für eine Verhaltensveränderung, haben Sie Bedenken hinsichtlich der optischen Wahrnehmbarkeit Ihres Wendemanövers, dann kündigen Sie den Richtungswechsel sicherheitshalber mit einem akustischen Signal an.

DER AKUSTISCHE RICHTUNGSWEISER

Das Signal Zwei- und Vierbeiner zusammen auf einer wenig aufregenden, offenen Fläche und das Einfangen einiger aufmerksamer Blicke bilden aufs Neue den Auftakt in die Übung. Gehen die Blicke dem Vierbeiner gut von der Pfote, dann beginnt der Mensch mit dem Etablieren des Vorhersagers für den Richtungswechsel. Überlegen Sie sich dafür ein kurzes, knackiges Signal, z. B. ein kurzes „Tüt" auf der glatten Pfeife, „Kehrt!", „Turn!", „Back!" ..., für Hunde mit einem großen Radius ist ein kurzer Pfiff sinnvoll.

Zickzack Haben Sie Ihre Wahl getroffen, starten Sie mit der Akustik in den Zickzackkurs: Das Startsignal, „Tüt", ertönt, einen kurzen Moment halten Sie noch inne, und kurz darauf laufen Sie zügigen Schrittes in eine Richtung. Ihr Hund folgt Ihnen, Sie markieren und belohnen ihn wie gehabt mit einer bewegten Belohnung oder dem Vorbeidüsen selbst (an das Leinenende denken). Zick und zack geht es nach dem Wendepfiff über die Fläche, und Sie deuten die Wendemanöver nach dem Signalpfiff nicht nur kurz an, die eingeschlagene Richtung verfolgen Sie anfangs ein paar Schritte und Meter und später auch lange und länger – Hunde sind pfiffige Beobachter, nicht, dass am Ende nur Sie hinter dem Hund im Zickzack laufen und Ihr Begleiter seinen Weg unbeirrt fortsetzt.

Variationen Variiert werden der Zeitpunkt des Markersignals, fürs Eindrehen, Auf- oder Einholen, die Distanz zwischen Mensch und Hund und zudem die Art und die Attraktivität der Übungsflächen. Ganz bewusst verstärken wir das Annehmen unserer Bewegungsrichtung mit der Bewegung des Hundes in seiner Hundewelt an uns vorbei, wollen wir ihn doch nicht aufhalten. Das „Nicht-aufgehalten-Werden" ist das Geheimnis des Wendemanövers, schon bald wird der Hund seinem Wendepfiff immer zuverlässiger folgen.

Richtungsweisend Sind Akustik und Verhalten richtig gut gefestigt, muss der Mensch den Richtungswechsel nicht mehr stets und ständig tatsächlich vollziehen, er weist dem Hund über den Pfiff oder das Signalwort lediglich die Richtung. Die Verknüpfung von Signal und Konsequenz sollte von Zeit zu Zeit dennoch aufgefrischt werden, damit der Effekt nicht verblasst.
Meinen semmelgelben Gefährtinnen und mir ist der Wendepfiff ein liebgewonnener Begleiter geworden. Sehe ich, dass sich die zwei auf einen heiklen Geländeübergang zubewegen oder sie meinen persönlichen Wohlfühlradius überschreiten, reicht ein kurzes „Tüt", und sie drehen bei, ihrem vorstehertypischen, verqueren Bewegungsmuster kommt ein gelegentliches Wenden sehr entgegen und ihrem SEEKING-Bedürfnis sowieso, denn mehr als ein Beidrehen möchte ich nicht von ihnen – eine Win-win-Situation für alle Beteiligten.
Sowohl der optische als auch der akustische Richtungsweiser lassen sich wunderbar in großangelegte Flächensuchaufgaben einbringen. Das Gespann erarbeitet sich im Zickzackkurs das Suchengebiet in einer besonders großen Suche, gemeinsam gegen den Wind.

Die Richtungsweiser lassen Hund und Mensch zufrieden zurück.

RAUS DA!

Der Mensch und sein vierbeiniger Gefährte streifen durch die Natur, vorbei an verlockender Feldfrucht, verführerisch duftenden Dickungen, weiten, saftigen Wiesen, verwunschenen Hecken ..., der Vierbeiner läuft hier und da mal etwas vor oder lässt sich zurückfallen, hält seine Nase in den Wind, inspiziert Gerüche am Wegrand, aber er bleibt auf dem Weg – eine himmlische Vorstellung, nicht wahr?
Für uns Menschen wäre das himmlisch, da es unserer Vorstellung eines entspannten Spaziergangs Seite an Seite mit dem Hund entspricht –

Im Duett in „wilde" Untiefen abzutauchen, kann prekäre Folgen haben. Ein „Raus da!" befördert die Beiden zurück.

und dieser niemals auf Abwegen. Hat der Vierbeiner keine großartigen, jagdlichen Ambitionen, dann ist diese Vorstellung gar nicht so abwegig, denn für ihn haben Hecken, Dickungen und Co. nicht diese Vorhersagekraft, die „wilde" Auslöser prophezeit. Seine „Platzzellen" springen nicht an, die Hundewelt zieht nicht permanent an seiner Aufmerksamkeit, und sein Hundegehirn muss nicht ständig nein sagen, es muss nicht permanent den verlockenden Angeboten widerstehen und aktiviertes, angeborenes Verhalten hemmen, um auf dem wenig verlockenden Weg zu bleiben oder auf diesen zurückzukehren. Für jagdlich motivierte Hunde, und mit denen sind wir in jagdlich reizvollem Umfeld unterwegs, würde dies einen immensen, mentalen Kraftakt bedeuten, sich immer wieder am Riemen reißen zu müssen – Impulskontrolle nonstop! An prekären Bewuchsformationen und Geländeübergängen trainieren wir das Warten, das ist sinnvoll und wichtig, denn immer und immer wieder ins Stöbern oder Verfolgen zu kippen, ist dem Training nicht wirklich zuträglich. An „wilden" SEEKING-Hotspots kehren wir die hündische Erwartungshaltung in unsere Richtung um, und die Hunde beginnen zu warten, weil sie SEEKING aus der Menschenwelt erwarten. Soweit, so gut.

JENSEITS DES WEGES …

Was aber passiert auf den restlichen Wegstrecken, soll die Hundewelt nicht nur aus Wartezonen bestehen? Hündisches Erkundungsverhalten sollte auch jenseits des Weges stattfinden dürfen: In einer angemessenen Distanz, der vierbeinige Erkunder sollte also nicht außer Sicht und tief in der nächsten Dickung oder dem nächsten Maisschlag verschollen sein. Wildeinstände und Brut- und Setzzeiten sollte der Mensch im Hinterkopf haben. Ob an- oder abgeleinte Umwelterkundung möglich ist, richtet sich nach dem Trainingsstand des Hundes. Feldfrucht sollte im Sinne des Wildes und der Landwirte geschont werden – Wild, das vom Menschen zwar nicht gesehen wird, kann dennoch vom Hund wahrgenommen werden, junge Feldfrucht möchte noch wachsen, und gegüllte, gespritzte Felder sind nicht die geeignete Umgebung, um einen Futterbeutel zu suchen und zu finden oder dort einfach nur umherzustreifen.

… UND WIEDER ZURÜCK

Jenseits der Wege unterwegs sein zu dürfen, heißt auch, dass es möglich sein muss, den Hund wieder auf den Weg zurückholen zu können. Und er sollte gelernt haben, dass es sich für ihn lohnt, hin und wieder den Weg aus eigenem Antrieb aufzusuchen.

Erwünschtes Verhalten einfangen Fangen Sie auf der Jagd nach erwünschtem Verhalten häufig jene Momente ein, in denen er noch überlegt, den Weg zu verlassen, und ebenso jene Momente, in denen er auf den Weg zurückkehrt. Das Rückrufsignal, die Ankündigung für die Verlorensuche auf der Rückspur, der Hand-Touch ..., viele Signale vermögen es, den Hund wieder auf den Weg zu befördern, dennoch hat sich ein simples Signal für ein Wechseln des Untergrundes oder des Bewuchses bewährt: von der Wiese auf den Weg oder umgekehrt, vom Feld auf den Feldweg oder vom Weg auf den Feldrand, vom Wald zurück auf den Waldweg, raus aus der Hecke, von der ungemähten Wiese auf die gemähte Fläche usw., es geht nicht nur unbedingt um das Wechseln von unerwünscht auf erwünscht, es kann auch mal sein, dass wir wegen irgendetwas ausweichen müssen, dann verläuft der Geländewechsel umgekehrt. Für den Aufbau eines Signals, das den Hund „Raus da!“ mahnt, gibt es je nach Trainingsstand zahlreiche Möglichkeiten – für jedes Team gibt es den passenden Aufbau.

Ansprüche anpassen ist bei allen beschriebenen Varianten des Aufbaus geboten: Wechseln Sie das Umfeld oder wird es in anderer Hinsicht schwerer für den Hund, dann gehen Sie im Aufbau einen oder mehrere Schritt/e zurück. Wo es kurzfristig leichter wird, können die Ansprüche zügig wieder angeglichen werden – der Vierbeiner steigt fehlerfrei ein und hat eine gute Idee, worum es geht. Frustvermeidung ist das Stichwort.

DAS EINGEFANGENE „RAUS DA!“

Irgendwann verlässt jeder Hund den Bewuchs oder den Untergrund jenseits des Weges, und der Mensch, der sich auf der Pirsch nach gutem Verhalten befindet, fängt genau diesen Geländewechsel mit dem Markersignal ein: Trifft die erste Pfote auf dem erwünschten Untergrund ein, geben Sie das Markersignal und platzieren die Belohnung auf dem Weg. Wir markieren den ersten, richtigen Verhaltensansatz und belohnen in der gewünschten Position auf dem Weg. Beobachten Sie Ihren Vierbeiner gut, um nichts zu verpassen, und markieren Sie sukzessive etwas später, bis schließlich der gesamte Hundeleib auf dem Weg eintrifft, und belohnen wie gehabt.

Freiwillige Geländewechsel werden eingefangen.

Der findige und mäßig abgelenkte Vierbeiner merkt schnell, dass seine Bezugsperson neuerdings auf den Geländewechsel reagiert, und passen die Belohnungen, dann wird er das Verhalten schon bald häufiger anbieten.

Achtung Das Gelände sollte nicht übermäßig attraktiv sein, sonst kann das Warten auf den Geländewechsel zur Geduldsprobe werden. Angeleint hat der Mensch natürlich die Möglichkeit, die Leine zügig gut festzuhalten, damit sich der Hund nicht noch tiefer in den Bewuchs graben kann. Er hält die Leine und wartet, mit dem Markersignal bewaffnet, auf den Geländewechsel seines Hundes.

Signalwort einführen Wo waren wir stehengeblieben? Der Hund bietet den Geländewechsel häufiger an, und der Mensch schaltet sein Signalwort „Raus da!“ davor: Sobald Sie erkennen, dass Ihr Vierbeiner sich anschickt, z. B. von der Wiese auf den Weg zu wechseln, rufen Sie das „Raus da!“. Er trifft auf dem Weg ein, Sie markieren und belohnen wie gehabt. Das Schalten des Signals vor den Geländewechsel wiederholen Sie in verschiedenen Umfeldern bzw. aus verschiedenen Untergründen und Bewüchsen.

Verhalten auslösen Nach einer guten Wiederholungsgeschichte testen Sie, ob das Signal den Geländewechsel auslösen kann: Ihr Hund läuft mäßig abgelenkt jenseits des Weges, Sie rufen das „Raus da!“, seine erste Pfote berührt den Weg, Sie markieren und belohnen wie gehabt. Das Markersignal wandert bei den nächsten Wiederholungen im Verhalten weiter, bis es erst dann ertönt, wenn der Hund in Gänze den Weg erreicht hat.

Verhalten festigen Festigen Sie das Verhalten unter steigender Ablenkung und üben Sie den Geländewechsel auch andersherum. Dabei sind Sie der Wegweiser, Sie gehen vor, wenn ein Ausweichmanöver notwendig ist, z. B. vom Weg auf die Wiese, rufen das „Raus da!", Ihr Hund folgt Ihnen, Sie markieren und belohnen ihn. Es obliegt Ihnen, ob Sie den Geländewechsel in beide Richtungen haben möchten, aber dann bedürfen beide Richtungen einer gewissen Routine – von welchem Untergrund oder Bewuchs auch immer zurück auf den Weg bzw. die minder bewachsene Fläche wäre an sich ausreichend. Für den „falschen" Geländewechsel bedienen Sie sich im Bedarfsfall eines anderen Signals aus Ihrem gemeinsam trainierten Signalvorrat.

DAS GELOCKTE „RAUS DA!"

Locken ist ein probates Mittel im Aufbau von Verhalten, wenn der Mensch das Ausschleichen des Lockmittels nicht verschläft. Schnappen Sie sich Ihren Vierbeiner, ein paar schmackhafte, gut sicht- und rollbare Futterbrocken, suchen sich ein angemessenes Umfeld aus und legen los: Ihr neugieriger Begleiter erkundet seine Hundewelt jenseits des Weges, und nun gibt es zwei Möglichkeiten, denn wir benötigen seine Aufmerksamkeit, entweder Sie sprechen ihn z. B. mit seinem Namen an, oder Sie warten den Moment ab, in dem er von selbst zu Ihnen schaut.

Haben Sie seine Aufmerksamkeit, die Sie gerne markieren dürfen, nehmen Sie einen der dicken, schmackhaften Brocken zur Hand und werfen ihn mit einer deutlichen Geste auf den Weg. Ihr Hund überquert den Geländeubergang, Sie markieren, und er sammelt den Brocken am Boden auf. Zwei bis drei Wiederholungen mit Futter in der Hand lassen Sie folgen und markieren immer einen Tick später. Ihr Begleiter sammelt das Futter wie gehabt auf.

Binnen der folgenden drei Durchgänge deuten Sie das Entnehmen des Futters nur noch an, vollziehen die gewohnte Geste, markieren das Betreten des Weges und werfen erst dann den knubbeligen Brocken hinterher. Waren Sie beide

Ein verlockender Geländeübergang zieht Frieda …

… auf die „wilde" Seite hinüber. Das Locken ist …

… ein anderer Trainingsansatz für das „Raus da!".

Einfangen und Locken sind noch lange nicht alle Wege zum „Raus da!", auch das Handtarget kann eine Hilfe sein.

erfolgreich, muss nun die Wurfgeste allein ausreichen, Sie markieren das Eintreffen Ihres Vierbeiners auf dem Weg und erst dann kullert der Futterbrocken den Weg entlang.
Vermag es Ihre Geste sicher, das Verhalten auszulösen, schalten Sie das Signalwort davor: Sprechen Sie Ihren Hund an oder warten den Moment seiner Aufmerksamkeit ab (Markieren erwünscht!), rufen das „Raus da!", halten kurz inne, präsentieren die vertraute Geste, er verlässt den Bewuchs und Sie markieren das Eintreffen auf dem Weg, holen den Brocken heraus und murmeln ihn entlang des Weges.
Im finalen Schritt entfällt auch die Geste: Es ertönt Ihr „Raus da!", der Hund düst auf den Weg, Sie markieren und belohnen mit der Futtermurmel. Das Verhalten wird unter steigendem Schwierigkeitsgrad gefestigt, und wenn Sie mögen, lassen Sie Ihren Hund den Geländewechsel auch andersherum vollziehen.

„RAUS DA!" MIT DEM HANDTARGET

Neben dem Markersignal braucht es für diesen Aufbau eine weitere Zutat, das Handtarget, das vom Hund auf das entsprechende Wortsignal hin sicher angelaufen wird. Das Gespann sucht sich ein Gelände mit wenig Ablenkung. Stromert der Hund jenseits des Weges, und eine gute Ansprechbarkeit ist gewährleistet, ruft seine Bezugsperson das „Touch", der Hund kommt auf den Weg gedüst und stupst die Hand an. Sie markieren und belohnen ihn auf dem Weg.
Zwei bis drei Wiederholungen lassen Sie folgen und schalten danach das „Raus da!" ganz nach vorne: Ihr Hund widmet sich seiner mäßig attraktiven Hundewelt jenseits des Weges, Sie rufen „Raus da!", danach das „Touch", Ihr Hund kommt aus dem Bewuchs, läuft über den Weg bis hin zu Ihrer Hand, aber so lange warten Sie diesmal gar nicht. Sie reagieren auf die erste Pfote, die auf dem Weg eintrifft, geben das Markersignal und belohnen entlang des Weges. Innerhalb der Wiederholungen lassen Sie das Markersignal im Verlauf des Verhaltens wieder wandern, entweder bis auf den Weg oder tatsächlich bis an die Hand, aber das muss gar nicht sein, denn das Handtarget schleichen wir nach einigen Wiederholungen aus: Sie rufen Ihrem Stromer das „Raus da!" zu, er erwartet sein Handtarget-Signal, das kommt aber nicht mehr. Er verlässt den Bewuchs auf dem Weg zur Hand, Sie markieren in die erste Pfote auf dem Weg und belohnen ihn ganz großartig entlang des Weges. Nun folgen abermals das Formen des kompletten Hundes auf den Weg und die Arbeit aus immer attraktiveren Bewüchsen und Untergründen. Ob Sie den Geländewechsel auch in die andere Richtung umsetzen möchten, obliegt wiederum Ihnen. Es kann, muss aber nicht.

DER GRÜNE WINK

UNTERBRECHEN — *im Jagdgebrauch*

Jäger und Jagdhelfer arbeiten oftmals nah am Wild, ist es unversehrt, sind lange Hetzen absolut unerwünscht. Auf Bewegungsjagden im Wald sollen niederläufige Hunde durch das laute Anfallen frischer Fährten Schalenwild nur auf die Läufe bringen, damit die abgestellten Schützen ihre Schüsse sicher antragen können. Hochläufige Hunde sollen Schalenwild nur einige Meter anhetzen und dann abdrehen, sodass es nicht hochflüchtig an den Schützen vorbeifliegt. Auf Bewegungsjagden im Feld ist das Hetzen gar keine Option, denn zu groß ist die Gefahr, dass der Jagdhelfer beim Antragen des Schusses in die Schrotgarbe gerät.

Unterbrechen will auch für den Jagdgebrauchshund unbedingt gelernt sein. Beide Varianten des Richtungswechsels strukturieren das Quersuchen und Buschieren, beim Stöbern ist selbstständiges Arbeiten gefragt, da obliegt es Ihnen und dem Hundetyp, ob der Stöbernde hin und wieder nach einem kurzen Richtungswechselpfiff bei Ihnen vorbeischauen soll, beim Durchgehen oder vom Stand aus geschnallt.

Der Geschirrgriff und seine Ankündigung lassen sich vortrefflich in das Erarbeiten bester Manieren am Wild integrieren, denn er vermag es, Einspringen zu vereiteln. Und Sie können Ihren übereifrigen Jagdhelfer an erwünschtes Verhalten erinnern.

Stoppen und Abrufen Ob der Stopp-Pfiff eine Kombination aus Stoppen und Sitzen oder Ablegen oder gar Stoppen und „Down" werden soll, das entscheiden Sie in Anlehnung an Ihre Ansprüche und Ihren Jagdhelfer. Stoppt und sitzt der Hund, kann er am Jagdgeschehen teilhaben, sich Fallstellen merken und Wild geländeschonend hereinbringen. Ich nutze für meine semmelgelbe Jagdgefährtin einen Stopp-Sitz-Pfiff und in puncto Abrufen sowohl den einfachen als auch den doppelten Rückruf, deren Einsatz ich an der Brisanz der Situation bemesse und daran, wie viel Geräuschkulisse das Jagdgeschehen gerade gebrauchen kann.

Der Arbeitspfiff Unbedingt möchte ich jagdlichen Gespannen an dieser Stelle den Arbeitspfiff ans Herz legen, denn fürs Aufladen dieses wirkungsvollen Markersignals stehen uns durch die jagdliche Aufgabenvielfalt heißbegehrte Arbeitsaufträge en Masse zur Verfügung, fast wäre es Verschwendung, diese nicht zu nutzen, um die Bedürfnisse von Jäger und Jagdhelfer unter einen Jagdhut zu bringen. Im jagdlichen Affekt, wenn wir den Arbeitspfiff als Unterbrecher nutzen, improvisieren wir einen Arbeitsauftrag, oder wir schicken den Hund zurück ins Treiben.

Unter Führern von Vorstehhunden ist das „Down" sehr verbreitet.

WARTEN UND UNTERBRECHEN VON AUSSEN NACH INNEN

VOM SIGNAL ZUM VERHALTEN

Nun sind wir fast am Ende des Buches angelangt, und wir wissen nun, was jagdlich motivierte Hunde und ihre Bezugspersonen wollen. Was soll man sagen, eine gewisse Diskrepanz lässt sich nicht leugnen, denn SEEKING-Auslöser und ihre Vorboten motivieren distanzverringerndes Verhalten beim Verfolger. Möchte die Bezugsperson das Verfolgen mit einem Rückrufsignal unterbrechen, wäre Distanzvergrößerung der fromme Wunsch. Würden wir an Angstauslösern arbeiten, wäre Distanzvergrößerung ein aktuelles Bedürfnis. Motivationskonflikte scheinen vorprogrammiert – Hunde- versus Menschenwelt.
Zum Unterbrechen gesellt sich das Warten als Trainingsziel hinzu: Impulskontrolle in doppelter Ladung. Das Warten an „wilden" Auslösern und ihren Vorboten ist nicht nur der simpelste Trumpf, distanzverringerndes Verhalten frühzeitig zu unterbrechen, überdies begünstigt es die Distanzvergrößerung, z. B. über das Rückrufsignal. Doppelt hält einfach besser! Lassen Sie Ihre Gedanken ein paar Kapitel zurückschweifen:

— Arbeit an Auslösern unerwünschten Jagdverhaltens – Stehen und Gucken
— Erwünschte Puzzleteile verstärken und benennen: Scannen und Beschleichen
— Arbeit an Geländeübergängen: Warten, obwohl die „Platzzellen" anspringen
— Inselbildung und Struktur in Feld, Wald und Flur: SEEKING-Inseln

WENN DIE MENSCHENWELT BETÖRT

All diese Trainingsbausteine führen zu einer veränderten Erwartungshaltung, denn überall dort, wo vormals nur die Hundewelt eine betörende Anziehungskraft auf unsere Vierbeiner ausübte, frohlockt nun auch die Menschenwelt jeden Trainingstag ein Stückchen mehr. Bevor wir über distanzvergrößernde Verhaltenssignale nachdenken, sollte das Erregungsniveau des Hundes Auge in Auge mit den SEEKING-Auslösern auf niedriger Flamme köcheln, das Zeitfenster des Wartens konnte das Gespann bestenfalls bereits ausbauen, und die Bezugsperson kann deutlich erkennen, dass der Hund von hinten etwas erwartet: sein verheißungsvolles Markersignal, den Arbeitspfiff oder spezifische Belohnungssignale, ganz nach Gusto.

In seiner Sasse bleibt der Hase von Wolke nicht lange unentdeckt.

Seien Sie aufmerksam, sonst entgeht Ihnen das Kleingedruckte in seiner Körpersprache. Hat da doch tatsächlich ein Ohr in Ihre Richtung gezuckt? Hat sich sein Körperschwerpunkt etwas nach hinten verlagert? Zeigt er gar eine Umorientierungsreaktion? Ist der Zeitpunkt der Erwartungshaltung gekommen, dann schlägt die Stunde unserer Werkzeuge rund ums Unterbrechen.

WAS ZWISCHEN DEN OHREN PASSIERT

Abermals wohnen wir dem Rendezvous eines angeborenen und eines erlernten Signals bei. Die Beute und ihr Beutegreifer geben sich ein Stelldichein auf den „wilden" Brettern, die die Hundewelt bedeuten. Spannend, oder? Damit im Ernstfall unsere Signalgebung nicht da rein und da raus bedeutet, werfen wir einen Blick auf das Dazwischen: Was passiert zwischen den Ohren? Form und Funktion unserer Signale sollen eine funktionierende Einheit bilden – was passiert also in puncto Verarbeitung, Emotionen, Entscheidung, Ausführung und Bewertung? Über Schallwellen erreicht unser Signal die Ohren des Hundes, gelangt von dort in das Innenohr und wird sogleich in den Hirnstamm weitergeleitet. Für den Hörsinn als Fernsinn ist das dringend nötig, unter natürlichen Bedingungen müsste er das Überleben sichern. Im Hirnstamm beginnt das RAS, das retikulare Aktivierungssystem. Wissen Sie noch, welche Aufgabe ihm zuteil wird? Das RAS ist der Umschalter zwischen Hinter- und Vorderhirn, und es reagiert blitzschnell auf laute und plötzlich auftretende Geräusche. Die Aktivierung des Sympathikus versetzt den Hund durch die Ausschüttung von Adrenalin und Noradrenalin in Reaktionsbereitschaft, eine Schreckreaktion z. B. hat keine Zeit zu verlieren. Rufen Sie sich die Form Ihrer kommunikativen Signale ins Gedächtnis – wie viel Aktivierung und Erregung braucht Ihr Hund? Variieren Sie bei/m Verhaltens- und Markersignal/en die Form passend zur Trainingssituation und zum Erregungsniveau Ihres Hundes. Für die Entscheidungsfindung wird das Signal auf den Ebenen der „drei Gehirne" verarbeitet, und alle Informationen fließen im Frontallappen zusammen, um in direkter Nachbarschaft zu einem SEEKING-Auslöser das passende Verhalten zu ermitteln.

WAS TUN, WENN'S „WILD" WIRD?

Für uns Menschen ist die Entscheidung klar, auch bei Wildsichtung möge der Frontallappen zu unseren Gunsten entscheiden. Aus der Warte des Hundes betrachtet, ist die Entscheidung nicht ganz so klar. Der „wilde" Protagonist, vielleicht ist es diesmal ein Kaninchen, erscheint auf der Bildfläche und wird augenblicklich entdeckt, das Puzzleteil des Fokussierens ist aktiviert – beim Eruieren eines SEEKING-Auslösers kommt es zu einer ersten, gewichtigen Dopaminausschüttung, die sich unglaublich gut anfühlt. Hat das Gespann an Auslösern für unerwünschtes Jagdverhalten das Stehen und Gucken trainiert, dann bleibt es beim Fokussieren, in dessen Verlauf der Spiegel des Dopamins gleichmäßig bleibt. Wild länger zu betrachten, bringt keine erneute Ausschüttung. Würde der Hund ins Hetzen kippen, gäbe es die zweite Dopaminausschüttung für das zweite Hochgefühl. Konnte das Gespann das Zeitfenster des Fokussierens ausbauen und den Abstand zum Verfolgen vergrößern, bleiben die erneute Ausschüttung und das erneute Hochgefühl aus – eine Situation wie im Trainingsparadies!

Da hockt es nun, das Kaninchen, so knubbelig, wie es selbst ist, so geknubbelt präsentiert es seine Reizvielfalt, ein angeborener Auslöser, der riech-, hör- und sichtbar ist, und damit nicht genug, zu seiner Charakteristik als Reizknubbel präsentiert es sich als Dauerreiz. Das erlernte Signal kommt weniger knubbelig daher, das Rückrufsignal ist nur hörbar, ist der Hund vom Menschen weg gerichtet und steht der Wind ungünstig, kann er seine Bezugsperson weder sehen noch riechen.

In unmittelbarer Konkurrenz zu unserem Reizknubbel, dem Kaninchen, wäre ein einzelnes, kurzes Rückrufsignal nicht die richtige Wahl. Rasch würde es im Reizbombardement des Kaninchens untergehen. Genau in diese Schwachstelle springt der doppelte Rückruf, der das Umorientierungssignal für den Aufmerksamkeitswechsel und das Ankersignal als Dauersignal für das Herankommen in sich vereint – die Bezugsperson kann am Hundegehirn dranbleiben! So ließe sich auch ein Stoppsignal mit dem Warmsignal unterstützen. Bleib dran, deine Belohnung naht! Zwei wichtige Informationen, bedenken wir die „wilde" Nachbarschaft.

Mit Hunden, die gerne mitarbeiten, machen Streifzüge einfach nur Spaß – Wolke und Frieda sehen das genauso!

BERECHNUNGEN IM HUNDEHIRN

Was verrechnet das Hundegehirn in puncto Bedeutsamkeit des Signals? Im Verlauf der gemeinsamen Trainingsgeschichte des Gespanns speichert das Hundegehirn die Belohnungsart mit dem Verhalten ab. Das hat natürlich nur dann einen verhaltensbringenden Effekt, wenn die Belohnungen SEEKING vorhersagen und Verhalten tatsächlich verstärken. Sagt der Rückruf Dopamin vorher, weil er auf eine gehaltvolle Verstärkungsgeschichte zurückblickt? Oder sagt der Rückruf Endorphine voraus, weil sich die Bezugsperson allzu oft doch an eintönige Futterbelohnungen geklammert hat? Attraktive Ereignisse versehen Signale mit einer emotional positiven Bedeutung – SEEKING und Dopamin sind nunmehr auch auf unserer Seite, und die Bewertung der Signale fällt zu unseren Gunsten aus. Wenn schon die Bewertung eines Signals, das bevorzugt mit Futter belohnt wurde, schlechter ausfällt, dann gilt dies für Signale, die Bestrafung vorhersagen, erst recht. Aversive Ereignisse erzeugen Aversion, attraktive Ereignisse erzeugen Attraktion, und genau das wollen wir, der Mensch und seine kommunikativen Signale wollen anziehend wirken.

BEEINDRUCKENDE ÜBERRASCHUNGEN

Zurück zu unserem Rendezvous, viele bedürfnis- und SEEKING-gerechte Belohnungen bringen die langersehnte, zweite Dopaminausschüttung beim Erklingen des Verhaltenssignals, und da ist sie wieder die Ausschüttung, die das Hochgefühl bringt. Bauen Sie in das Belohnungspotpourri möglichst viele Überraschungen ein, denn diese beeindrucken durch eine starke Dopaminausschüttung besonders nachhaltig, und nutzen Sie unvorhergesehene, attraktive Ereignisse als Würze des Trainings. Dies gilt gleichermaßen für den Aufbau von Marker- und Verhaltenssignalen. Nur so können wir es schaffen, dass das Rendezvous von Hund, Kaninchen und Rückrufsignal einen Hund hervorbringt, der z. B. herankommt. So werden Verhaltenssignale zu Reizen mit Bedeutung, die Verstärkung prophezeien, ganz im Stile ihrer „wilden" Signalverwandtschaft. Alles eine Frage der Motivation!? Hegen und pflegen Sie die Motivation, erwünschtes Verhalten zu zeigen, richtig gut: Laden Sie Belohnungssignale mit Belohnungsverhalten sowie Verhaltenssignale mit Verhalten und Belohnungen ohne die Anwesenheit „wilder" Nachbarschaft regelmäßig auf.

ALTES VERHALTEN, NEUE WEGE

— *von Judith-Selina Keller*

01

02

Seit vielen Jahren begleiten und faszinieren mich Vorstehhunde. Lange Zeit war ich auf der Suche nach einer gewaltfreien Trainingsmethode, welche der hohen Sensibilität, der enormen Arbeitsfreude und der ausgeprägten Kooperationsbereitschaft dieser wunderbaren Hunde gerecht wird. Meine Suche hat mich schlussendlich zu Anja Fiedler geführt und mich der CumCane®-Werkzeugkiste von Dr. Ute Blaschke-Berthold nähergebracht. Endlich war da ein Trainingsansatz, der Sinn machte, der die Hunde freudig kooperieren und der sich lerntheoretisch und verhaltensbiologisch erklären ließ! Die Arbeit über positive Verstärkung und bedürfnisgerechte Belohnungen macht riesig Spass, ist effizient, beziehungsfördernd und motivierend. Sie bedeutet nicht nur für mich und meine eigenen Jagdhunde einen Gewinn und ein großes Plus an Lebensqualität, sondern auch für die Teams in meiner Hundeschule. Es ist immer wieder faszinierend, zu erleben, wie sich auch jagdlich hoch passionierte Hunde für die Zusammenarbeit mit ihrem Menschen begeistern lassen und der gemeinsame Alltag dadurch für alle Beteiligten stressfreier, unbeschwerter und sicherer wird. Es ist erfüllend und beglückend zugleich, mit Hunden durchs Leben zu gehen, die in freudiger Erwartung einer angenehmen Konsequenz und nicht aus Angst vor Strafe kooperieren.

Markersignale sind stark und aus meiner Arbeit mit jagdlich ambitionierten Hunden nicht mehr wegzudenken.

03

01 Mit Speed in die Rückspursuche, flink wird der Futterbeutel eingesackt und mit Speed zurück.

02 Tragemuffel müssen auf die Rückspur nicht verzichten: Verfolgen, Zerfetzen und Aufmampfen.

03 Der Geschirrgriff mit Ankündigung ist ein effektiver Verhaltensunterbrecher für alle Fä/elle.

04 So klar sieht die Bezugsperson die Reaktion auf das Umorientierungssignal besonders gern.

05 Mal die Auswahl in der Belohnungstasche zu haben, das empfinden Hunde als sehr hochwertig.

04

05

Meine Lieblingswerkzeuge im Alltagstraining mit meinen beiden Vorstehhunden (Magyar Vizsla und Braque Français des Pyrénées):

— Markersignal/e
— Doppelter Rückruf
— Arbeitspfiff
— SEEKING-Inseln
— Zeigen und Benennen/Stehen und Gucken
— Anzeigen von Wildwechseln
— Rückspursuche
— Stoppen auf Distanz
— Leinenführigkeit an der Schlepp- und an der kurzen Leine
— Konditionierte Entspannung
— Bedürfnisgerechtes Belohnen von erwünschtem Verhalten

AUCH DIE UMWELT HAT BEDÜRFNISSE

ZU GAST IN FELD, WALD UND FLUR

Trainieren wir unter „wilden“ Bedingungen, betreten wir Feld, Wald und Flur, wir trainieren dort, wo nicht nur Fuchs und Hase sich gute Nacht sagen. Vieles haben Sie im Verlauf des Buches über die Bedürfnisbefriedigung Ihres hündischen Begleiters gelesen, aber sie gilt nicht um jeden Preis, die „wilden“ Bewohner unserer Trainingsschauplätze haben genauso ihre Bedürfnisse, wenn wir durch ihre Habitate schlendern.

GESETZLICHE REGELUNGEN

So regeln Landschafts- und Naturschutz, wo in Flora und Fauna unsere vierbeinigen Schüler die Wege nicht verlassen dürfen (Landschaftsschutzgebiete) oder sogar an der Leine bleiben müssen (Naturschutzgebiete), eine einschlägige Beschilderung (Adler und Eule) gibt darüber Auskunft. Landesforstgesetze geben bekannt, wie sich das Gespann im Wald verhalten sollte, z. B. abgeleint auf den Wegen, angeleint jenseits der Wege. Unsere heimischen Wälder werden forstwirtschaftlich genutzt, so sind Forstkulturen, Forstdickungen und Holzeinschlagflächen kein geeignetes Trainingsterrain, dasselbe gilt für forstliche, jagdliche, imkerliche und teichwirtschaftliche Einrichtungen. Durch die meist mehrfach genutzten Feld-, Wald-, Grün- und Wasserflächen gibt es für ihre Nutzung mehrere Ansprechpartner, in der Feldflur können das Landwirt und Jäger sein, die dort die Pacht innehaben, der Wald tangiert Jagdrecht und Forstwirtschaft, an Gewässern können Jagd- und Fischereirecht gleichermaßen gelten.

Allgemeine Informationen zum Thema Freilauf finden sich in den örtlichen Regelungen der Städte und Gemeinden, die jeweiligen Landeshundegesetze bilden dafür die Grundlage. Informieren Sie sich in den Texten der jeweiligen Landesgesetze: Landesforst- und Landeswaldgesetz (LFoG, LWaldG), Landschaftsgesetz (LG), Landesjagdgesetz (LJagdG) und im Landeshundegesetz (LHundG) mit seinen örtlichen Ableitungen. Bundeseinheitliche Regelungen behandeln den groben Überbau der Gesetzmäßigkeiten, die Länder regeln alles etwas feiner.

In Naturschutzgebieten gilt Leinenpflicht für unsere Vierbeiner.

KLEINE WILDKUNDE

Wildlebende Tiere im Allgemeinen und jagdbares Wild im Speziellen sind wohl jene Kreaturen, die in Feld, Wald und Flur unsere besondere Rücksichtnahme erfordern. Intensive Landwirtschaft und fehlende Grenzbepflanzung, also unzureichende Deckung, Erholungsuchende, Tourismus, Freizeitsportler, Jagdzeiten, Fressfeinde ..., und dann sind da noch Sie, Ihr Hund und das Training an unerwünschtem Jagdverhalten. Gemütlich ist das nicht, gerade dort, wo die „wilden" Bewohner wenige Rückzugsmöglichkeiten haben oder ihnen die zwei- und vierbeinigen Besucher auf die „wilde" Pelle rücken. Deckungsreicher Bewuchs gehört dem Wild, ob nun in Feld, Wald, Flur oder an Gewässern, seien Sie achtsam, wo etwaige Belohnungen platziert oder z. B. Beschäftigungsinseln angelegt werden. Üppige Feldfrucht, Dickungen, Hecken, hohe Wiesen, Wildäcker, Schilfgürtel ..., kurzum, alles, was nach Herberge für Wild und dergleichen aussieht, verlangt nach Schonung, und gerade das Training an genau solchen Bewuchsformen (Stichwort: Warten, wo die „Platzzellen" anspringen, und SEEKING-Inseln) ist revier- und wildschonend. Hat es im Revier übersichtlichen, knappen Bewuchs, dann nutzen wir das „Raus da!" oder „Lost!", um etwaige Ausflüge jenseits der Wege wieder auf den Weg umzuleiten.

BRUT- UND SETZZEIT

Von Anfang April bis Mitte Juli genießt das Wild besonderen Schutz, das ist der grobe Zeitraum der Brut- und Setzzeit, Länder und Kommunen setzen sowohl den Zeitraum als auch die Benimmregeln unterschiedlich fest. Werfen wir z. B. einen Blick auf die Setzzeit der Feldhasen, wird schnell klar, dass es sich tatsächlich nur um eine grobgefasste Zeitangabe handelt. Stellen sich früh die ersten Frühlingsboten ein, liegt der erste Satz Junghasen bereits im Februar, und gibt es einen goldenen Herbst, liegt der letzte Satz spät im Oktober. Junghasen und die Küken des Federwildes sind Lauf-junge bzw. Nestflüchter, sie kommen voll entwickelt zur Welt bzw. schlüpfen, und sind darauf angewiesen, in der Deckung auf dem Boden von Fressfeinden unentdeckt zu bleiben. Selbst wenn „nur" die Fasanenhenne beunruhigt und von

Fasanenhahn in seinem schillernden Federkleid.

Wehrhaftes Schwarzwild kann gefährlich werden.

Nicht nur die Stockenten brüten an Flussufern.

ihrem Gelege vertrieben wird, warten die nächsten Fressfeinde gewiss keinen Steinwurf entfernt. Die Setzröhren der Kaninchen liegen nicht sehr tief, die Gefahr ist groß, dass der vierbeinige Buddel-Fan bei seinen Ausgrabungsarbeiten auf die jungen Bewohner stößt, als Nesthocker sind sie auf den unterirdischen Schutz zwingend angewiesen. Kitze liegen zwar in der Deckung, doch diese muss nicht unbedingt weit weg von Wegen sein. Gerade für wasserfreudige Hunde ist der Nachwuchs des Wasserwildes leichte Beute. Jungwild ist gut getarnt, es gibt noch nicht viel Geruch ab, aber je tiefer die Hunde in die „wilde" Materie eindringen, desto größer die Wahrscheinlichkeit, dass es gefunden wird. Eine führende Bache ist wenig erfreut, wenn ein stöbernder Vierbeiner ihr und ihren Frischlingen auf die Fährte kommt. Schwarzwild ist per se wehrhaft, und wo eine Rotte gerade ihren Kessel „aufgeschlagen" hat, das merkt die Bezugsperson oftmals erst, wenn der Hund die Rotte gesprengt hat. In einem Maisschlag ist das für große Hunde besonders gefährlich, die Keiler schlagen mit ihren Eckzähnen (Gewaff) und die Bachen beißen, schlimme Verletzungen sind die Folge. Rebhuhn und Fasan sind keine Meisterflieger, sie versuchen sich zunächst zu Fuß in der Flucht und drücken sich, bevor sie doch recht behäbig abheben. So können nicht nur ihre Küken abstreichend zur Beute werden.

Rehwild, hier ist es ein Böcklein, im offenen Feld.

Kaninchen leben in Kolonien, über und unter Tage.

BITTE NICHT QUERFELDEIN

Trainieren Sie das Warten in all seinen Facetten, aber laufen Sie nicht querfeldein, um Wild zu finden. Wild hat feste Einstände, Deckung ..., bewegen Sie sich vorsichtig und leise, wird es nicht flüchtig, Sie haben Anblick und können in angemessener Distanz trainieren. Wenn das Wild gelernt hat, dass von Ihnen als Gespann keine Gefahr ausgeht, gewinnen Sie schon bald „wilde" Trainingspartner. Viele der Bewohner von Feld, Wald und Flur sind dämmerungsaktiv. Finden sie sich zur Paarung zusammen, trifft man schon mal liebestolle Hasenhochzeitsgesellschaften, die durch die Felder tollen, oder Rehböcke im Liebestaumel an Stellen, die eher ungewöhnlich sind. Im Winter schrumpft die Äsung des Wildes, und umso wichtiger ist es dann, dass es durch Beunruhigung keine wertvollen Energiereserven verschleudert.

KLEINE WILDKUNDE

DAS WILD … …UND WIE/WO/WOVON ES LEBT

FASAN

Art: Federwild, Hühnervogel, Feldhuhn

Optik: Hahn auffallend bunt, langer Stoß, Henne kleiner und unscheinbarer, hell- und dunkelbraun gemustert, kurzer Stoß

Fortpflanzung: Frühjahr – Balz Ende März/Anfang April bis Mai/Juni, Gelege 10–15, Nestflüchterküken, baumen bald auf

Revierzeichen: Gestüber, Tritt und Geläuf, Schlafbäume, Huderpfannen

Lebensart: polygam, Hahn tritt mehrere Hennen, Hahn bewacht Revier, am Boden, baumen nachts auf

Habitat: kleinparzellierte, grenzlinienreiche Kulturlandschaften mit Hecken und Feldgehölzen

Äsung: pflanzliche (Getreidekörner, Samen, Früchte, Beeren, Kräuter, Knospen …) und tierische Kost (Insekten, Würmer, Schnecken …)

REBHUHN

Art: Federwild, Hühnervogel, Feldhuhn

Optik: Kopf und Kehle rot-braun, Hals, Brust und Bauch grau, mit gebogenem Bauchfleck (Hennen eher selten), Seiten braun bebändert (Henne quer), Schnabel und Ständer grau, Hahn klarer gezeichnet und großer, auffälliger Bauchfleck

Fortpflanzung: Frühjahr – Balz März/April, Gelege: 10–25, Nestflüchterküken

Revierzeichen: Gestüber, Tritt und Geläuf, Huderpfannen

Lebensart: monogam, Familienverbände in Ketten, Hahn bewacht Kette, nur am Boden, baumen nie auf

Habitat: Feld- und Wiesenlandschaft, Brachflächen, Hecken …

Äsung: Wildkräuter (Samen, Knospen, Blüten und Blätter), Getreidekörner, Gräserspitzen, Saaten und Insekten (Küken)

STOCKENTE

Art: Federwild, Entenvogel, Schwimmente

Optik: Erpel mit recht buntem Prachtkleid, Ente braun gemustert

Fortpflanzung: Frühjahr – Reihzeit März/April, Gelege 10–12, Nestflüchterküken, Bodenbrüter o. etwas erhöht

Revierzeichen: Geläuf, Federn an Ruhe- und Nahrungsplätzen

Lebensart: gesellig, leben in Saisonehen (Paarbildung im Herbst bis Brutzeit)

Habitat: deckungsreiches Flachgewässer, kommt an nahezu allen Binnengewässern vor, Abendstrich zu Äsungsflächen oft auf dem Land, Morgenstrich zu Ruhegewässern

Äsung: überwiegend pflanzliche Nahrung (gilt auch als Allesfresser), Sämereien, Früchte, grüne Wasser- und Landpflanzen), Mais, Getreide, Insekten, Krebse, kleine Fische …

FELDHASE

Art: Haarwild, Hasenartige (3–6 kg)

Optik: rötlich bis gelblich braun mit schwarzen Haarspitzen, Bauchseite, Brust und Kehle weiß, schwarze Löffelspitzen & Blumenoberseite, lange Hinterläufe

Fortpflanzung: Rammelzeit Januar bis September, 3–4 Sätze á 1–4 Junge, Laufjunge (sehend und behaart) in Deckung, gesäugt wird 2–3 Mal in der Nacht

Revierzeichen: Losung, Spur, Sassen, Sandbadestellen, Hasenwolle, Hasenpässe

Lebensart: standorttreu, Einzelgänger, Gesellschaften nur während Rammelzeit und auf attraktiven Äsungsplätzen, Sassen, tag- und nachtaktiv

Habitat: lebt bevorzugt in weitgehend baum- und strauchlosen Acker-, Feld- und Marschlandschaften, Wald

Äsung: Kräuter, Gräser, Kohlpflanzen, Knollenfrüchte, Knospen …

DAS WILD …

… UND WIE/WO/WOVON ES LEBT

WILDKANINCHEN

Art: Haarwild, Hasenartige (1,5 – 2,5 kg)

Optik: kleiner als Feldhase, gedrungener durch rel. kurze Hinterläufe, eher gräuliche Färbung, kurze Löffel, ohne schwarze Spitze, weiße Blume

Fortpflanzung: Rammelzeit Februar-August, 3 – 5 Sätze á 3 – 7 Junge, Setzröhre, blind und nackt, Nesthocker

Revierzeichen: Losung, Spur, Bauanlagen, Kratzstellen

Lebensart: gesellig in Kolonien, überwiegend dämmerungs- und nachtaktiv

Habitat: trockene, sandige Gebiete für das Anlegen der Baue, Hänge, Waldränder, Heideflächen, Friedhöfe, Gartenanlagen, Parks …

Äsung: Nahrungsspektrum ähnlich dem Feldhasen, Äsungsflächen in Umgebung der Baue werden abgeäst

REHWILD

Art: Haarwild, Schalenwild, Wiederkäuer (10 – 25 kg)

Optik: Sommerdecke rot-braun bis gelblich braun, Winterdecke grau-braun bis grau, weißer Spiegel (Bock nierenförmig, Ricke herzförmig), Kitze anfangs mit hellen Flecken, Bock mit Gehörn, Hinterläufe stärker entwickelt (Schlüpfer)

Fortpflanzung: Blattzeit Mitte Juli bis Mitte August, Eiruhe, Setzzeit im Frühjahr, 1 bis selten 3 Kitze in Deckung

Revierzeichen: Losung, Tritt und Fährte, Fege- und Schlagstellen, Plätzstellen, Betten, Verbiss

Lebensart: Böcke Einzelgänger, Ricken mit Kitzen desselben und des Vorjahres, in Herbst und Winter in Sprüngen an Äsungsplätzen

Habitat: strauchholzreiche Mischwälder, Felder, Wiesen, sehr anpassungsfähig

Äsung: Kräuter, Blüten, Gräser, Klee, Blätter, junge Triebe, Baumfrüchte, heranwachsendes Getreide …

SCHWARZWILD

Art: Haarwild, Schalenwild, Allesfresser (60 – 180 & 50 – 90 kg)

Optik: Farbe variiert, im Sommer kurzborstig, bräunlich bis silbrig grau, im Winter lange Borsten, dichte Unterwolle, dunkel bis fast schwarz, Überläufer und Frischlinge (bis zur 8. Woche mit Streifenmuster) bräunlich

Fortpflanzung: Rauschzeit November bis Januar, 2 – 8 Frischlinge im Frühjahr

Revierzeichen: Losung, Trittsiegel und Fährte, Fraßplätze, Suhlen, Malbäume, Kessel (Rotte tagsüber) & Lager (einzelne Sau tagsüber)

Lebensart: in Rotten

Habitat: eichen- und buchenmastreiche Laubwälder, Tageseinstand in dichter Deckung wie Nadelholzdickungen und Strauchholzflächen, saisonal Schläge in der Feldflur

Äsung: Eicheln, Bucheckern, Pilze, Obst, Mais, Kartoffeln, Rüben, Raupen …, Mäuse, Jungwild, Gelege

AUFGABEN DES JÄGERS

HEGE UND PFLEGE

Hege und Pflege, darauf liegt das Hauptaugenmerk des Jägers, der eine Jagdpacht unter sich hat, lebenswerte Habitate bringen guten Wildbestand und -besatz. So werden hier und da Wildäcker angelegt, die neben den deutlich ausgewiesenen Wildruhezonen dem Wild als Deckung, Einstände und Äsungsflächen dienen. Auch wenn Sie vielleicht denken, eine Fläche gefunden zu haben, auf der keine Feldfrucht erkennbar ist, und Sie vielleicht das Gefühl haben, alles wüchse kreuz und quer, sind es oft genau diese Stellen, die so wichtig für die „wilden" Bewohner von Feld, Wald und Flur sind. Diese Flächen sind tabu für Beschäftigung und Freilauf. In langen, harten Wintern kümmert sich der Jäger um Äsung z. B. für Rehwild, wenn der spärliche Bewuchs unter einer dicken Schneedecke verschwunden ist.

Ansitzkanzeln zählen zu jagdlichen Einrichtungen.

WILDBESTAND REGULIEREN

Im Sinne der Forst- und Landwirtschaft muss der Jäger regulierend in den Wildbestand/-besatz eingreifen, um Wildschäden zu reduzieren, und er darf die „wilden" Früchte seiner Hege- und Pflegemaßnahmen ernten. Dafür gibt es Abschusspläne und die Jagdzeiten. Passend zum Verhalten des Wildes werden auch die Jäger besonders in den Morgen- und Abendstunden aktiv. Die Jagdgesetze der Länder geben Auskunft über Jagd- und Schonzeiten des Wildes, seien Sie also nicht überrascht, wenn Sie im Spätherbst und Winter Jagdgesellschaften antreffen, die zu Treib- und Drückjagden aufbrechen – machen Sie einen großen Bogen, es wird geschossen und das Wild kommt in Bewegung. Wenden Sie sich an den Pächter des Reviers, in dem Sie Ihre Runden drehen, tun Sie kund, dass Sie an unerwünschtem Jagdverhalten arbeiten, und fragen Sie nach, wo

Wald, Hecken, üppige Feldfrucht und ein deckungsreicher Bachlauf – Achtung: Hier könnte es „wild" werden.

Freilauf und Beschäftigung möglich sind, wo auch jenseits der Wege Training möglich ist – der Jäger kennt sein Wild, seine Einstände, seine Äsungsflächen, wie und wann es sich durchs Revier bewegt. Gespanne im Revier zu entdecken, bei denen man nicht ausmachen kann, ob der jagende Hund überhaupt in zweibeiniger Begleitung unterwegs ist, sind ein Ärgernis – auf wildernde Hunde zu schießen, ist in manchen Bundesländern erlaubt, achten Sie auf Ihren Vierbeiner und suchen Sie den Dialog.

LANDWIRTE

Wo der Jäger für sein Wild Sorge trägt, tut der Landwirt das für seine Feldfrucht und sein Grünland, das Nutztieren als Heu und Silage dient. Halten Sie Ihren Vierbeiner in der Nutzzeit von landwirtschaftlichen Flächen fern – bei Feldfrucht ist das die Zeit von der Aussaat bis zur Ernte und bei Grünland vom Aufwuchs bis zur Mahd. In Zeiten intensiver Landwirtschaft sorgen auch die Landwirte für Ausgleichsflächen für Wild und andere Tiere, hier gilt derselbe Verhaltenskodex wie auf den Wildäckern. Bedenken Sie im Sinne der Gesundheit Ihres Hundes Dünger und Pflanzenschutzmittel, forcieren Sie gerade an Feldern das Training an Geländeübergängen. Treten Sie ebenso mit den Landwirten in Dialog, ob und wann eine frisch gemähte Wiese oder ein Stoppelacker für Beschäftigung und Co. genutzt werden dürfen. Wichtige Barrieren für Ihr Training sollten neben Feldfrucht und hohen Wiesen die Zäune von Nutztieren und auch Pferden sein. Möchten Sie Ihrem Vierbeiner das Mäuseln ermöglichen, suchen Sie sich Randbereiche für seine Ausgrabungen und schließen Sie die Löcher wieder – es besteht akute Verletzungsgefahr.

DIE WISSENSSTRECKE LEGEN ..., HALALI!

RÉSUMÉ: DENKEN, PLANEN, HANDELN

Geballtes Wissen möchte strukturiert werden, schreiten Sie also nicht blindlings zur Trainingstat, machen Sie eine Inventur all jener Verhaltensweisen, die Sie sich zukünftig wünschen und nicht mehr wünschen. Tabula rasa gilt ebenso für vorhandene Verhaltenssignale – was funktioniert, was fußt auf einem vernünftigen Aufbau, wo fehlen nur effektive Belohnungen, und wo ist der Aufbau zweifelhaft? Verhalten mit unstrukturiertem Aufbau und einer Geschichte der Bestrafung streichen Sie aus dem Verhaltensvorrat Ihres Vierbeiners. Altes, erlerntes Verhalten mit neuem zu mischen, birgt die Gefahr, dass man am Ende nicht mehr auseinanderdröseln kann, warum und wo genau es hakt – sind es der neue Aufbau, schwache Verstärker oder eine verquere, alte Trainingsgeschichte? Schaffen Sie eine gute Lerngrundlage, indem Sie die Bedingungen, unter denen (Jagd-) Verhalten entsteht, immer und immer wieder auf den Prüfstand stellen. Welche Werkzeuge sollen kurz-, mittel- und langfristig Einzug in Ihre Werkzeugkiste halten – anfangs nur wenige Übungen richtig gut trainieren und sukzessive mehr von ihnen integrieren, wenn die Basics sitzen. Viel hilft viel ist kein guter Plan, kratzen Sie nicht nur an den mannigfaltigen Trainingsoberflächen. Zuverlässigkeit ist es, die wir brauchen. Schmieden Sie einen Trainingsplan und haben Sie Freude am gemeinsamen Training!

Zwei- und Vierbeiner sind happy, wenn der Trainingsplan aufgeht – in diesem Sinne: Frisch ans Trainingswerk!

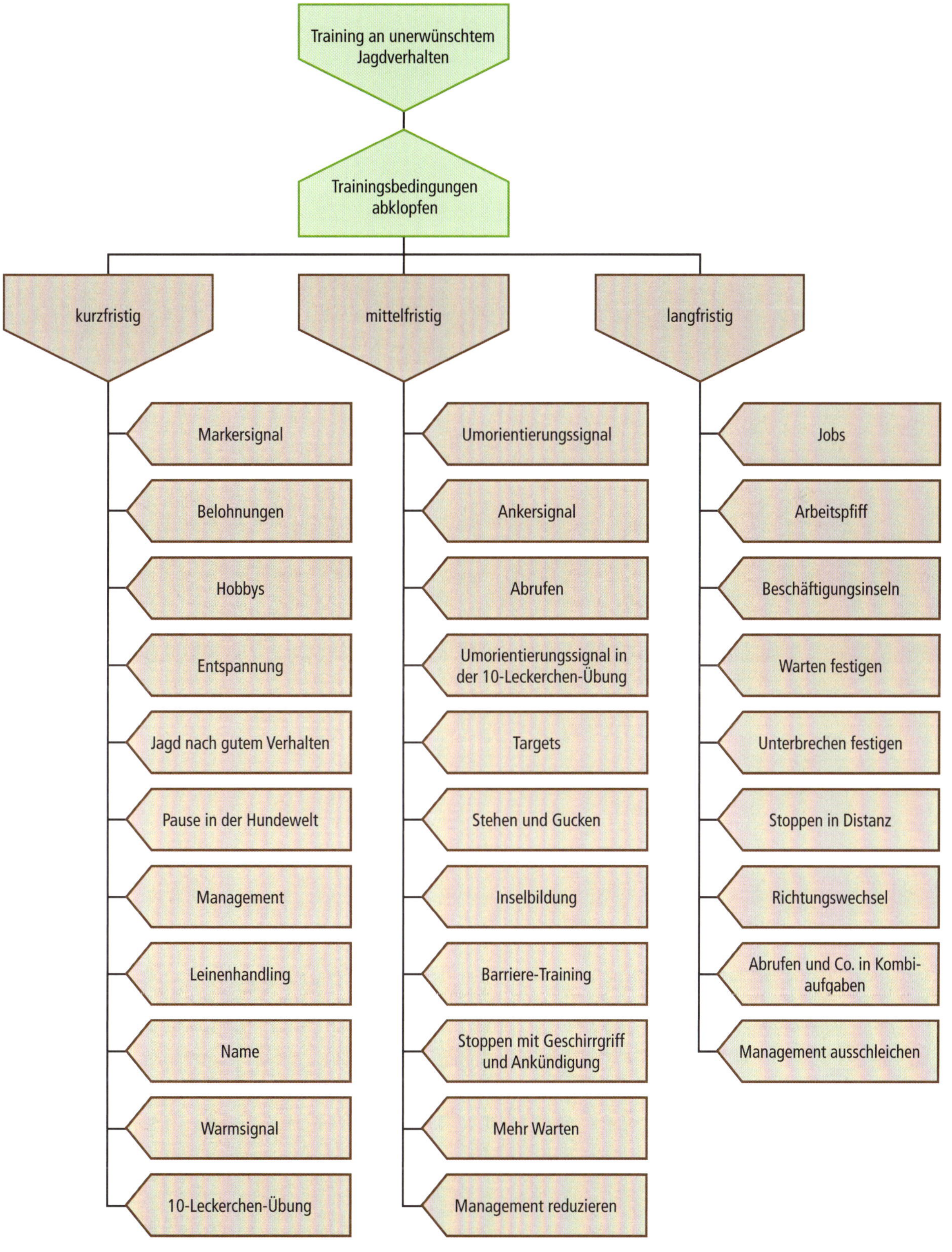

Trainings-Mindmap: kurz-, mittel- und langfristig

SERVICE

— *Was noch hilfreich ist*

ZUM WEITERLESEN

Bradshaw, John: **Hundeverstand.** (Originalausgabe: In Defense of Dogs). Kynos

Coppinger, Raymond und Lorna: **Hunde.** (Originalausgabe: Dogs). Animal Learn

Coppinger, Raymond und Lorna: **What Is a Dog?** University of Chicago Press

Coppinger, Raymond und Mark Feinstein: **Die Ethologie der Hunde.** (Originalausgabe: How Dogs Work). Kynos

Donaldson, Jean: **Hunde sind anders.** (Originalausgabe: The Culture Clash). Kosmos

Fisher, Gail Tamases: **The Thinking Dog** – Crossover to Clicker Training. Dogwise

Hare, Brian und Vanessa Woods: **The Genius of Dogs.** Oneworld

Horowitz, Alexandra: **Was denkt der Hund?** (Originalausgabe: Inside of a Dog). Spektrum

Horowitz, Alexandra: **Hund – Nase – Mensch.** Wie der Geruchssinn unser Leben beeinflusst. (Originalausgabe: Being a Dog). Kynos

Lehne, Anke: **Zeitgemäße Jagdhundeführung.** Oertel+Spörer

McConnell, Patricia B.: **Das andere Ende der Leine.** (Originalausgabe: The other End of the Leash). Kynos

Miklósi, Dr. Ádám: **Hunde – Evolution, Kognition und Verhalten.** (Originalausgabe: Dogs Behaviour, Evolution and Cognition). Kosmos

Ophoven, Ekkehard: **Kosmos Wildtierkunde.** Kosmos

Panksepp, Jaak: **Affective Neuroscience.** Oxford University Press

Phillips, Helen: **Clicker Gundog.** Sunshine Books

Scheuer-Dinger, Ines: **Abgeleint!** Cadmos

Scheuer-Dinger, Ines: **Leben mit Jagdhund.** Cadmos

Seibt, Siegfried: **Grundwissen Jägerprüfung.** Kosmos

ZUM WEITERGUCKEN

DVDS VON DR. UTE BLASCHKE-BERTHOLD

Die Welt ist Ball – „Ball-Junkies“. Dreh-Punkt

Lernen mit schwer motivierbaren Hunden. Dreh-Punkt

Exzessives Verhalten und abnormal repetitives Verhalten. Dreh-Punkt

Das Kleingedruckte in der Körpersprache des Hundes. Dreh-Punkt

ZUM WEITERCLICKEN

Anja Fiedler
www.dogable.de

Dr. Ute Blaschke-Berthold
www.cumcane.de

Petra Elsbeck-Möller
www.behuetettrainieren.de

Katja Knechtel
Retrieve & More, www.hundeschule-together.de

Judith-Selina Keller
www.wunderwelt-hund.ch

DIE AUTORIN

Anja Fiedler leitet seit zehn Jahren ihre Hundeschule „dogable – was (Jagd)Hunde wollen“ in Meerbusch am Niederrhein, dort arbeitet sie mit Menschen und ihren (Jagd)Hunden auf Basis positiver Verstärkung an zwei- und vierbeinigem Verhalten: von der Kontrolle unerwünschten Jagdverhaltens, über typgerechte, individuelle Beschäftigung, bis hin zu jagdlicher Arbeit und Prüfungsvorbereitung.
Während ihres Studiums der Medienwirtschaft ist sie selbst im Jahr 2001 auf den Hund gekommen, und schnell stellte sich heraus, dass der Verhaltensrahmen ihrer Dalmatiner Hündin Ally einen genaueren Blick auf die Materie Hundeverhalten erforderte. Als Frieda, eine Ungarisch Kurzhaar Hündin aus jagdlicher Leistungszucht, einzog, nahm das Immer-mehr-wissen-Wollen seinen Lauf: Jugendentwicklung, Jagdverhalten, Angst- und Aggressionsverhalten, Dummy-, jagdliche Arbeit und vieles mehr.
Nach bestandenem „Grünen Abitur“ kam 2009 Wolke, eine Ungarisch Drahthaar Hündin aus jagdlicher Zucht, in die Familie, und sie sollte mit Anja den Weg in die jagdliche Arbeit und zur jagdlichen Brauchbarkeit gehen – mit der Werkzeugkiste der positiven Verstärkung im Trainingsgepäck: kleinschrittig und bedürfnisgerecht. Als erfolgreiches Team waren die Zwei auf Jagden und diversen Prüfungen des Vorstehhunde- und Retriever-Lagers unterwegs: Verbandsjugendprüfung, Herbstzuchtprüfung, Vereinsschweißprüfung, Retriever-Gebrauchsprüfung, Langschleppenprüfungen (Distanzen: 800, 1200 und 1500 m) und Jagdliche Brauchbarkeit auf Nieder- und Schalenwild (NRW).
Ilse, ebenfalls Drahthaar Vizsla und Wolkes Großnichte, tritt seit dem Sommer ’18 in Wolkes Pfotenstapfen.
Mit ihrem Seminarprogramm rund um Jagdverhalten, Impulskontrolle, Motivation, Aufmerksamkeit, Entspannung, Beschäftigung und jagdliche Arbeit ist Anja unterwegs in Deutschland, der Schweiz und Österreich. Mehr zu ihrer Arbeit erfahren Sie hier: www.dogable.de

DANK

Ally, Frieda und Wolke, meine Süßen, was wär ich ohne euch. Mit und von euch durfte ich lernen. Danke, danke für eure liebenswerten Baustellen, ob jagdliche Passion, überschäumende Beutemotivation, Hysterie-Bohnen-Ambition ..., all das, auch wenn es mal kniffelig war, hat mir am Ende eines Trainingstages ein Lächeln aufs Gesicht gezaubert, ihr drei macht mich einfach aus.

Michael, mein Hase, du trägst mein Hobby und meine Berufung mit Fassung und unterstützt mich an allen Ecken und Enden, danke für alles. Danke, dass du die Zeit der Arbeit an meinem Buch mit mir durchgestanden hast, mir beim Brüten, Grübeln und Schreiben zugesehen und meine Schreibauszeiten ermöglicht hast. Und ich dank dir für die Zeit dazwischen, die traurig und auch fröhlich war.

Meinen Mensch-Hund-Teams möchte ich danken, die ich in den letzten Jahren im Training und auf Seminaren begleiten durfte, danke für euer Vertrauen. Aus vielen Begegnungen hat sich mehr entwickelt, danke für eure Freundschaft.

Meinen VeranstalterInnen, die mich als Referentin seit vielen Jahren immer wieder einladen, danke für euer Vertrauen (und eure Freundschaft). Danke meinen ReferentInnen, die ich eingeladen oder besucht habe, danke für euer Wissen.

Danken möchte ich meinen Co-AutorInnen, Petra, Ute, Nicole, Katja, Andreas und Judith, die mit ihren Sonderseiten mein Buch bereichern. Meinen Fototeams sag ich danke, die zwei heiße Tage in der Sonne ausgeharrt haben, bis alle Fotos im Kasten waren: Tanja mit Hazel, Regina mit Dibo und Rhona, Claudia mit Johanna, Ulrike mit Hunter und Grace, Anna-Lea mit Silija, Christiane mit Milou, Sabine mit Franzi, Katja und Matthias mit Brame, Socks und Craigton, Birgit mit Frodo und Lenny, Nicole mit Füge und Nelly, Ursula mit Birla, Karen mit Lennox, Sarah mit Donal und Mitch, Eva mit Charlotte, Kristin mit Kara und Fine, Marina mit Henry und Edda, Vanessa mit Juna, Simone mit Rudi, Sandra mit Kati und Mio, Sandra mit Neele und Andreas mit Dante. Unsere Fotografin, sie hat Phantastisches geleistet, der Hitze getrotzt und mit viel Geduld und meiner ellenlangen Motivliste diese wunderbaren Fotos gemacht. Danke, Anna. Sabine, Tanja, Bea und Joe, danke für eure Fotos. Dem KOSMOS-Verlag möchte ich danken, für sein Vertrauen in mich, und meinen Lektorinnen, Alice Rieger und Ute-Kristin Schmalfuß, für ihre Engelsgeduld mit mir.

Ein besonderer Dank gilt jenen Menschen, die mir seit langem oder kurzem in Freundschaft, gemeinsamer Arbeit und/oder durch die Hunde besonders verbunden sind.

JAGDLICHES GLOSSAR

Abendstrich, Morgenstrich Abendliches oder morgendliches Ein-/Ausfliegen der Wildenten/-gänse zu/von ihren Äsungs- und Ruheplätzen.

Abtun Krankes (verletztes) Wild wird vom Jagdhund getötet.

Anfallen Der Jagdhund verfolgt gefundene Fährten/Spuren, natürliche und künstliche.

Annehmen Greift das Wild, z. B. eine Sau, den Jäger oder Jagdhund an, sprechen wir vom Annehmen.

Anschneiden Vom Jagdhelfer werden Teile des Wildes abgebissen, abgefressen oder das Wild gar in Gänze verspeist, anstatt es unversehrt zu apportieren.

Anschuss Stelle, wo das Wild vom Schuss getroffen wurde. Auch der Abgang der Schweiß- oder Schleppfährte wird als Anschuss bezeichnet.

Antragen, Schuss Der Jäger gibt einen Schuss auf Wild ab.

Apport, Apportieren Gefundenes Wild wird vom Jagdhund unversehrt und mit angepasstem Griff zum Jäger gebracht.

Äsung, Äsungsflächen Nahrung des Wildes und Stellen, an denen es diese findet.

Aufbaumen Federwild fliegt auf einen Baum. Der Jäger erklimmt seine Kanzel.

Bache Weibliches Schwarzwild.

Bewegungsjagd Schalenwild wird in seinen Einständen beunruhigt, um es ins Schussfeld der Schützen zu bewegen.

Blattzeit Paarungszeit des Rehwildes.

Blume Schwanz des Hasen mit weißer Unterseite.

Bock Männliches Rehwild.

Brackieren Spurlaut und ausdauernd wird z. B. die Hasenspur von der Bracke verfolgt, bis der Hase in seinen Einstand zurückkehrt, wo der Jäger ihn erwartet.

Brutzeit In dieser Zeit bringt das Wild seine Jungen zur Welt und zieht sie auf: Federwild brütet, Haarwild setzt.

Buschieren Der Jagdhelfer, z. B. der Vorstehhund oder Spaniel, sucht unter der Flinte in leichtem Bewuchs.

Decke (Sommerdecke, Winterdecke) Fell (Haut mit Haaren) des Schalenwildes, Sommer- und Winterfell, ausgenommen Schwarzwild.

Deckung Bewuchs, in dem sich Wild verbergen kann.

Dickung Dichte/r, geschlossene/r Ansammlung junger Bäume/junger Waldbestand.

Drücken (sich) Gesundes oder krankes Wild, z. B. Hase oder Fasan, verbirgt sich vor dem Jagdhund.

Drückjagd Bewegungsjagd, bei der das Wild ruhig bewegt bzw. aus seinem Einstand gedrückt wird.

Dummy Wildkörperattrappe aus Leinen, die zum Apportiertraining ohne den Einsatz von Wild dient.

Durchstehen Auch wenn das Wild abstreicht (wegfliegt) oder aufsteht, bleibt der Vorstehhund stehen, sodass der Jäger den Schuss antragen kann.

Einspringen Ohne Arbeitserlaubnis läuft der Jagdhelfer los, um zu apportieren. Verfrühtes Hochmachen (Aufscheuchen) von Wild aus dem Vorstehen.

Einstand Ruhe- und Rückzugsraum des Wildes.

Einweisen Über Gestik und Akustik lenkt der Jäger seinen Jagdhelfer zur Fallstelle des Wildes (oder Dummies), von der dieser keine Kenntnis hat.

Fährte Fußabdrücke des Wildes, Schalenwild hinterlässt eine Fährte.

Fallstellen Stellen, an denen Wild oder Dummies gefallen sind.

Fangschuss Dieser wird vom Jäger abgegeben, um verletztes, nicht tödlich getroffenes oder lebend gefangenes Wild zu erlegen.

Federwild Sämtliche Vogelarten, die dem Jagdrecht unterliegen.

Fegestelle Sie entstehen, wenn sich z. B. Rot- oder Rehwild an Bäumen und Sträuchern den Bast vom Geweih oder Gehörn reibt.

Freiverlorensuche Der Jagdhelfer sucht eine bestimmte Fläche selbständig nach gefallenem Wild (oder Dummies) ab. Er sucht, findet und bringt.

Frischling In ihrem 1. Lebensjahr heißen junge Wildschweine Frischlinge.

Fuchslunte Schwanz des Fuchses.

Geläuf Fußabdrücke des Wildes, Federwild hinterlässt ein Geläuf.

Gestüber Der Kot von Fasan oder Rebhuhn wird Gestüber genannt.

Gewaff Eckzähne im Ober- und Unterkiefer des Keilers (männliches Schwarzwild).

Haarwild Alle Säugetiere, die dem Jagdrecht unterliegen.

Halsung, Signalhalsung Halsband, für die Jagd z. B. in Signalorange zur besseren Sichtbarkeit des Jagdhelfers.

Huderpfannen Plätze, an denen z. B. von Rebhühnern Sandbäder genommen werden.

Jagdzeiten Zeiten, in der das Wild bejagt werden darf.

Kaltes Wild Wild, welches nicht mehr frisch geschossen, also schon erkaltet ist, oder bereits eingefroren war.

Kanzel An-/Hochsitz, der offen oder geschlossen sein kann.

Keiler Männliches Schwarzwild.

Kessel Ruhelager einer Rotte (Gruppe) Wildschweine.

Ketten Familienverband der Rebhühner.

Kitz Junges Rehwild in seinem 1. Lebensjahr.

Knautschen Wild (oder Dummies) werden zu fest gegriffen oder gar durchgekaut: Durchgebissene Haut, gebrochene Rippen und Blutergüsse am Wildkörper und Zahnabdrücke und Löcher im Dummy sind die Folge.

Laut Ist der Jagdhund auf der Fährte oder Spur laut, ist er fährten- oder spurlaut. Hört man ihn nur, wenn er Wild sichtig verfolgt, ist er sichtlaut.

Line Hundeführer (i. d. R. mit Retrievern) und Schützen stehen bzw. gehen in einer Linie langsam durchs Gelände – aufstehendes oder abstreichendes Wild (oder geworfene Dummies) werden beschossen und auf Signal apportiert.

Löffel Die langen Ohren des Hasen.

Losung Kot von Haar- und Federwild.

Malbaum In der Nähe seiner Suhle scheuert sich z. B. das Schwarzwild seine Schwarte (Fell) an Bäumen ab.

Markieren Der Jagdhelfer, allen voran der Retriever, merkt sich Fallstellen von Wild (oder Dummies).

Nachprellen Der Vorstehhund steht nicht durch, er rennt los, sobald Wild vor ihm aufsteht, abstreicht oder sich drückt.

Nachsuche Der Jäger und sein Jagdhelfer, verbunden durch einen Schweißriemen, verfolgen angeschossenes Wild auf seiner Fährte, um es zu erlegen (erlösen). Apportierbares Wild wird gesucht, gefunden und gebracht.

Nachziehen Drücken sich z. B. Hase oder Fasan vor dem vorstehenden Jagdhelfer, um Distanz zu gewinnen, schleicht dieser hinterher.

Nasenjäger (Jagd)Hunde, die bevorzugt mit der Nase jagen, Wild suchen und/oder seine Fährten, Spuren ... verfolgen.

Niederziehen Um größeres Wild abzutun, muss es vom Jagdhelfer erst gepackt und nach unten gezogen werden.

Picken Schnelles und korrektes Aufsammeln/Aufnehmen von Wild (oder Dummies).

Plätzstelle Durch das Aufscharren einer kleinen Bodenmulde markiert das Rehwild mit seinen Zwischenzehendrüsen seinen Einstand.

Quersuche Unter der Flinte sucht der Vorstehhund im Feld mehr oder weniger weit in Querschlägen unter Nutzung des Windes.

Rauschzeit Paarungszeit des Schwarzwildes.

Ricke Weibliches Rehwild.

Rotfährte Natürliche oder künstliche Schweißfährte (s. auch Schweißfährte).

Rotte Eine Gruppe Schwarzwild.

Sandbadestelle Siehe Huderpfanne.

Sasse Feldhasen scharren sich kleine Vertiefungen/Mulden, in die sie sich drücken können.

Schalenwild Alle Paarhufer, die dem Jagdrecht unterliegen – unterschieden werden sie in Wiederkäuer (Pflanzenfresser) und Allesfresser.

Schleppfährte Diese simuliert, mit kaltem Wild gezogen, die Spur oder das Geläuf eines angeschossenen Hasen oder Fasans.

Schnallen Wird das Stück Schalenwild am Ende einer Nachsuche lebend aufgefunden, kann es notwendig sein, dass der Hund von Halsung und Riemen befreit wird, um es zu hetzen und niederzuziehen.

Schonzeiten Zeiten, in denen das Wild nicht bejagt werden darf.

Schusshitzig Der Jagdhelfer wird unruhig, laut, springt ein oder in die Leine, wenn Schüsse fallen.

Schweiß Bezeichnet das Blut des Wildes bzw. alles, was aus dem Körper des angeschossenen Wildes austritt und auf seiner Schweißfährte zu finden ist.

Schweißfährte Die natürliche Schweißfährte ist die Fährte angeschossenen Wildes. Die künstliche Schweißfährte wird für den Jagdhelfer gelegt, um zu üben und eine Nachsuche zu simulieren.

SEEKING Ist nach Jaak Panksepp das emotionale System hinter Such-, Erkundungs- und Neugierverhalten. Jagdhelfer werden auf das SEEKING selektiert, es begleitet ihre Beutefangsequenz, bis es zum Vertilgen kommt.

Setzzeit Siehe Brutzeit.

Sichtjäger (Jagd)Hunde, die bevorzugt mit dem Auge jagen, so z. B. die Galgos als reine Hetzjäger.

Spiegel Heller Fleck am Hinterteil des Rehwildes.

Sprung Ansammlung mehrerer Rehe.

Spur Haarwild, welches keine Schalen besitzt, hinterlässt Spuren, so z. B. Hase und Fuchs.

Standruhe Ruhig und aufmerksam soll der Jagdhelfer neben seinem Jäger warten, nicht einspringen und Laut geben (bellen), wenn Schüsse und/oder Wild fallen.

Steadiness Siehe auch Standruhe. Das Markieren etwaiger Fallstellen kommt hinzu.

Stöbern Suche ohne Sichtkontakt in dichtem Bewuchs. Gefundene Fährten/Spuren werden laut angefallen und verfolgt, um das Wild den Schützen zuzutreiben.

Stoß Schwanz des Federwildes.

Suhle Schlammbadestelle, z. B. des Schwarzwildes, zur Abkühlung und Körperpflege.

Treibjagd Gesellschaftsjagd, bei der das Wild den Schützen von Treibern und Hunden laut zugetrieben wird.

Treten Der Fasan tritt seine Hennen. Eine künstliche Schweißfährte wird getreten.

Trittsiegel Einzelner Fußabdruck des Wildes. Mehrere hintereinander bilden Fährten, Spuren und Geläufe.

Überläufer Junges Wildschwein in seinem 2. Lebensjahr.

Verbiss Abknabbern von Knospen, Trieben, Blättern, Zweigen ... an jungen Bäumen durch z. B. Rehwild.

Vergrämen Wild stören und dadurch verscheuchen.

Vorstehen Durch regloses Verharren (aus vollem Galopp) zeigt der Vorstehhund seinem Jäger an, dass er Wild geortet hat.

Wildwechsel Wege, die Wild in seinen Lebensräumen regelmäßig benutzt und platttritt.

Wundfährte Natürliche Schweißfährte eines angeschossenen Stückes Schalenwild. Siehe auch Schweißfährte.

REGISTER

A

B

C

D

E

F

G

H

I

J

K

L

BILDNACHWEIS

260 Farbfotos wurden von Anna Auerbach/Kosmos für dieses Buch aufgenommen.
Weitere Farbfotos von Anna Auerbach (22: S. 4, 8 beide, 9, 10, 13, 19 o. und m., 20 o., o.m.l. und u., 21 r., 22, 23 r., 38, 39 u., 58, 66, 67, 107, 170, 199), Ruth Benger (1: S. 255), Tanja Fittkau (1: S. 27 l.), JoeGast-Fotografie (2: S. 63 beide), Bea Koller (1: S. 35), Sabine Otto (12: S. 16, 17, 19 u., 26, 27 r., 32, 109, 248 , 252/253, 258, 259, 260), Shutterstock (12: Dominik Belica/S. 245 o., Neil Burton/S. 242, Hayley Crews/S. 51, David Dirga/S. 244 M., Martin Grossman/S. 244 u., Miroslav Hlavko/S. 176 o.r., Intrepix/S. 243, Delmas Lehman/S. 244 o., Michael G. Mill/S. 245 u., richardernestyap/S. 14, morrai_ szilard/S. 237, Alexandra Theile/S. 249) und Tierfotoagentur/K.Mielke (2: S. 20 o.m.r. und u.m.) .

Mit 18 Illustrationen von Wolfgang Lang-Graf (S. 12, 15, 18, 21, 24, 25, 34, 51, 82, 83 beide, 84, 160, 174, 183, 189, 214, 217) und 4 Grafiken von Atelier Krohmer (S. 36, 56, 106, 251).

IMPRESSUM

Umschlaggestaltung von GRAMSICI Editorialdesign unter Verwendung von zwei Farbfotos von Anna Auerbach/Kosmos.

Mit 335 Farbfotos und 22 Illustrationen.

Alle Angaben in diesem Buch erfolgen nach bestem Wissen und Gewissen. Sorgfalt bei der Umsetzung ist indes dennoch geboten. Der Verlag und die Autorin übernehmen keinerlei Haftung für Personen-, Sach- oder Vermögensschäden, die aus der Anwendung der vorgestellten Materialien, Methoden oder Informationen entstehen könnten.

Gedruckt auf chlorfrei gebleichtem Papier

ISBN 978-3-440-14953-9
Redaktion: Alice Rieger
Gestaltungskonzept: Peter Schmidt Group GmbH, Hamburg
Gestaltung und Satz: Atelier Krohmer, Dettingen/Erms
Produktion: Andrea Hehn, Nina Renz
Druck und Bindung: FIRMENGRUPPE APPL, aprinta druck, Wemding
Printed in Germany / Imprimé en Allemagne

FSC
www.fsc.org
MIX
Papier | Fördert gute Waldnutzung
FSC® C004592